건축공정관리

권오철 · 김규호 · 홍정석 · 박병근 공저

책 머리에

일반적인 건설공사관리의 기능은 크게 원가관리, 품질관리, 안전관리, 그리고 공정관리로 구성된다. 그러나 우리의 공사현장은 일정을 관리하는 공정관리를 중심으로 한 공사관리보다는 비용중심의 원가관리에 초점이 맞춰지는 관계로 건설프로젝트의 관리상 많은 문제를 안고 있다. 또한 해외공사의 클레임관리에 있어 기본이 되는 것이 공정관리라 본다.

최근 국내 건설산업에서도 건설사업관리(CM)의 도입의 확산과 초고층 건축 건립의 증대, 해외공사에 대한 경험인력이 늘어나면서 공정관리에 대한 인식이 높아지고, 이에 대한 관리를 전문적으로 하는 인력과 회사들도 늘어나고 있는 추세이다.

본서는 크게 두 부분으로 구성되어 있다. 1장에서 7장까지는 공정관리의 일반적인 이론을 담고 있으며, 8장은 이러한 이론을 바탕으로 건축의 실무분야에 적용할 수 있는 공정관리 실무에 대한 부분을 담고 있다. 9장은 공정관리 프로그램인 프리마베라社의 P6과 MS Project의 기본적인 운영을 위한 기능에 대해 설명하고 있다. 전반부에서는 건설프로젝트의 특성과 공정관리의 일반적인 이론, 네트워크 공정의 작성과 일정계산, 공기단축, 자원할당, 진도관리, 그리고 최근 국내에서도 제도적으로 의무화된 공정과 공사비를 통합 관리하여 향후 공사의 실적을 예측할 수 있는 EVM(Earned Value Management)에 대한 기본적인 내용도 담고 있다. 후반부에서는 실제 실무에서 공정관리를 적용할 경우 필요한 지식을 그간의 프로젝트 경험을 바탕으로 하여 정리하였다. 또한 내용의 중간에 다양한 공정표의 종류를 소개함으로써 이해의 폭을 넓히고, 실무분야에서의 활용도를 높였다.

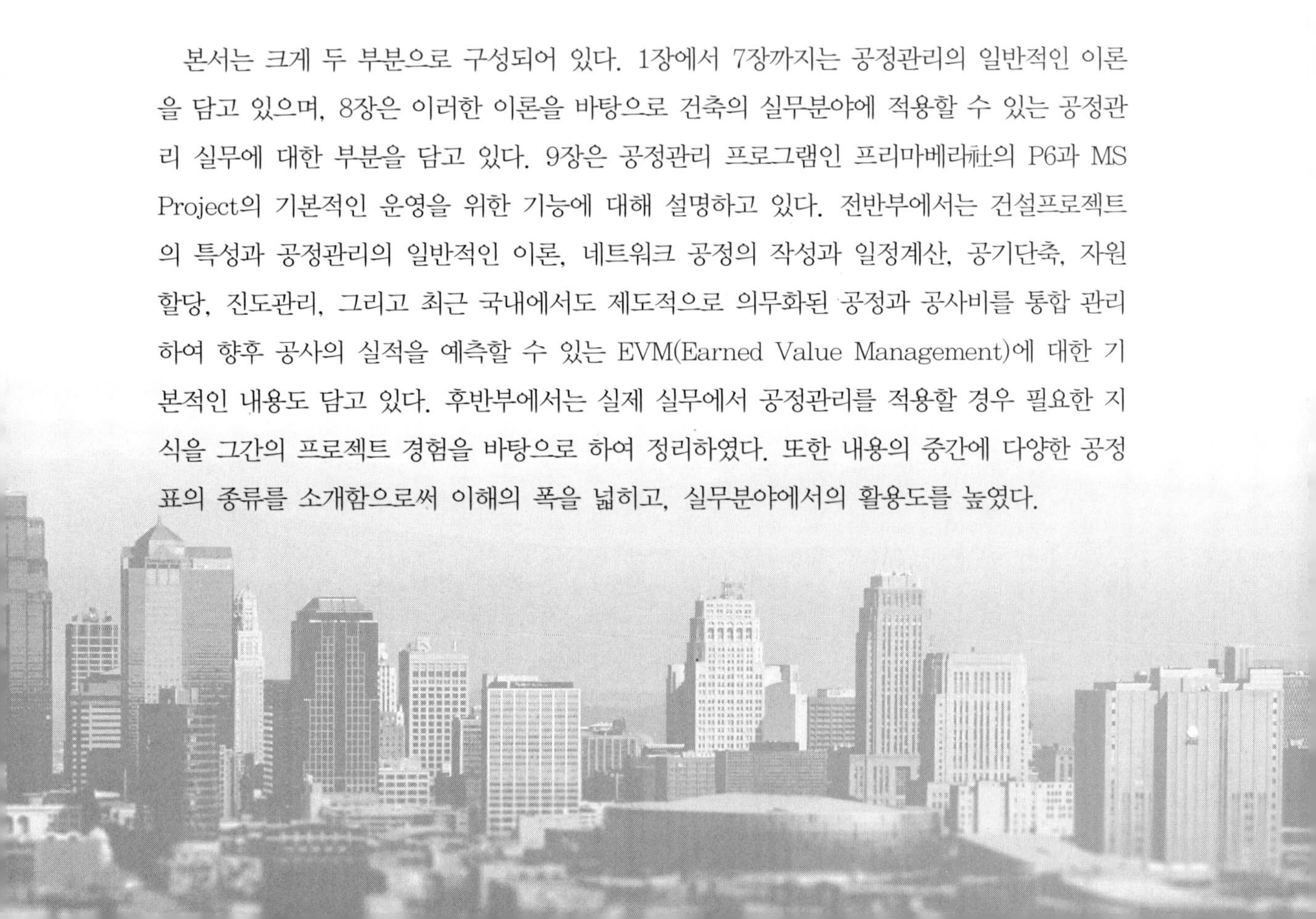

이 책은 공정관리의 일반적인 내용부터 각종 건축관련 시험내용, 실제 건설 실무와 관련된 내용 등을 모두 담고 있다. 학교에서 공정관리를 배우는 학생과 건축기사시험을 준비하는 학생, 그리고 건설 실무부서에서 일하고 있는 기술자들이 건축공정관리에 대한 기본적인 내용을 이해할 수 있도록 기술하였다.

본 서적이 그동안의 건설프로젝트의 다양한 경험을 정리하여 담기는 하였으나 내용적으로는 많이 미약하다고 본다. 향후 본 책자를 기반으로 건설현장에서의 다양한 공정관리 사례를 추가하면서 질적, 양적으로 풍성함을 넓혀갈 계획을 갖고 있다. 또한 보완해야 할 부분은 앞으로 개정판을 거듭하면서 내용을 보다 더 알차게 채워갈 것을 약속드린다.

자그마한 결실이 공정관리의 인식을 증대시키고, 부족한 공정관리 인력 양성에 도움이 되었으면 한다.

2022. 2.

저자

차 례

CHAPTER

08 건축공정관리 실무 159

CHAPTER

09 공정관리 프로그램의 운영

APPENDIX

부록

CHAPTER 01

건설프로젝트의 관리

1 건설산업

1.1 개요

건설산업은 일정한 토지에 자본, 인력, 자재, 장비 등의 생산요소를 동원하여 건축이나 토목구조물을 생산하는 산업이다. 국민생활의 근간이 되는 주택에서 도로, 항만, 철도 등 각종 산업기반시설의 건설, 국토개발 등 광범위한 고정자본의 형성과 사회간접자본시설의 확충을 담당하는 국가 경제의 기반산업으로 타 산업에 비해 생산, 노동 부가가치 창출이 큰 산업으로 볼 수 있다.

건설공사는 그 공사의 수요자인 발주자와 그 발주자로부터 의뢰를 받아 공사의 수행에 필요한 설계 · 감리 등의 기술적 업무를 수행하는 엔지니어, 그리고 자재, 노무, 장비 등을 사용하여 공사를 시공하는 건설업체, 이 3자에 의해 시행된다.

실시순서는 크게 나누면 기획, 설계, 시공의 순서로 진행된다. 최근에는 건설공사가 대형화, 다양화함에 따라 공사의 기획, 설계 및 시공의 내용도 다양화, 고도화되고 각 단계에서 단독으로 업무를 진행하는 것은 불가능하게 되어 각 단계 상호간의 긴밀한 협력체계가 요구되고 있다.

건설 활동은 광의의 건설업과 협의의 건설업으로 구분할 수 있다. 협의의 건설업은 설계, 시공, 감리의 범위를 의미하며, 광의의 건설업은 프로젝트 발굴 및 기획, 타당성 조사, 기본 및 상세설계, 시공, 감리, 시운전, 인도, 유지 보수 관리까지를 포함한다.

프로젝트 발굴	기 획	타당성 조 사	기 본 설 계	실 시 설 계	시 공	시운전	인 도	유 지
확대 엔지니어링 개념 (soft분야)			종래 건설 기술 개념 (hard분야)			확대 엔지니어링 개념 (soft분야)		

[그림 1-1] 건축물의 생산과정

건설업이 전체산업에서 차지하는 비중은 GDP 대비 건설투자액이 1970년대 약 13%에서 1997년 21%, 2002년도에는 15%로 건설업이 차지하는 비중이 높다. 또한 고용증대 효과 측면에서도 전체 고용자의 약 9~20% 정도가 건설업에 종사하고 있다고 볼 수 있다. 즉 건설산업이 국내 산업에서 차지하는 비중이 그 만큼 크다는 것을 의미하며, 국내 전체 산업에 직·간접적으로 크게 영향을 미친다고 볼 수 있다.

건설 활동은 작업인력과 함께 건설자재와 장비를 사용하므로 고용과 생산활동에 크게 기여하여 국민경제에 미치는 효과가 크다. 경제적으로 불황기에는 정부가 건설사업에의 재정투자를 크게 늘려 경제를 활성화하는 계기를 만들기도 한다. 이러한 예는 외국뿐 아니라 국내에서도 많이 있어 왔다. 이와 같은 이유로 건설산업을 경기선도산업이라고 한다.

1.2 건설사업의 수행주체

1) 발주자

발주자는 건설사업을 시행하는 사업 시행자로서 사업 시행에 드는 모든 비용을 투자하고 완성된 건축물을 인수하여 소유 운전하거나 처분하며 도급계약으로 실시되는 공사에서는 계약 당사자로서 사업주, 건축주 등의 명칭을 갖는다. 공공부문에서 건설사업의 발주자는 정부의 사업부처, 정부투자기관, 각급 지방자치단체 등이 되며 민간부문에서는 사업을 시행하는 개인, 단체, 민간회사들이 된다.

공사를 실시하기 위해 발주자의 책임사항은 다음과 같다.

① 공사부지의 구입

② 사업시행허가 또는 면허취득

③ 사업비 조달 및 비용 지불

④ 공사실시에 따르는 인·허가 취득

⑤ 사업의 기획조사, 설계, 시공감독, 검사 및 유지관리

⑥ 기술 용역회사 및 시공회사의 고용 및 감독

도급공사에서 발주자는 공사 도급절차에 따라 시공회사를 선정하여 공사도급계약을 체결하고 시공자가 계약 약관과 설계도서에 따라 확실하게 수행되도록 감독하고 수행과정을 확인 · 검사하며, 공사감독자가 확인한 공사 기성고에 대하여 계약에 정해진 절차에 따라 기성금액 및 계약과 관련하여 발생한 기타 비용을 시공자에게 지급한다. 이 절차는 발주자가 사업의 기획 · 조사 · 설계 또는 시공 감리를 위하여 기술 용역회사나 공사 감리회사를 고용하는 경우에도 똑같이 적용된다.

2) 설계자

설계자는 발주자의 위탁을 받아 기획 · 조사 · 설계를 하는 설계팀의 주체로써 계약 조건에 따라 기획 · 조사 · 설계 및 공사감리 등의 업무를 담당한다.

설계자는 발주자의 요구사항을 받아 설계상의 기술적 지식이나 경험을 활용하여 건물의 배치 · 형상 · 구조 · 규모 등을 정리하고 건축의 기능이나 성능적 조건을 갖도록 한다.

또한 구조 · 기능 · 의장 등에 대하여 실현 가능성이나 적합성이 검토되고 제한된 예산과 주어진 공기 이내에 그 건물이 완성될 수 있는가를 예상, 확인하여 최종적인 설계도서를 결정하게 된다.

3) 감리자

발주자가 고용하여 시공감리를 담당하는 감리자는 공사현장에서 발주자를 대리하여 시공자의 시공을 감독하고 확인, 검사하며 공사의 기성과 설계변경 등 업무를 수행하고 준공을 확인한 후 증명서를 발급한다.

감리자는 현장의 대리인과 고용원을 상주시켜 감독업무를 수행하며 시공자의 현장시공을 지휘하고 공사용 자재를 검사하며 시공을 지시, 독려, 확인, 감독한다.

4) 시공자

시공자는 도급공사에서 발주자와 동등한 위치에서 공사, 도급계약을 체결하여 공사 시공을 수행하는 책임을 진다. 설계와 시공을 일괄하여 도급하는 일괄도급계약의 경우, 시공자는 설계업무까지 일괄 수행하기도 한다.

① 일반공사업자

일반공사업자는 토공사, 골조공사 등과 같은 주요한 공사를 담당함과 동시에 원도급자로서 공사 전반에 대하여 종합적인 시공계획을 하며, 하도급자가 시행하는 공사의 지도 및 감독 조정을 담당한다.

② 전문공사업자

비계, 철근, 콘크리트, 형틀, 미장, 조적, 방수, 석공사 등 많은 전문직종의 공사를 수행하는 업자를 전문공사업자라 하고 철강재 설치공사, 준설공사 등과 같이 특정 직종의 공사를 집중적으로 수행하는 업자를 특수 공사업자라고 한다.

이들 공사업자는 발주자로부터 공사를 직접 수주하는 경우도 있으나, 일반공사 원도급업자의 하도급자로서 그 역할을 수행하는 경우가 많다.

1.3 건설산업의 특징

건설업은 광범위한 사회간접자본 형성과 고정자본 형성을 대상으로 하는 산업으로 시장구조나 생산활동 면에서 다른 산업과 구별되는 특수성을 가지고 있다.

건설산업의 특성을 열거하면 다음과 같다.

- 대표적인 수주생산 산업 : 특정의 발주자로부터 주문에 의하여 생산한다. 최근에는 프로젝트 파이낸싱(Project Financing)을 통한 민간부문의 자체 개발사업이나 SOC민간투자사업과 같은 다양한 생산방식이 활성화되고 있다.
- 옥외에서 행해지는 현장생산 : 계절, 기후 등의 자연조건에 민감
- 자연환경에 제약 : 토지형태, 지역조건, 기후 및 계절 등
- 정부정책에 직접적 영향 : 토지 및 주택정책, 면허제도 등
- 건설자재 및 인력의 투입에 따른 타 산업에 대한 경제적 유발효과가 큰 경기선도 산업
- 경기의존생산 : 수주산업으로 건설수요는 불안정한 측면을 갖고 있다.
- 단품수주생산형태 : 표준화 · 규격화가 어려운 특성 때문에 기계화 · 자동화에 어려움
- 공종별, 규모별, 전문분야별로 분할 도급형태의 수직적 분업구조 및 복잡한 관계
- 다공종 복합생산 : 다공종, 다종 자재, 기술이 서로 복합적으로 이루어져 수행
- 설계, 시공 분리생산 : 턴키(Turn-Key)계약방식 등 특수한 경우를 제외하고 대부분 선설계 · 후시공 방식

• 대형 장기생산 : 단위 생산규모가 크고 장기적 시간 소요
• 인력집단의 기술 및 기능 수준에 따라 제품의 질적 수준이 좌우되고, 노동인력이 유동적이며 임시고용 비율이 높다.

또한 건설산업과 일반적인 제조업의 특성을 비교하면 다음의 [표 1-1]과 같다.

[표 1-1] 건설산업과 제조업의 비교

구 분	제조업	건설업
생산형태	대량생산 반복생산	수주산업 1회성 단품생산
생산여건	설비가 완비된 공장 상당한 부분이 고정	목적물이 존재할 현장 수시로 변경
기능인력	고정인력	고정되어 있지 않음
제품종류	어느 정도 일정함	다양한 공사유형
표준화	용이함	고객의 요구수준이 다양 표준화의 어려움

1.4 건설공사의 특징

건설공사는 일반적인 공업생산에 비하여 여러 가지 특징이 있는데, 생산형태를 대별하면 크게 4가지 형태로 분류된다.

• 제1형태 : 흐름작업 또는 연속작업(Flow or Continuous Process)
• 제2형태 : 유사한 과정(Similar Process)
• 제3형태 : 개별적인 과정(Job Order Process)
• 제4형태 : 특수프로젝트 작업(Special Project Work)

이 중 건설공사는 제4형태로서 특수프로젝트 작업에 속한다. 자동차 생산과 같은 흐름작업에 의한 대량생산방식인 제1형태, 화학공장과 같이 기계장치에 의하여 항상 같은 과정을 거치는 제2형태, 수주 때마다 설비 중의 몇 개를 계속적으로 사용하여 행하는 제조업과 같은 제3형태에 비하여 제4형태는 계획 및 관리가 가장 어려운 생산형태라고 말할 수 있다.

건설공사의 관리가 일반생산관리와 다른 특성은 작업의 복잡성, 다양성, 특이성을 들 수 있다. 건설공사는 단순한 구조물이라도 수백 개의 작업으로 구성되어 있으며, 이들 작업에는 많은 직종의 인력과 재료가 필요하다. 또한 개별작업에는 시간이 소요되고 여러 가지 작업 사이에는 선후의 순서관계가 있으므로 공사작업은 복잡한 양상을 갖게 된다.

일반적으로 동일한 내용의 건설공사는 거의 없다. 모든 구조물은 위치와 기능, 개인의 취미와 기호에 따라 조형이나 배치를 달리하며, 현장조건의 상이성이나 설계자의 의도에 따라 변화가 따른다. 그러므로 공사에 따라 각각의 공사관리에는 새로운 문제가 발생하며 새로운 다른 경험을 하게 된다.

또한 건설공사는 변화가 많고 예상할 수 없는 많은 요인에 의한 영향을 받고 있으므로, 하나의 공사를 수행하기 위해서는 생산관리와는 다른 특유한 관리상의 기교를 필요로 하고 있다. 공사별로 공사감리자, 기능공, 협력업체, 재료납품업자 등이 각각 다르며, 현장에 따라 토질, 일기, 교통, 용수, 동력, 노무조건 등이 각각 다르므로 공사의 특이성은 고유한 성격이라 할 수 있다. 따라서 공사의 특성 때문에 공장제품인 표준부재를 사용하여도 공사의 개별성을 다소 줄일 수는 있지만 생산관리에서 볼 수 있는 일관성 있는 공사관리는 기대하기 어렵다.

2 건설공사관리

2.1 공사관리의 필요성

관리(管理)란 설정된 목표를 달성하기 위하여 조직체의 행동을 제어하는 활동으로, 목표에서 벗어나면 수정하는 과정을 거쳐 목표를 달성하는 일련의 활동을 의미한다. 관리는 계획, 실시, 검토, 조치의 과정을 거치게 되며, 이러한 과정은 반복된다.

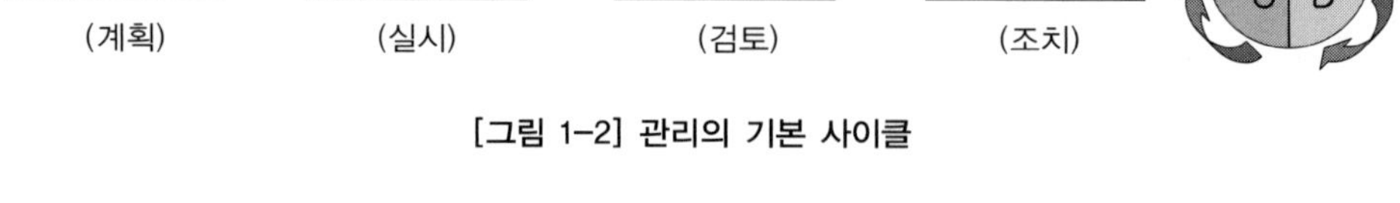

[그림 1-2] 관리의 기본 사이클

• 계획(Plan)
  – 목적과 품질기준, 가격 등을 정한다.
  – 목적을 달성할 방법을 정한다.
• 실시(Do) : 표준과 동일한 작업을 실시한다.
  – 작업의 표준을 교육, 훈련한다.
  – 작업을 실시한다.
  – 정한 방법으로 계측한다.
• 검토(Check) : 작업상황 및 결과를 체크한다.
  – 표준과 같이 작업이 실행되고 있는가를 체크한다.
  – 각 측정치와 표준이 맞는지 체크한다.
• 조치(Action) : 체크한 결과에 따라 시정한다.
  – 작업이 표준에서 벗어났을 경우 표준치가 되도록 시정한다.
  – 이상이 있으면 원인을 조사하여 그 원인을 제거하고 재발이 없도록 조치

건설공사는 그 종류가 다양화되고 규모와 내용이 대형화, 고도화, 복잡화되고 있으며 이에 따라 공사의 운영에 있어서 복잡성이 가중되고 있다. 따라서 건설공사를 수행하는 데 필요한 모든 수단을 효율적으로 활용하여 공사목표를 효과적으로 달성하기 위한 공사관리 기능의 필요성이 건설 분야에 널리 확산되고 있다.

공사관리란 시공을 위한 계통적인 순서를 계획하고 이를 가능한 모든 생산수단을 이용하여 건축물의 품질, 공기, 경제성 등 3조건의 목표에 맞추어 공사를 안전하게 완성시키기 위한 관리이다. 여기서 생산수단의 5가지(5M)는 다음과 같다.

① **인력, 노무(Man)**
② **장비(Machine)**
③ **공법(Method)**
④ **자금(Money)**
⑤ **재료(Material)**

이와 같이 공사관리는 공사에 필요한 생산수단을 사용하여 소기의 목적을 달성하기 위한 관리이지만 생산수단 및 목적에 따라 다음과 같이 각종 관리기능이 존재한다.

① **생산수단에 따라** : 노무관리, 시공방법관리, 자재관리, 장비관리, 자금관리
② **목적에 따라** : 품질관리, 공정관리, 원가관리, 안전관리 등

건설공사관리는 공정관리를 중심으로 원가관리, 품질관리, 안전관리, 환경관리 등의 공사목표를 효과적으로 달성하기 위하여 인력, 재료, 장비, 자금, 방법 등의 시공수단을 효율적으로 활용하는 경영의 노력으로 볼 수 있다. 이는 적절한 원가, 적절한 공기, 적절한 품질로 안전하게 건설 구조물을 시공하기 위한 기능이며, 공사목적인 구조물을 설계도 및 시방서에 근거하여 소정의 공사기간 내에 최소의 비용으로 안전하게 시공할 수 있는 조건과 방법을 만들어내는 것을 의미한다.

① **품질관리** : 설계도 및 시방서에 규정한 품질 확보

② **공정관리** : 가능한 빠르게, 계약된 공기 내에 구조물 완성

③ **원가관리** : 가능한 저렴하게, 계약 시의 건설대가 이하로 시공

④ **안전관리** : 보다 안전하게, 무사고 시공

⑤ **환경관리** : 환경법규의 준수

2.2 공사관리의 목표

공사관리의 목적은 공사의 품질, 공기 및 경제성의 확보이고 품질관리, 공정관리, 원가관리는 그 목적을 달성하기 위해 기본적으로 필요한 관리기능이다. 그러나 이들 3가지의 관리기능은 독립된 것이 아니고 상호 관련성을 가지고 있는데, 이들 관계를 그림으로 나타내면 다음과 같다.

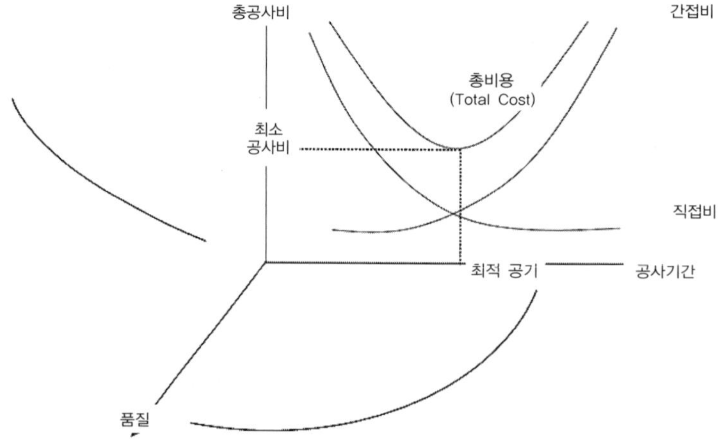

[그림 1-3] 공정, 원가, 품질의 관련성

그림에서 보듯이 공사관리의 상호관계는 일반적으로 다음과 같다.

- 공기가 너무 빨라지거나 늦어지게 되면 원가는 올라간다.
- 원가가 최소가 되는 점이 최적공기이다.
- 대체로 시간을 충분하게 하면 품질은 양호해진다.
- 좋은 품질일수록 원가는 높아진다.

공사의 설계품질 및 공기의 두 조건을 만족시키면서 경제적으로 공사를 관리하는 것이 공사관리의 목표이다. 최근의 건설공사는 건축생산의 공업화 · 시공의 기계화 등에 따라 공사관리도 근대화 · 합리화를 추진하는 것이 필수 불가결하게 되었고, 이것이 따르지 않는 한 기술혁신도 효과를 거둘 수 없는 실정이다.

또한, 공사관리는 인력, 노무(Man), 장비(Machine), 공법(Method), 자금(Money), 재료(Material)의 5M을 활용하여 다음의 5가지 목표(5R)을 달성하는 것이다.

① Right Product : 적정한 생산물

② Right Quality : 적정한 품질(품질관리)

③ Right Quantity : 적정한 수량

④ Right Time : 적정한 공기(공정관리)

⑤ Right Price : 적정한 가격(원가관리)

공사관리의 목표는 생산수단인 5M을 활용하여 공정관리, 원가관리, 품질관리, 안전관리 등을 수행함으로써 5R의 공사관리 목표를 달성할 수 있다.

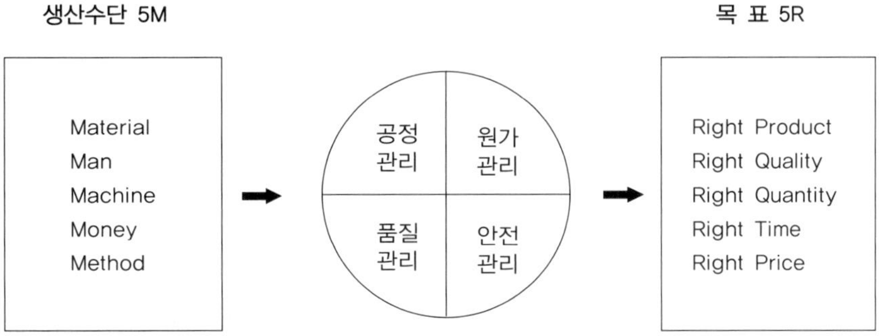

[그림 1-4] 공사관리의 목표

2.3 공사관리의 절차

공사관리의 목표를 달성하기 위해서는 다음과 같은 4가지 단계가 필요하다.

- 제1단계 : 품질, 공기, 원가 측면에서 목표를 만족시킬 수 있는 시공이 되도록 표준을 정하고 실행계획을 한다. (Plan) 시공계획을 입안하기 위해서는 계약 약관, 설계도서 및 공사현장의 상황 등에 대해 충분한 사전조사를 행하여 기술적 · 경제적으로 검토하는 것이 필요하다.
- 제2단계 : 계획과 표준에 기초하여 공사를 실시한다. (Do) 시공 시에는 표준과 시공계획 전체를 충분히 이해하고 그에 따르는 것이 필요하다.
- 제3단계 : 표준 또는 계획과 시공을 비교하여 실제로 어떻게 시공이 진행되고 있는가를 조사하고 검토한다. (Check) 실제 시공의 진행사항을 조사하기 위해서는 조직적이고 정확한 방법에 의하여 작업 자료를 수집할 필요가 있다.
- 제4단계 : 공사 실시 결과가 만족시킬 수 있도록 조치한다. (Action) 이를 위해서는 계획과 실제의 비교, 계획의 수정, 공사조건 및 관리조건의 개선 등과 같은 시정조치를 요한다.

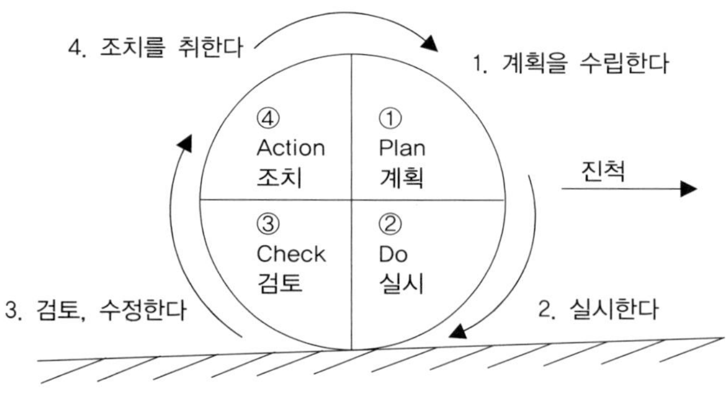

[그림 1-5] 관리기능 순환도

2.4 공사관리의 업무내용

공사시공의 계획 및 관리를 총칭하여 공사관리라 하는데, 건설공사는 공사마다 다른 건축물을 생산하는 특수공사작업의 생산형태로서 그 생산계획 및 생산관리가 다른 생산형태에 비해 상당히 어렵다. 이것이 건설공사에 있어서 공사관리가 특히 중요시되는 이유이다.

따라서 공사관리는 공사를 진행하면서 안전과 품질기준을 만족하면서 공기 내에 경제적으로 수행될 수 있도록 시공계획을 세워 운영하고 관리하는 것이므로, 관련 기준을 따라야 하는 안전관리, 품질관리와 함께 공정관리와 원가관리는 공사목표 달성을 위해 기본적으로 필요한 4대 관리 업무라고 할 수 있다.

또한 이러한 공사목표가 효과적으로 달성될 수 있도록 하기 위해서는 공사수행에 필요한 방법, 노무, 자재, 장비, 자금 등의 시공수단을 효과적으로 조달하고 운용하는 자원조달관리가 중요한 지원업무가 된다.

1) 시공계획

계약 약관 및 설계도서에 기초하여 건축물을 건설하기 위해 시공방법을 결정하는 계획이다. 시공계획의 목적은 건축물을 소정의 공사기간 내에 최소의 비용으로 시공할 수 있는 조건과 방법을 만들어내는 것이다. 계획에 필요한 주요항목은 다음과 같다.

① 시공방법의 결정
② 시공순서와 기간의 결정
③ 건설장비, 자재의 선정과 조합
④ 가설비의 설계와 배치
⑤ 공사운영 방침: 공구분할, 장비수배, 하도급 및 외주 등

2) 공정관리

시공계획을 기초로 하여 시공의 안전, 품질의 확보, 공사비 저감 등의 전제 하에 공정계획과 조달계획을 세워 공사목표가 달성될 수 있도록 공정을 통제하고 관리하는 활동이다.

(1) 계획단계

① 공정계획: 상세공사 일정
② 조달계획: 노무, 자재, 장비, 자금의 조달 일정

(2) 실시단계

① 공정계획에 따른 일정의 작업지시 및 감독
② 공정계획에 따른 노무, 자재, 장비의 조달
③ 공종별로 실적자료를 기록, 정리하여 계획과 실적을 비교, 분석
④ 공정 촉진, 작업 개선, 계획 수정 등 시정조치

3) 원가관리

경제적으로 시공하기 위해서는 공사에 사용되는 노무비, 장비비, 재료비, 외주비, 경비 등의 지출을 상세하게 기록하고 정리 · 분석하여 개선을 행하는 방법과 이를 위한 활동으로서 원가관리를 실시하기 위해서는 미리 계통적으로 표준원가(실행예산원가)를 설정할 필요가 있다. 공사가 예산범위 내에서 수행될 수 있도록 실행예산서에 따라 원가를 통제하고, 나아가서 원가를 절감할 수 있도록 관리하는 활동이다.

① 원가계획 : 실행예산서 작성

② 원가회계 체계

③ 노무비, 자재비, 외주비, 경비 등 비용의 기록, 정리 및 분석

④ 원가절감 조치

4) 품질관리

공사의 품질은 사용하는 자재와 수행된 시공의 품질을 말하며, 품질관리는 설계도서의 품질기준이 공사 수행 중 만족될 수 있도록 통제하고 관리하는 활동이다. 그 외에 다음과 같은 것들도 품질관리에 포함된다.

① 공사로 오염된 물의 수질관리, 소음 · 진동 방지를 위한 관리

② 지하 연속벽 등의 벤토나이트 누수관리

③ 흙막이 등 가설구조물의 안전성 관리와 공해대책, 공사수단 가설구조물의 안전성 : 시공상 중요한 품질관리의 대상이 된다.

5) 안전관리

시공시의 안전관리는 공사를 안전하게 진행시키는 데 매우 중요하며 공사의 안전은 시설물의 안전한 사용을 위해서도 관련 법규에 만족할 수 있도록 설계단계부터 고려되어야 한다.

또한 시공단계에서는 현장 내에서 근로자 및 제반재해를 방지할 수 있도록 관련 법규를 준수하고, 안전시공 수단의 사용과 가설물에 대한 재해예방대책을 세워 통제하고 관리하는 활동이다.

6) 조달관리

시공수단으로는 방법, 노무, 자재, 장비, 자금 등을 들 수 있으며 이들 수단을 조달계획에 따라 원활하게 조달하고 시공에 적절히 운용할 수 있도록 관리하는 활동이다.

공사목표가 효과적으로 달성되게 하기 위해서는 시공목적에 적합한 수단을 선택하고 공정계획에 맞추어 적기에 현장에 공급하여 시공에 활용하게 하는 모든 활동이 효율적으로 관리되어야 한다.

시공수단의 조달관리 업무는 대상에 따라 다음과 같이 들 수 있다.

① **작업관리** : 시공공정, 작업시간과 작업량 관리

② **노무관리** : 작업원의 선발, 동원, 수용, 취업기록, 후생, 노사관계

③ **자재관리** : 자재의 구매, 운반, 보관 공급

④ **장비관리** : 장비의 선정, 수배, 동원, 운전기록, 유지보수

⑤ **자금관리** : 자금조달, 기성관리, 자금수지관리

3 건설프로젝트 관리

3.1 프로젝트 관리(Project Management)

미국 프로젝트 관리협회인 PMI(Project Management Institute)에서 프로젝트관리에 대한 체계적인 지식체계를 정리하고 있는 PMBOK(Project Management Body of Knowledge)에서는 프로젝트를 "유일한 제품이나 서비스를 새로 만들기 위해 취해지는 일시적 노력"으로 정의하고 있다. 이는 제한된 시간 내에 한정된 자원을 가지고 일정한 목적을 달성하기 위한 일회적인 과정을 의미하며, 이러한 프로젝트는 다음과 같은 특성을 갖고 있다.

- 한정된 시간(Temporary) : 명확한 착수일과 종료일이 있다.
- 유일성(Unique) : 모든 프로젝트는 항상 새롭고 처음 하는 일이다.
- 점진적으로 상세화(Progressive Elaboration) : 초기에 개념적이고 추상적인 목표정의에서 시작하여 이를 구체적으로 구현시켜 나간다.
- 제한된 자원 : 비용(예산) 및 각종 자원의 제한

• 구체적 성과 도출 : 목적, 범위, 효과 등이 명확해야 한다.
• 불확실성 : 각종 리스크의 상존 및 예측의 어려움

이와 같은 프로젝트의 특성에 의하면 건설공사, 조선, 소프트웨어 개발 등이 대표적인 프로젝트 사례이며, 이러한 프로젝트는 제한된 자원을 적절히 분배하여 정해진 시간 내에 소기의 성과를 도출해야 하는 작업으로 볼 수 있다. 이러한 프로젝트의 관리에 있어 한정된 시간을 관리하는 일정관리가 중요한 역할을 하고 있다.

프로젝트 관리는 프로젝트의 요구사항을 만족시키기 위해 지식, 기술, 도구, 기법 등을 프로젝트 활동에 적용하는 것이다. 프로젝트의 요구사항을 만족시키는 것은 이해당사자(Stakeholder)의 요구사항을 만족시키는 것으로 원가, 일정, 범위에서의 상충과 이해당사자 사이의 서로 다른 요구사항 등에 의해 상충될 수 있다.

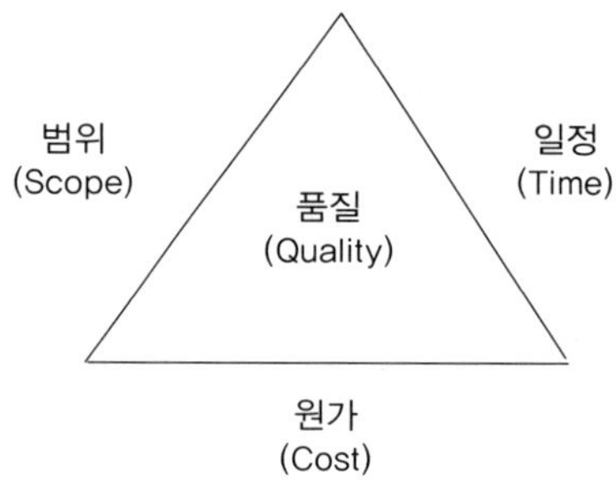

그림 1-6 프로젝트관리의 제약요건

프로젝트 관리 지식체계인 PMBOK에서는 프로젝트 관리를 다음의 9가지 상세 관리업무로 구성을 하고 있다.

① 범위관리(Scope management)
② 통합관리(Integration Management)
③ 일정관리(Time Management)
④ 비용관리(Cost Management)
⑤ 품질관리(Quality Management)
⑥ 인적자원관리(Human Resource Management)
⑦ 의사소통관리(Communication Management)
⑧ 리스크관리(Risk Management)
⑨ 구매관리(Procurement Management)

3.2 건설프로젝트 관리

건설프로젝트의 관리는 주어진 목표를 달성하기 위하여, 즉 정해진 건축물을 완성하기 위하여 필요한 자원을 조화 있게 할당하여 운영하는 모든 노력을 말한다. 즉

- 프로젝트의 계약단계에서 완료에 이르는 모든 활동의 계획, 통제
- 프로젝트에 투입되는 자원의 조달 및 관리
- 프로젝트 수행 중 발생되는 비용의 통제, 관리

를 포함하는 개념으로 건설프로젝트 관리의 궁극적인 목표는 품질이 확보된 프로젝트를 최소의 비용으로 적기에 건설하는 것이다.

과거 건설프로젝트의 관리는 주로 바 차트를 이용하여 직관적으로 운영하여 왔으나, 최근에는 작업공정 전체를 서로 연관하여 의존관계에 있는 활동을 하나의 통합된 체계로 다루는 과학적인 관리개념으로서, 시스템적인 방법을 개발하여 공사의 일정과 원가를 통합하여 효과적으로 관리하고자 노력하고 있다.

이러한 프로젝트를 계획, 통제관리하는 기법으로는 횡선식 기법, CPM(Critical Path Method) 기법, PERT(Program Evaluation & Review Technique)기법, LOB(Line of Balance) 기법, 택트기법 등이 있다.

이런 관리기법을 이용하기 위해서는 공사에 대한 일정계획과 원가계획, 그리고 실제 시행을 당초 계획과 비교할 수 있도록 자료를 제공하는 자료체계가 기초가 되어야 한다. 이러한 자료체계와 감시체계는 작업진도를 측정하여 보고하고 평가하며, 시행을 당초계획과 비교할 수 있어야 한다.

그러나 건설공사는 복잡하고 다양하며, 전체 작업을 엄격하게 관리하기에는 실제로 불가능하므로 이러한 기법을 이용해도 관리자에게 관리에 필요한 자료를 제공하고 필요한 의사결정을 하기 위한 기준을 제공하는 데 불과하다.

건축공정관리 _ 建築工程管理

CHAPTER 02

공정관리 일반

1 공정관리

1.1 공정관리의 개요

건설공사의 궁극적인 목표는 주어진 공사를 요구된 공사기간 내에 설계도서에 명시된 품질기준을 만족시키면서 가장 경제적이고 안전하게 완성하는 데 있다.

건설공사의 품질은 각 공정에 상당한 영향을 미치고, 공사에 드는 비용은 각 공정에 따라 직접적인 영향을 받게 되며, 공사기간은 착공에서 준공까지의 공정순서를 시간적으로 확보하여 작업진도를 관리함으로써 지킬 수 있다.

이러한 측면에서 볼 때 공정관리는 원가관리, 품질관리, 안전관리와 함께 상기의 목표를 효율적으로 달성하기 위해 수행되는 공사관리의 4대 목표 관리업무 중 하나로, 착공에서 준공까지의 공정순서에 대한 단순한 시간적 관리가 아니라 시공활동을 측정, 평가하는 기준을 시간과 연결시켜 노무, 자재, 장비 등의 자원을 효과적으로 활용하는 종합적인 관리 수단이라 할 수 있다.

공정관리는 하나의 프로젝트를 구성하고 있는 요소작업을 주어진 공기 내에 완성하기 위하여 공사에 관련된 정보를 분석한 후 시공방법을 결정하고 일정계획을 하며, 이에 따른 장비, 자재, 인원, 외주계획 등을 수립하고, 이러한 요소들의 최적화를 하는 작업이다.

또한 공사가 진척되어감에 따라 공기지연 및 조기완공 등 계획 변경사항 등에 대한 공기의 영향을 분석하고, 설계변경에 따른 재계획을 함으로써 결과적으로 생산성증대 및 품질 향상, 공기지연 요소를 감소시키는 총체적인 과정을 의미한다.

이러한 공정관리의 활용은 발주자 측면에서는 계약된 공사기간을 지키기 위해 행해지는 관리로서 이용되며, 수급자 측면에서는 최소비용으로 최대의 생산을 올리기 위해 공정을 통해 공사 전체를 관리하는 것을 의미한다. 공정관리의 순서는 관리의 사이클과 같은 과정을 거치게 된다.

- 계획(Plan) : 공정표의 작성
- 실시(Do) : 공사의 지시, 감독, 작업원 교육
- 검토(Check) : 작업량, 진도 체크
- 조치(Action) : 작업방법의 개선, 계획의 수정 등

공정관리의 목적은 공사기간을 예측하고, 특정 작업의 착수시기 및 종료시기를 예측하며, 분쟁의 조정, 공사 관리상의 문제점의 조기발견, 자원(5M)의 관리 등을 하게 된다.

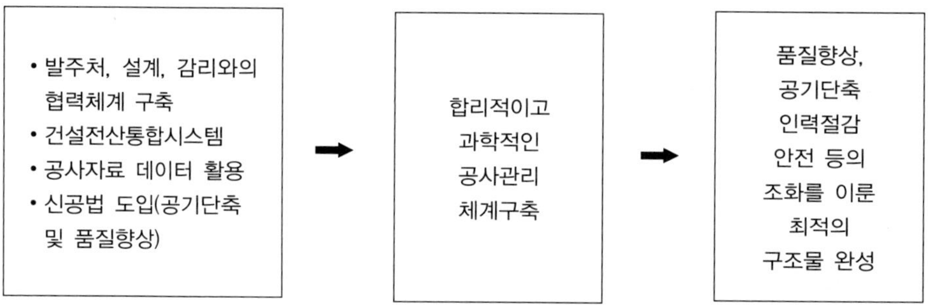

[그림 2-1] 공정관리의 목적

1.2 공정관리의 목표

공정관리의 목표에는 대외적인 것과 대내적인 것이 있으며, 품질과 납기를 중심으로 한 것이 대외적 목표가 될 수 있고, 작업능률과 인력장비의 가동률의 향상과 생산속도의 향상을 중심으로 한 것이 대내적 목표가 될 수 있다.

공정관리의 대외적 목표란 사회가 다양화함에 따라 소비자의 요구도 다양화되고 있으며, 소비자의 요구를 만족시키기 위한 여러 가지 조건 중 품질과 납기를 만족시키기 위한 생산관리이다.

소비자가 요구하는 납기를 준수하기 위해서는

- 준수 가능한 납기를 결정하여야 하며,
- 수주로부터 납기까지의 전 과정에 대하여 결정된 일정까지 완료할 수 있도록 충분한 능력을 가져야 하고,
- 예상하지 못한 사고가 발생하여도 납기까지 회복할 수 있는 통제능력 및 생산여력을 가지고 있어야 한다.

이렇게 하려면 충분한 기계설비와 인원의 여력을 가지고 있어야 하며, 자재와 부품도 충분히 가지고 작업을 진행하여야 할 것인데, 이렇게 하기 위한 통제조정에는 많은 관리자와 많은 경비가 소요될 것이다. 이러한 문제를 해결하기 위하여 우리는 새로운 공정관리기법인 PERT/CPM기법을 사용하여 납기의 보다 과학적인 판단에 의해 납기의 확실화를 기하여야 할 것이다.

공정관리의 대내적 목표는 공정관리 그 자체의 의의와 효과라고 말할 수 있다. 이는 작업능률의 향상과 공사속도의 향상일 것이다. 작업의 능률을 향상을 위해서는 작업자의 대기 또는 기계설비의 유휴에 의한 시간적 손실을 감소시켜야 하며, 아울러 조업도를 높여야 할 것이다. 공사속도의 향상은 자재가 공사현장에 반입된 후에 건축물의 완공까지의 시간을 단축함으로써 실현되는 것으로 제조업 측면으로 보면 재고율의 감소와 회전율을 높이는 것으로 이해할 수 있다.

1.3 공정관리의 기능

일반적으로 공정관리는 건설사업에서 설계, 자재 조달, 건설공사를 원활하게 수행하기 위하여 프로젝트 시작 시점에서부터 능률적이고 효과적인 일정계획을 수립하여 작업순서 및 작업시간을 명확히 하고, 그 스케줄에 의거하여 각종 전문가, 엔지니어, 건설작업자 등 인력을 적절히 동원하는 것이다. 또한 건설에 필요한 문서를 작성하고 자재 등을 제작, 수송하여 건설현장에 반입하고 예정된 공기 내에 효율적으로 최소의 비용으로 프로젝트를 수행하는 관리체계를 의미한다.

일반적으로 공정관리의 기본적 지표인 작업기간은 다음과 같은 총작업량(소요자원량)과 1일 작업수행량(투입자원량) 및 작업효율로 결정된다.

$$\text{작업기간(일)} = \frac{\text{총작업량(소요자원량)}}{\text{일일작업량(투입자원량)} \times \text{작업효율}}$$

따라서 이 식에서도 알 수 있듯이 공정관리의 기능은 시간관리 측면, 자원관리 측면, 작업효율의 생산성관리 측면에서 볼 수 있다.

1) 시간관리 측면

프로젝트의 관리, 통제는 계획된 기간 내에 목적물을 완성시킨다는 시간관리 측면이 일차적인 목적이라고 할 수 있다. 일단 기간이 결정되면 프로젝트의 모든 항목들은 소정의 시간 축 상에 규정되어 바로 정해진 시간에 따라 업무를 수행하게 되므로 프로젝트를 당초의 목표대로 수행하기 위해서는 프로젝트의 관리대상 항목을 어떻게 시간적 요소와 결부시켜 관리하는가에 달려 있다.

프로젝트 수행관리상 관련된 시간관리 요소는 다음과 같다.

- 프로젝트 수행관리를 위한 일정이 결정됨: 작업일, 휴일, Multi Calender 조건 등
- 프로젝트의 개시와 종료기일이 결정
- 주요작업 중에는 미리 지정되어 변동할 수 없는 작업시작 또는 종료가 명확
- 각 작업이 개시 또는 종료기일이 최단 · 최장 양면으로 계획되어 작업기간이 결정됨
- 시급한 작업과 여유(Float)가 있는 작업이 식별 가능

2) 자원관리 측면

작업기간의 결정은 작업량의 지표로서 해당 작업에 사용되는 자원량을 기초로 하며 계획된 작업의 원활한 수행은 적절한 시기에 필요로 하는 수량의 자원이 확보되는 것을 조건으로 한다. 계획 스케줄의 확정을 위해서는 각 작업에 필요한 자원의 종류와 수량을 파악하고, 그것을 적기에 공급하는 자원 측면의 관리가 불가결의 조건이다.

원거리에서 진행되는 해외 프로젝트의 경우는, 특히 자원의 조달이 그 프로젝트의 성패를 좌우할 수 있는 중요한 관리요소이다. 따라서 공정관리체계는 인력, 자재, 문서, 건설장비와 같은 각종 자원의 관리체계와 밀접한 관계가 있어 이들 체계와의 연계가 필요하게 된다.

프로젝트 수행관리상 관련된 자원관리 요소는 다음과 같다.

- 각 작업에서 소요되는 자원의 종류와 수량
- 각 자원의 공급 개시일 및 종료기일
- 각 자원의 소비 개시일 및 종료기일
- 각 자원의 공급 및 소비의 제한조건

3) 작업효율(생산성)관리 측면

작업기간은 소요 자원량과 그 작업에 투입 가능한 단위시간당의 자원량으로 결정되지만 이것은 순수기간으로서 실제로 작업기간을 결정하는데 있어서는 해당 프로젝트의 특수조건에 따른 각종 자원의 작업효율을 고려하여 보정할 필요가 있다.

특히 기후, 풍속, 습관 등 작업환경 조건이 크게 변화하는 해외프로젝트의 건설공사 현장에서는 그와 같은 고려가 불가결하며, 때로는 작업 그 자체의 수행이 불가능하게 될 경우도 발생한다. 이러한 작업효율의 보정항목은 작업원의 노무생산성, 건설장비 효율, 작업환경, 노동조건 및 기자재 확보를 들 수 있다.

프로젝트 수행관리상 관련된 작업효율관리 요소는 다음과 같다.

① **전체적 프로젝트의 조건**

- 기후풍토
- 습관, 종교, 법규, 법령
- 발주자의 체제, 성격, 규격 등

② **자원의 작업효율에 직접 영향을 주는 요인**

- 작업인원(직종)의 숙련도와 투입 인원수
- 건설장비의 질과 수량
- 작업환경(작업지시 계통, 인간관계 등)

③ **자원의 작업효율에 간접적으로 영향을 주는 요인**

- 선행작업의 지연
- 필요 자료(정보), 자재의 지연
- 생활환경
- 커뮤니케이션(정보소통) 등

공정관리에 영향을 미치는 요인은 다음과 같다.

① **자재** : 제작기간이 장기간 소요되는 자재, 다량소요자재, Prefab 제품, 특수지역의 자재조달

② **인력** : 숙련공의 조달여건, 하도자의 선정

③ **장비** : 소요장비의 조달여건

④ **기상** : 동절기, 우기 및 혹서기의 영향

⑤ **사회여건** : 사회 전체의 건설 수요량, 물가상승, 고품실에 대한 사회적 요구

⑥ **현장조건**: 공사부지 확보, 진입로, 자재적치장, 지하공사, 주변환경, 급배수, 가설동력, 주변 교통현황

1.4 공정관리의 수행절차

공정관리는 발주자에 대해서는 주로 계약된 공사기간을 지키기 위한 관리이지만, 수급자 측에서는 공사경영 면에서 최소한의 비용으로 최대의 생산을 올리기 위해 공정을 통하여 공사 전체를 관리하는 것이다. 이와 같은 공정관리를 하기 위한 주요 업무내용은 다음의 표와 같다.

[표 2-1] 공정관리의 주요 업무내용

<table>
<tr><th colspan="3">구 분</th><th>내 용</th></tr>
<tr><td rowspan="3">공정관리</td><td rowspan="2">공정계획</td><td>수순계획</td><td>① 공사를 단위작업으로 분해
② 각 작업의 순서를 정하고 네트워크로 표시
③ 각 작업시간 결정</td></tr>
<tr><td>일정계획</td><td>④ 시간계산
⑤ 공사기간 조정
⑥ 공정표 작성</td></tr>
<tr><td colspan="2">진도관리</td><td>⑦ 계획공정과 실제공정 비교
⑧ 공정 만회대책 수립</td></tr>
</table>

이 밖에도 단일공정의 공정분석, 작업분석 등을 통한 생산성 향상 및 생산기술의 합리화도 넓은 의미에서 공정관리의 대상이라 할 수 있다.

(1) 수순계획(Planning)

주어진 공사에 대한 도면과 시방서를 토대로 작업을 분류하고 작업순서를 결정한 후 각 작업의 소요시간을 산정하여 공정표를 구성하는 절차이다.

(2) 일정계획(Scheduling)

수순계획을 통하여 구성된 공정표를 토대로 각 작업의 착수와 완료일정 및 여유시간을 계산하고 전체 공사기간을 산정하는 과정이다. 필요시에는 공사기간을 조정하고 자원을 평준화하거나 적절하게 할당한다.

(3) 진도관리(Monitoring)

실제 공사의 진행과 계획된 공정을 비교·측정하는 과정으로 각종 공사자료를 토대로 현재의 상황을 파악하고 문제점을 발견한다.

(4) 통제, 조정 및 대책수립(Control)

진도관리 시 공사의 지연 등 문제가 발견되었을 경우 공기를 만회하기 위하여 공정표를 수정하거나 변경하는 절차. 중간관리 시점에서 수집된 공사진행 자료와 공정표를 비교하여 공사 진도율을 산정하고 작업기간의 조정이 필요한 경우에는 일정계획을 재수립한다.

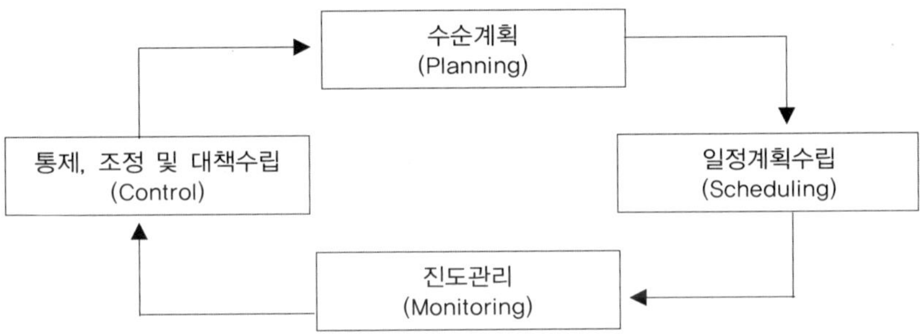

[그림 2-2] 공정관리 수행절차

2 공정관리기법

2.1 공정관리기법의 개요

공정관리는 목적하는 건설 대상물을 완성하기 위하여 최소의 비용으로 최대의 효과를 얻기 위하여 작업방법을 결정하고 일정계획을 수립하며, 작업을 위한 자재, 장비, 노무인력 등의 자원의 투입과 할당계획을 수립하고 관리하는 총체적인 과정을 의미한다. 이와 같은 관리기법에는 다음과 같은 다양한 공정관리기법이 적용된다.

공정계획 및 관리의 기술로서 가장 많이 활용되는 것은 네트워크 기법이다. 네트워크 기법에는 CPM(Critical Path Method), PERT(Program Evaluation Review Technique) 등이 있다. PERT와 CPM은 모두 미국에서 개발되어 1957~1958년경부터 실용화된 것으로, CPM은 종합석유화학공장의 건설에 채용되었고 PERT는 미 해군 특별계획국 포라리스 잠수함의 건조에 채용된 후 관계기관의 신규사업 공정관리기법으로 이용되고 있다. 이러한 네트워크 기법은 1970년대부터 보급되어 많이 활용되고 있다.

최근 들어 공정관리에서 네트워크 기법의 적용이 활발하게 된 것은 개인용 컴퓨터의 일반화와 더불어 다양한 공정관리 전용 프로그램의 개발에 기인한다. 네트워크 기법은 단순히 표현방법이 새롭다는 것뿐만 아니라 공사가 순서관계를 갖는 복수의 작업에 의해 구성되는 시스템이라는 사고방식을 명확히 한 점에서 큰 의미가 있다. 또한 네트워크의 개념은 원가관리나 노무관리에도 그대로 이용될 수 있어 공사관리 전반에 걸친 시스템 모델이라 할 수 있다.

공정표는 공정계획에 의거하여 예정된 각 공종별 작업내용을 도표화하여 공사의 진척도를 검토하는 척도가 된다. 프로젝트를 계획하고 통제, 관리하기 위한 기법으로 공정의 목적 또는 내용에 따라 프로젝트 전체를 다룬 전체공정표와 세분화된 기간 또는 공종별의 부분공정표가 있다. 공정표의 형태로는 횡선식 공정표, 사선식 공정표, 네트워크 공정표, 기타 공정표 등으로 구분할 수 있다.

2.2 횡선식 공정표

세로축에 공사종목별 각 공사명을 배열하고 가로축에 날짜를 표기한 다음 공사명별로 공사의 소요시간을 횡선의 길이로 나타내는 공정표로 간트 차트와 바 차트가 있다. 횡선의 길이는 작업의 소요시간에 대응하는 길이로 작업경로를 단순하게 표시한 것이다. 횡선식 공정표의 장단점은 다음과 같다.

■ 장점

- 각 공종별 공사와 전체의 공정시기 등이 일목요연하다.
- 각 공종별 공사의 착수와 완료일이 명시되어 판단이 용이하다.
- 공정표가 단순하여 경험이 적은 사람도 이용하기 쉽다.

■ 단점

- 작업 상호간의 관계가 불명확하다.
- 네트워크 공정표와 달리 주공정선을 파악할 수 없으므로 관리통제가 어렵다.

- 작업 상호간의 유기적인 관련성과 종속관계를 파악할 수 없다.
- 작업상황이 변동되었을 때 탄력성이 없다.
- 한 작업이 다른 작업 및 프로젝트에 미치는 영향을 파악할 수 없다.

1) 간트 차트(Gantt Chart)

1900년대 초 테일러(F. W. Taylor)에 의하여 표준시간 설정 등의 과학적 사고에 의한 공정관리 사상이 도입 된 후에 1차 세계대전 중 미 육군 프랑크포드(Frankford) 병기청의 컨설턴트였던 간트(H. L. Gantt)에 의하여 고안된 간트 도표에 의한 계획기법이 도입되었다.

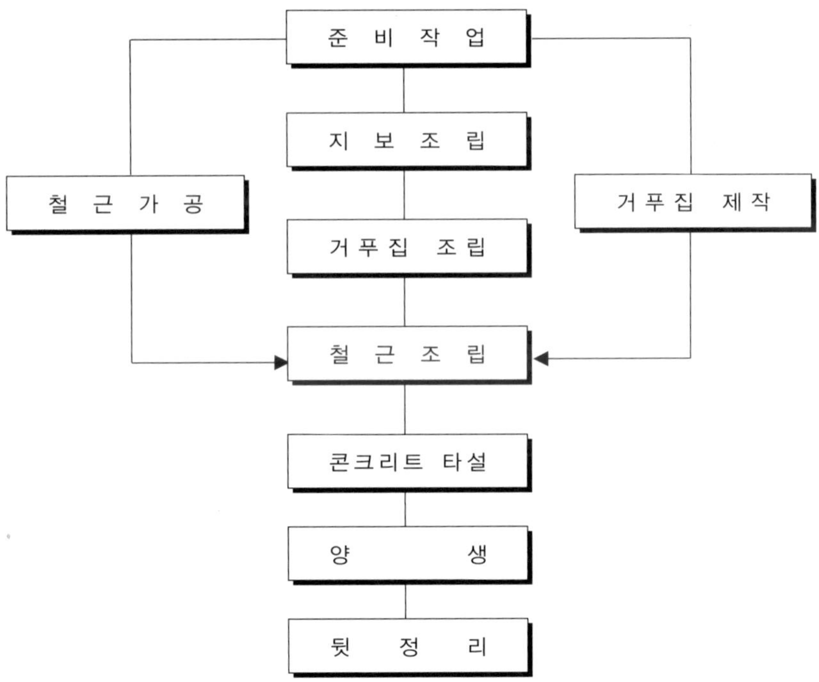

[그림 2-3] 철근콘크리트공사의 흐름도

철근콘크리트공사의 예를 들어보면, 간트 도표는 각 작업의 완료시점을 100으로 하여 횡축에 그 달성도를 나타낸다. 이것을 작업이 착수된 후 15일을 경과한 경우에 대해서 그림으로 나타내면 [그림 2-4]와 같이 된다.

간트 차트는 각 작업의 현재 시점에서의 진행상태 또는 달성도는 알 수 있지만, 각 작업에 필요한 일수 및 공기에 영향을 주는 작업이 어느 것인지 불분명하다. 예를 들면 철근가

공은 20% 남아 있는데 이는 철근가공이 며칠 남아있는 것인가, 또 이것이 늦어지면 공기에 어떤 영향을 주는지의 여부가 불분명하다. 이러한 결점을 일부 보완 수정한 것이 바 차트(Bar Chart) 기법이다.

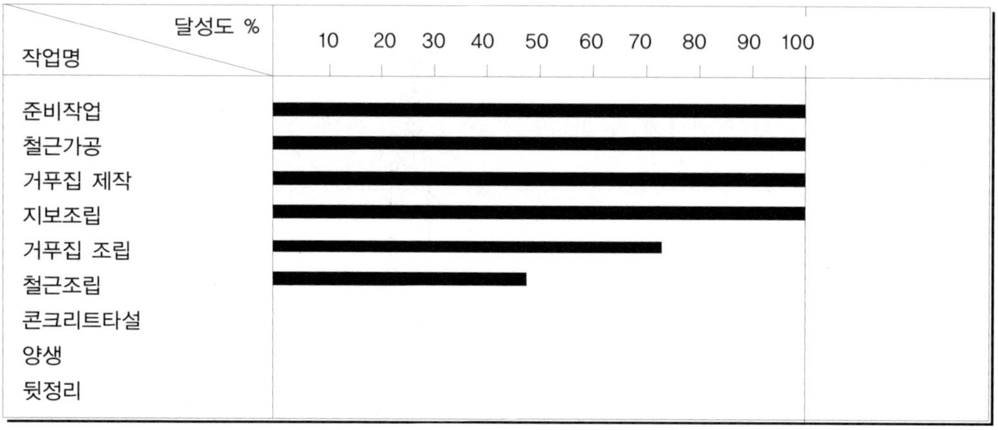

[그림 2-4] 철근콘크리트공사의 간트 차트

2) 바 차트(Bar Chart) 기법

바 차트 기법은 횡축에 일수를 잡는다. 바 차트 기법은 각 작업의 소요일수를 알 수 있고, 또 작업이 왼쪽에서 오른쪽으로 진행되어 막연하지만 작업 간의 관련을 파악할 수 있다.

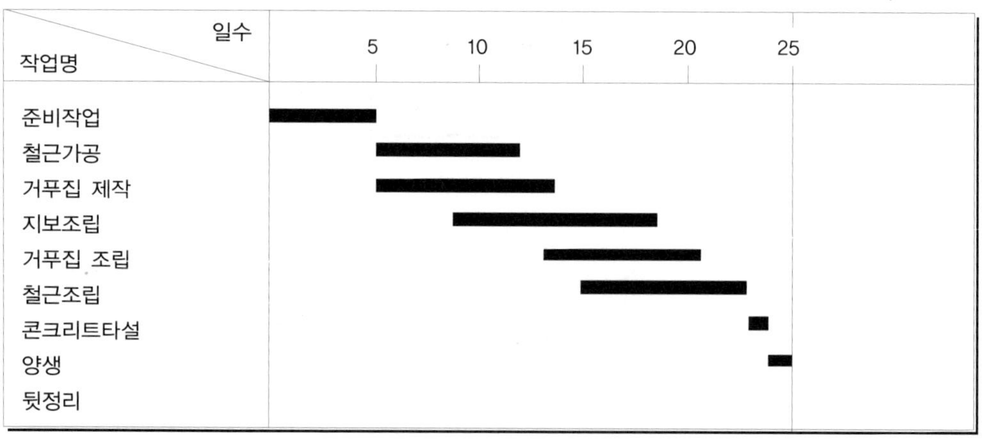

[그림 2-5] 철근콘크리트공사의 바 차트

그러나 여기에서도 Critical Path로서 공기에 영향을 주는 작업이 어느 것인지를 표시하는 것이 곤란하다. 간트 차트 및 바 차트에 대해서 특성을 비교해서 정리하면 다음 표와 같다.

[표 2-2] 간트 차트와 바 차트의 특성 비교

구 분	간트 차트	바 차트
작업의 순서	불 명	모 호
작업에 필요한 일수	불 명	판 명
작업진행 상태	판 명	모 호
공기에 영향을 주는 작업	불 명	불 명

3) 횡선식 공정표의 작성방법

횡선식 공정표는 바 차트 또는 간트 차트라고도 하며, 지금까지도 널리 사용되는 기법이다.

횡선식 공정표의 표기방법은 간단하여 [그림 2-6]과 같이 종축에 부분공사를 두고 횡축에 공기를 두어 각 부분공사의 공사기간을 횡선으로 표시한 것이다. 횡선의 왼쪽 끝은 공사 개시일, 오른쪽 끝은 공사 종료일을 나타내며 횡선의 길이는 공사기간을 의미한다.

공기의 눈금은 상단에 두는 경우가 많고 각 부분 공사의 명칭은 위로부터 아래로 공사착수 순으로 나열하는 것이 보편적이다.

횡선식 공정표의 공정계획에는 특별한 법칙은 없지만, 다음과 같은 사항에 유의해야 한다.

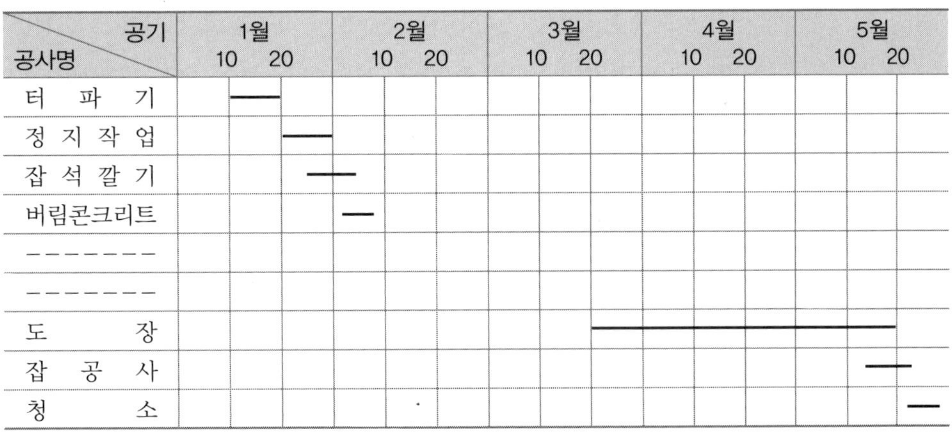

[그림 2-6] 횡선식 공정표의 사례

① 각 부분 공사를 시공순서대로 나열할 것.
② 각 부분 공사의 공사기간 외의 자재의 준비기간 혹은 시공 후의 양생기간을 두는 것을 잊지 말 것.
③ 공정표에 나타내기 힘든 외주품의 가공기간 등을 충분히 고려할 것.
④ 공사의 계절성을 고려할 것(예를 들면, 혹한기의 콘크리트 타설, 우기의 외부 도장 공사 등).
⑤ 가설물의 설치시기를 경제적으로 정할 것.

이상과 같은 사항에 유의하여 공정계획을 수립할 때 계획공정이 준공기일에 맞는 것이 바람직하지만, 만약 준공기일에 맞지 않을 때에는 계획공정을 조정해야 한다.

횡선식 공정표의 공정계획방법은 다음과 같이 세 가지로 대별할 수 있다.

- 순행법 : 부분공사의 착공순서에 따라 횡선을 나열하여 공사 준공 시점에 이르도록 하는 것
- 역행법 : 횡선의 배치를 준공기일에서부터 역으로 진행
- 중점법 : 특정 부분공사의 착수일 또는 종료일을 전 공사기간 중의 특정 부분에 이를 기점으로 하여 다른 부분공사들을 순행법 또는 역행법으로 착공일 및 준공일에 이르도록 하는 방법

2.3 네트워크 공정표

네트워크 공정표는 작업의 상호관계를 결합점(Event 또는 Node)과 화살표로 표시한 것으로, 각 화살표나 결합점에는 작업의 명칭, 작업량, 소요기간, 투입자재, 비용 등 공정의 계획 및 관리를 위해 필요한 정보를 기입하여 프로젝트 수행과 관련하여 발생하는 각종 공정상 문제점들을 도식적으로 표시하고 진도를 관리하는 것이다.

각 작업의 상호관계를 네트워크로 표현하는 수법으로 PERT기법과 CPM기법이 대표적으로 사용된다. 네트워크 공정표의 장단점은 다음과 같다.

■ 장점

- 도해적(圖解的)으로 이해하기 용이
- 프로젝트 전체 및 부분을 파악하기 쉽고 문제점의 발견이 용이

- 공정의 진행법 및 작업방법의 개선이 용이
- 작업순서 관계가 명확
- 시공의 순서관계를 쉽게 파악(선행, 후속, 동시작업 등)
- 공사 담당자 간의 정보전달이 원활
- 작업의 개시시각이 명확
- 공기 면에서 보다 좋은 순서관계의 탐지 용이(개시, 완료시점의 타당성)
- 각 작업에 필요한 제 자원의 투입, 배치시각을 빠짐없이 계획 가능
- 주공정선(Critical Path)이 명확
- 프로젝트의 특성이 파악되고 중점관리 가능
- 공사계획 및 설계계획에 대한 적부 여부 판단 가능
- 여유시간을 정량적으로 알 수 있으므로 노무계획 및 재료계획이 원활
- 전자계산기 이용이 가능
- 공정의 차질에 대해 용이하게 수정계산 가능
- 노무, 재료 및 원가 등의 종합관리 가능

■ 단점

- 다른 공정표에 비해 작성시간이 필요
- 작성 및 검사에 특별한 기능이 요구
- 기법 표현의 제약으로 작업의 세분화 정도에는 한계
- 실제 공사에서 네트워크와 같이 구분하여 이행되지 못하므로 진도관리에 특별한 연구가 필요
- 공정표의 수정이 어려움

1) PERT(Program Evaluation & Review Technique)기법의 개발

간트 차트나 바 차트와 같은 횡선식 공정표의 결점을 해결한 것이 PERT기법이다.

PERT기법의 최초 연구 및 적용은 미 해군에서 시작되었으며, 1956년에 Polaris잠수함 건조계획을 계기로 하여 대규모적인 신규 군사발전계획을 담당할 특별사업국을 신설하였다. 여기에서 대륙간 탄도탄 및 기타 연구개발 사업을 담당하여 본 결과 종전의 관리기법을 개선한 새로운 관리기법의 필요성을 깨닫게 되었다.

새로운 기법을 1958년 9월에 제 1회 발사를 한 Polaris Missile에 적용한 결과 새로운 관

리기법으로서의 실용적 가치를 인정받아 1958년 10월 Polaris 잠수함계획은 당초 계획보다 2년 단축하는데 성공하였으며, 이로써 PERT기법의 가치를 널리 인정받게 되어 1962년 봄부터 미국 정부의 중요한 신규 사업은 전부 PERT기법을 사용하게 되었던 것이다. 그 이후부터 민간기업에서도 회사 내 사업을 추진하는데 PERT기법을 사용하기 시작하였다.

(1) 기본 개념

① 확률 개념

PERT기법은 확률론적인 추정치를 기초로 하여 이벤트 중심의 확률적 시스템을 전개함으로서 최단 기간에 목표를 달성하고자 하는 기법으로, 주로 경험이 없는 신규사업이나 비반복적 사업에 적용하고 있다.

CPM기법이나 PDM기법에 있어서의 작업시간은 하나의 시간으로 주어지지만 PERT기법에서는 공사의 불확실성으로 인하여 낙관적 시간(Optimistic Duration), 비관적 시간(Pessimistic Duration), 개연적 시간(Most Likely Duration)의 3가지 추정치가 주어진다.

낙관적 시간은 한 작업이 매우 순조롭게 진행되어 비교적 짧은 시간에 완료될 수 있다고 추정한 시간을 말하고, 비관적 시간은 한 작업이 매우 비능률적인 조건하에서 진행되어 상당히 긴 시간에 완료될 것으로 추정할 시간을 말하며, 개연적 시간은 실제 시간에 가장 가까운 시간의 추정치를 말한다.

이러한 3가지의 추정치에 대한 분포곡선은 대칭곡선인 정규분포를 이루지 않고 비대칭인 베타곡선을 이루고 있으므로, 이 추정치들을 가중평균하여 작업의 예상시간(t_e)을 구하여 작업시간으로 한다.

예를 들어 설명해 보면 다음과 같다.

낙관적 시간 = a = 4

개연적 시간 = m = 7

비관적 시간 = b = 8

이들의 분포곡선을 그려보면 [그림 2-7]과 같이 비대칭인 베타곡선이 된다. 그러므로 개연적 시간 7이 분포곡선을 2등분하고 있지 않기 때문에 작업이 7시간에 종료될 확률이 50%가 아니다. 이러한 확률의 작업에 대한 예상시간(t_e)을 구하기 위하여 3가지 추정치들 가중평균값은 다음과 같은 식으로 구할 수 있다.

$$t_e = \frac{a + 4m + b}{6}$$

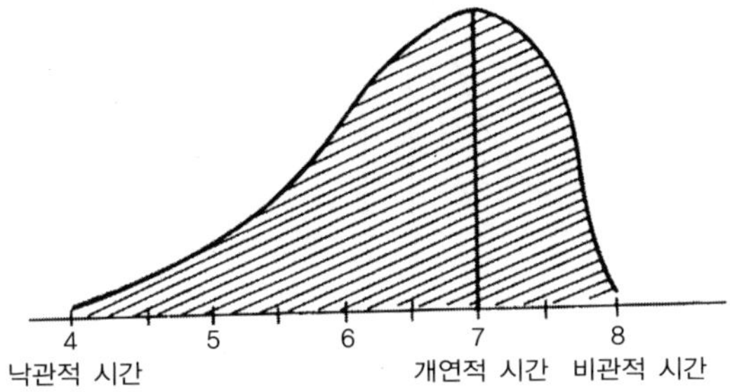

[그림 2-7] 베타곡선

앞의 예에서 t_e를 구하면 $t_e = \frac{4+4\times7+8}{6} = \frac{40}{6} \fallingdotseq 6.7$

t_e는 베타곡선을 이등분하고 있으므로 작업이 6.7시간 내에 종료될 확률은 50%이다.

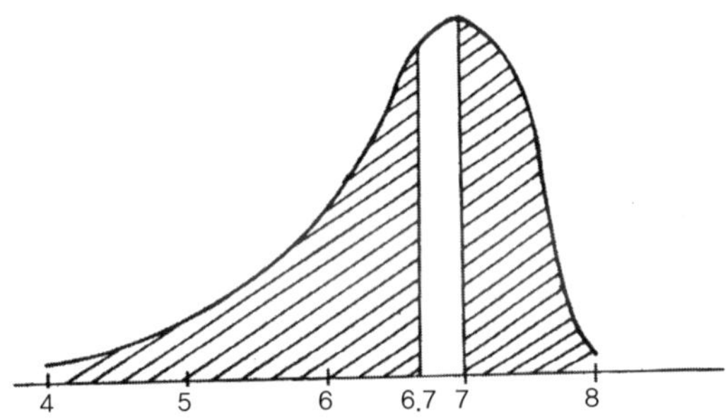

[그림 2-8] 베타곡선

② 분산

분산은 추정치의 불확실성을 나타내는 척도로 사용된다.

예를 들어 다음과 같은 2개의 작업을 대상으로 분산을 구해보자.

A작업	B작업
$a=4$	$a=5$
$m=6$	$m=5.5$
$b=8$	$b=9$

$$t_e(A) = \frac{4+24+8}{6} = 6$$

$$t_e(B) = \frac{5+22+9}{6} = 6$$

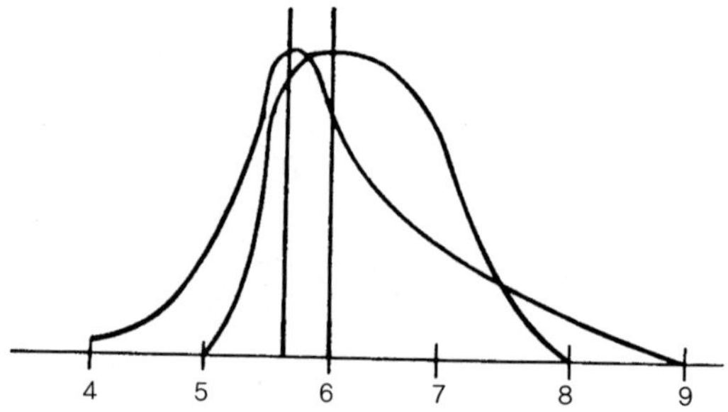

[그림 2-9] 추정시간의 분포

A작업과 B작업의 예상시간(t_e)은 6으로 같지만, 낙관적 시간, 비관적 시간, 개연적 시간은 매우 다르다. 이러한 차이의 척도를 분산이라 하며 공식은 다음과 같다.

$$\sigma^2 = \left(\frac{b-a}{6}\right)^2$$

분산값이 큰 경우에는 작업이 종료되는 시간에 대한 불확실성이 크다. 이 기법은 신규공사 또는 공사목표의 달성이 불확실할 경우에 CPM이나 PDM기법보다 더 효율적으로 이용된다.

문제 1

다음은 갑, 을, 병 세 사람이 A작업에 대하여 추정한 작업시간이다. 이때 A작업의 기대시간은 얼마인가?

구 분	낙관시간	정상시간	비관시간
갑	2	5	8
을	3	6	10
병	2	6	9

[풀이] ··

1. 각 개인별 추정시간을 산정한다.

$$\text{갑의 추정시간} = \frac{(2+5\times4+8)}{6} = 4.67$$

$$을의\ 추정시간 = \frac{(3+6\times4+10)}{6} = 6.17$$

$$병의\ 추정시간 = \frac{(2+6\times4+9)}{6} = 5.83$$

2. 분산을 산정한다. = 1

$$갑의\ 분산 = \left(\frac{8-2}{6}\right)^2 = 1$$

$$을의\ 분산 = \left(\frac{10-3}{6}\right)^2 = 1.36$$

$$병의\ 분산 = \left(\frac{9-2}{6}\right)^2 = 1.36$$

3. 분산이 가장 적은 사람의 추정시간에 대한 기대시간을 구한다.

A작업의 추정시간은 분산이 가장 적은 갑의 추정시간인 4.67을 기대시간으로 선정한다.

(2) 일정 계산

① 공사기간

각 작업에 대하여 예상시간(t_e)이 결정되면 공사기간과 여유시간(Slack)은 CPM기법과 같은 방법으로 전진계산 및 후진계산에 의해 구할 수 있으며, 각 작업이 예상시간(t_e)에 종료될 확률은 50%이다. 그러나 각 작업은 베타곡선을 따르지만, 한 공사는 무수한 단위작업의 연속수행으로 이루어지므로 전체공사의 예상공사기간은 정규분포로 볼 수 있다.

② 표준편차

예상 완공일자(T_E)의 불확실성을 평가하기 위해 정규분포곡선의 표준편차를 고찰해 볼 필요가 있다.

[그림 2-10]과 같은 예로 이를 설명해 본다.

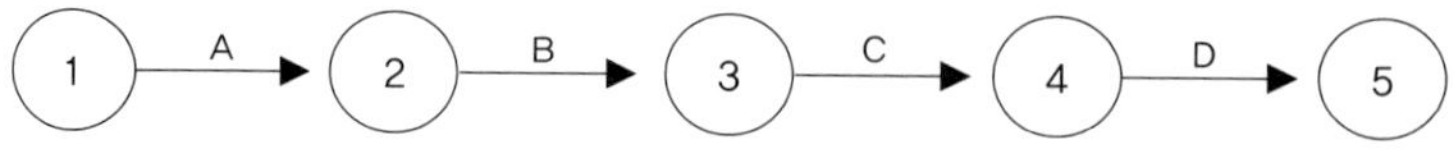

$a=4$	$a=3$	$a=2$	$a=4$
$m=6$	$m=8$	$m=4$	$m=5$
$b=8$	$b=9$	$b=7$	$b=6$
$t_a=6$	$t_a=7.33$	$t_a=4.17$	$t_a=5$
$\sigma^2=(2/3)^2$	$\sigma^2=1^2$	$\sigma^2=(5/6)^2$	$\sigma^2=(1/3)^2$

[그림 2-10] 표준편차를 계산하기 위한 예

$$T_E = 6 + 7.33 + 4.17 + 5 = 22.5$$

예상완공일자에 대한 표준편차 : $\sigma T_E = \sqrt{E\sigma t_e^2} = \sqrt{\sum\left(\frac{b-a}{6}\right)^2}$

$$= \sqrt{\left(\frac{2}{3}\right)^2 + 1^2 + \left(\frac{5}{6}\right)^2 + \left(\frac{1}{3}\right)^2} = 1.5$$

이상의 예에서 살펴보면 공사가 21(22.5−1.5)일과 24(22.5+1.5)일 사이에 완료될 확률은 68.2%이고, 19.5(22.5−2×1.5)일과 25.5(22.5+2×1.5) 사이에 완료될 확률은 99.7%이다.

③ 표준정규분포 표

예상 준공일자의 범위에 대한 확률 대신 특정한 지정기간에 맞추어 공사를 종료할 확률을 구하는 방법에 대하여 설명하기로 한다.

다음 식을 사용해서 표준정규분포 표로부터 확률을 구할 수 있다.

$$Z = \frac{\text{지정시간} - \text{예상공사기간}}{\text{표준편차}}$$

다음과 같이 간단한 예를 들어 알아보기로 한다.

지정기간이 21일이고 예상 공사기간이 22.5일이며 표준편차 1.5인 공사가 지정기간에 맞추어 완성될 확률은 다음과 같다.

$$Z = \frac{21 - 22.5}{1.5} = -1$$

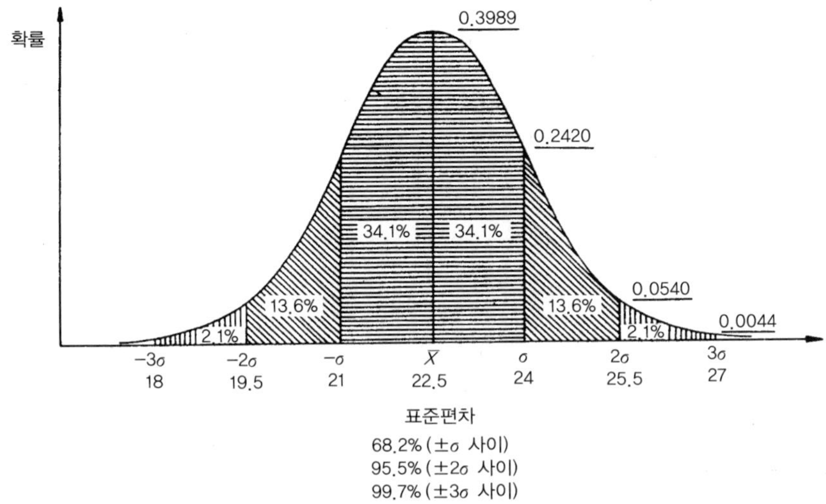

[그림 2-11] 표준편차

표준정규분포 함수표를 참조하면 Z값이 −1인 경우의 확률은 15.87%이므로 공사가 21일에 준공될 확률은 약 16%이다. 또한 Z값을 이용하여 어느 경유점의 완료에 대한 확률을 구할 수 있다. 그 경유점의 지정기간은 주어지게 되고 예상 완료일자는 네트워크로부터 구하면 된다. 그리고 경유점의 표준편차는 최초 경유점으로부터 그 경유점까지 이르는 최장의 경로에 대한 표준편차를 구하여 적용하면 된다.

2) CPM(Critical Path Method)기법의 개발

CPM기법은 세계 최대 규모의 화학회사인 미국의 듀퐁(Dupont)사에서 개발되었다. 1956년부터 신규 설비가 증가하고, 설비규모가 너무 커짐에 따라 투자의 효율적 통제를 주목적으로 할 새로운 Program Engineering기법의 연구개발에 착수하였다.

1957년 12월 1,000만 달러의 신규 화학공장 건설이 추진될 때 사내의 기술자 6명을 선발하여 4시간의 CPM교육을 시킨 후 이 기법을 적용하여 보았다. 물론 성과를 비교, 분석하기 위하여 종전의 방법도 같이 병행하여 적용하였으나, CPM기법이 예상했던 것 이상의 큰 성과가 있는 기법이라는 것이 실증되었다. 납기가 문제가 된 품목수가 종전 기법에서는 156개 품목에서 CPM기법을 적용하였을 때 7개 품목으로 크게 줄어들었다.

이 실험 후 듀퐁사는 전면적으로 CPM기법을 채택하기로 결정하였으며, 그 후에도 여러 프로젝트를 적용한 결과 큰 성과를 올려 적용 최초 1년간의 비용 절감액은 100만 불에 달하였다고 한다.

이상과 같이 듀퐁사의 성과에 자극을 받아 미국 내의 건설업계 및 화학공업계는 CPM기법을 집중적으로 사용하기 시작하였던 것이다.

이처럼 미국의 듀퐁사의 신규 설비투자의 효율적인 통제를 목적으로 개발된 CPM기법은 공장건설 등에 관한 과거의 실적자료나 경험 등을 기초로 하여 Activity 중심의 확정적 시스템으로 전개하여 목표기일의 단축과 비용의 최소화를 의도한다. 또한 공기 설정에 있어 최소비용의 조건으로 최적을 공기를 구하는 MCX(Minimum Cost Expediting) 이론이 포함하고 있다.

PERT기법과 CPM기법을 비교하여 보면, CPM기법은 원래 건설, 토목공사를 위하여 개발된 것이기 때문에 건설, 토목공사의 특성을 반영하여 시간 추정이 확정적이고 모든 계획을 활동, 즉 작업 중심으로 수립하여 일정계산을 하도록 되어 있다.

그러나 PERT기법은 미경험의 비반복성 설계사업의 평가 검토 및 관리를 목적으로 개발된 것이기 때문에 시간 추정을 확률적으로 하고, 계획사업의 수행과정에서 수행상태를 평가하기 위하여 단계 중심의 설계 수립과 일정계산을 하도록 되어 있다. 그러나 두 기법이 적용과정에서 서로의 장점을 상호 보완함으로써 이제는 서로 비슷하게 되어 적용대상 사업이나 시간 추정상의 확률적 유무를 제외하고는 아무런 차이가 없게 되었다.

[표 2-3] PERT와 CPM기법의 비교

구 분	PERT	CPM
적용대상	신규사업, 비반복 사업, 경험이 없는 사업 등에 이용	반복사업, 경험이 있는 사업 등에 이용
목 적	공기단축	공사비 절감
작업기간 추정	3점 시간 추정	1점 시간 추정
일정 계산	단계(Event)중심의 일정계산 * 최조예상시간 ET(Earliest Expected Time) * 최지예상시간 LT(Latest Expected Time)	작업(activity)중심의 일정계산 * EST : 가장 빠른 시작시간 (Earliest Start Time) * LST : 가장 늦은 시작시간 (Latest Start Time) * EFT : 가장 빠른 완료시간 (Earliest Finish Time) * LFT : 가장 늦은 완료시간 (Latest Finish Time)

[표 2-3] PERT와 CPM기법의 비교(계속)

구 분	PERT	CPM
여유시간	여유(Slack) * 정여유(PS : Positive Slack) * 영여유(ZS : Zero Slack) * 부여유(NS : Negative Slack)	여유(Float) * 총여유(TF : Total Float) * 자유여유(FF : Free Float) * 간섭여유(IF : Interfering Float) * 독립여유(INDF : Independent Float)
주공정	TL − TE = 0	TF = FF = 0
MCX 이론	없음	MCX(Minimum Cost Expediting) * 정상 소요공기(D), 공사비{C(D)} * 특급 소요공기(d), 공사비{C(d)} * 비용구배 $C = \frac{C(d) - C(D)}{D - d}$

3) PERT/CPM기법

건설공사에서 모든 작업이 시행될 순서에 따라 상호간에 의존 관계를 설정하고, 시행될 일정을 결정하는 공사계획은 서로 별개로 1950년대에 개발된 두 가지 관리기법을 기초로 하고 있다.

CPM(Critical Path Method)기법은 공사계획에서 일정을 단축하기 위하여 개발된 기법으로, 공사의 일정관리를 위하여 건설업 분야에서 널리 활용되고 있으며, 근래에는 공사계약관리의 기준으로 이용되고 있다. PERT(Project Evaluation & Review Technique)기법은 Polaris Missile 계획의 진도를 평가하고 감시하기 위하여 고안된 기법으로 연구계획 분야에서 진도를 감시하는 기준으로 활용되어 왔다.

이들 두 기법은 기본적으로는 유사하면서도 몇 가지 중요한 특징을 달리하고 있으나, 그 동안 기법의 적용에 있어 많은 변화를 통하여 오늘날 이 두 기법의 구별은 어렵게 되었다.

1957년과 1958년에 걸쳐서 개발된 이러한 공사관리 기법들은 그 사용목적이나 개발모델 면에서 차이가 있었지만, 네트워크의 기본원리는 대체로 같은 것이었다.

즉 PERT기법에서는 연구개발 업무가 전혀 새로운 것이 대부분이므로 확률적인 추정치를 기초로 하여 Event중심의 확률적 시스템을 전개함으로써 최단기간에 목표를 달성하고자 의도한 반면, CPM기법은 공장건설 등에 관한 과거의 실적자료나 경험 등을 기초로 하여 작업(Activity)중심의 확정적 시스템으로 전개하여 목표기일의 단축과 비용의 최소화를 의도한 것이었다.

그렇지만 PERT기법의 확률적인 모델이나 CPM기법의 확정적인 모델은 어느 것이나 양쪽 기법(PERT와 CPM)에 모두 적용시킬 수 있는 것이다. 뿐만 아니라 비용을 고려한 PERT/COST가 개발됨으로써 당초 다른 목적으로 개발된 PERT기법과 CPM기법은 서로 접근경향을 띠게 되었으며, 근래에는 이들 양자를 총괄하여 PERT/CPM기법이라 한다. 그러나 확률론적인 추정방식을 사용하고 있는 PERT방식은 건설산업의 적용에 어려움이 있어 최근에는 PERT/CPM공정관리라는 용어 대신에 CPM공정관리로 광의의 의미로서 사용되어지고 있다.

PERT기법과 CPM기법은 프로젝트를 구성하는 제반작업들의 선후관계를 따져 네트워크로 표시하고, 주공정(Critical Path)을 발견함으로써 시스템적인 종합관리가 가능하며 다음과 같은 이점이 있다.

① 필요한 정도에 따라 얼마든지 프로젝트를 세분하여 표시 가능
   현행 계획기법에서는 관리의 한계상 계획을 세분하여 표시할 수 없으며, 만일 세분한다고 해도 대단히 관리하기 곤란한 긴 도표가 될 것이다. 네트워크 기법에서는 선후행 관계를 연결하여 작성함으로써 프로젝트를 세분화하여 관리가 가능하다.

② 장래 예측이 가능하며, 전향적(Forward Looking) 관리방식
   현행 계획기법은 사후평가제도로서 사전예측 및 사전관리가 곤란하나, 네크워크 기법에서는 세부작업 간의 유기적인 관계 및 주공정 개념이 뚜렷하기 때문에 장래에 대한 사전예측과 판단이 쉽고 전향적 관리가 가능하다.

③ 전체공사를 시공하는 데 필요한 공기를 상당히 정확하게 추정

④ 공사기간 내 시공을 위하여 촉진시공이 필요한 작업에 대한 관리 가능

⑤ 시공일을 앞당겨야 할 경우 공기단축을 위한 지침을 세울 수 있게 함

⑥ 하도급시공자의 작업일정과 자재의 현장투입 일정에 대한 기준 제공

⑦ 공사에 필요한 인력과 공사장비에 대한 일정을 세우는 기준을 제공

⑧ 대체공법을 신속하게 평가

⑨ 진도보고와 기록에 편리한 기준자료

⑩ 공사변경이나 지체가 공기에 주는 영향을 평가하는 데 기준을 제공

바 차트 기법과 PERT/CPM기법의 비교내용은 다음과 같다.

[표 2-4] 바 차트 기법과 PERT/CPM기법의 비교

	바 차트 기법	PERT/CPM기법
형 태	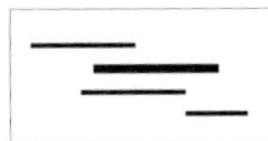 막대에 의한 진도관리	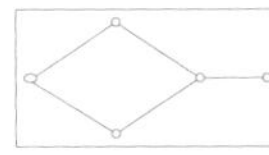 네트워크에 의한 진도관리
작업 선후관계	선 · 후 관계 불명확	선후관계 명확
중점관리	공기에 영향을 주는 작업의 발견이 곤란	공기관련 중점작업을 C.P로 발견
탄력성	일정의 변화에 손쉽게 대처하기 곤란	C.P 및 여유공정을 파악, 수시로 변경할 수 있으며, 컴퓨터 이용 가능
통제기능	통제기능이 미약	애로공정과 여유공정에 의해 공사통제 가능
최적안	최적안 선택가능 전무	비용과 관련된 최적안 선택가능

(1) ADM(Arrow Diagram Method)방식 (I–J방식)

ADM방식은 화살표 상부에 작업코드나 작업명을 표시하고 하부에 작업기간을 표시한다. 또한 네트워크는 절점과 화살표로 구성되며 절점은 공종의 착수시점인 동시에 선행공종의 종료시점을 의미한다. 또한 화살표는 공종(ACTIVITY명)을 표시하며 화살표 상에 작업명을 표시한다고 하여 AOA(Activity on Arrow)방식이라고도 한다. 화살표의 상부에는 작업명이나 작업코드를 표시하고 하부에는 작업기간을 표시한다.

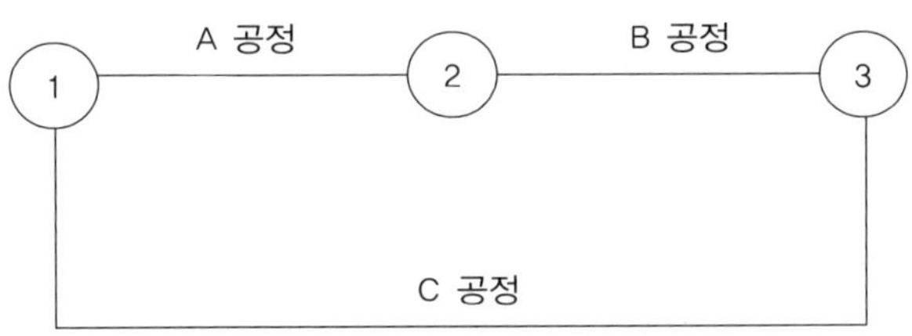

[그림 2-12] ADM 방식의 표시

ADM방식은 "I–J" 방식이라고도 하며, 각 Activity의 시작은 "I", 완료는 "J"로 표시하고, Time Scale에 의한 공정표를 작성할 경우 기간은 길이로 표시한다.

각 Activity는 선행 및 후행의 관계를 표시하여야 하며, 반드시 다른 Activity의 시작점이나 종료점에서 시작 또는 종료되어야 한다.

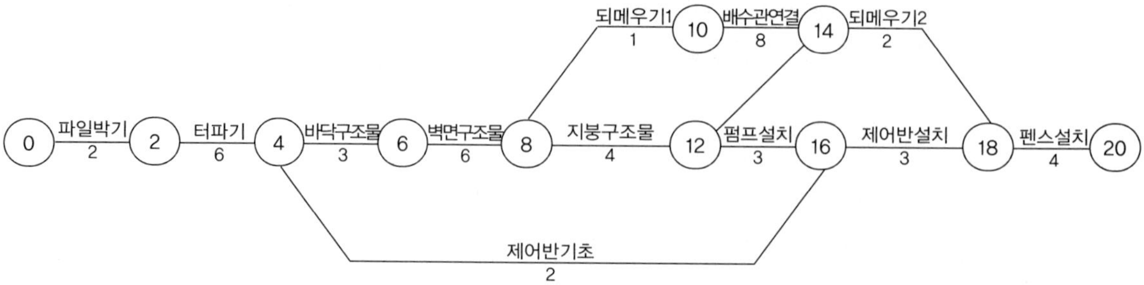

[그림 2-13] ADM방식의 사례

같은 "I" – "J" 번호로 2개 이상의 Activity를 사용할 수 없으며, 이럴 경우 1개의 Activity를 제외한 다른 Activity는 더미를 사용하여 Activity를 분리하도록 한다.

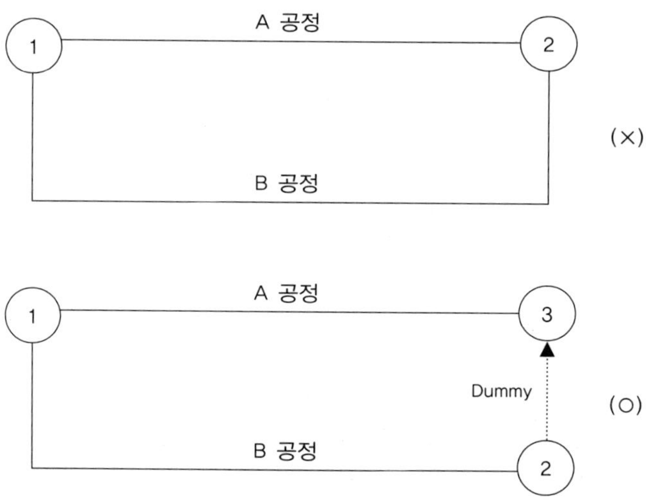

[그림 2-14] 더미의 활용

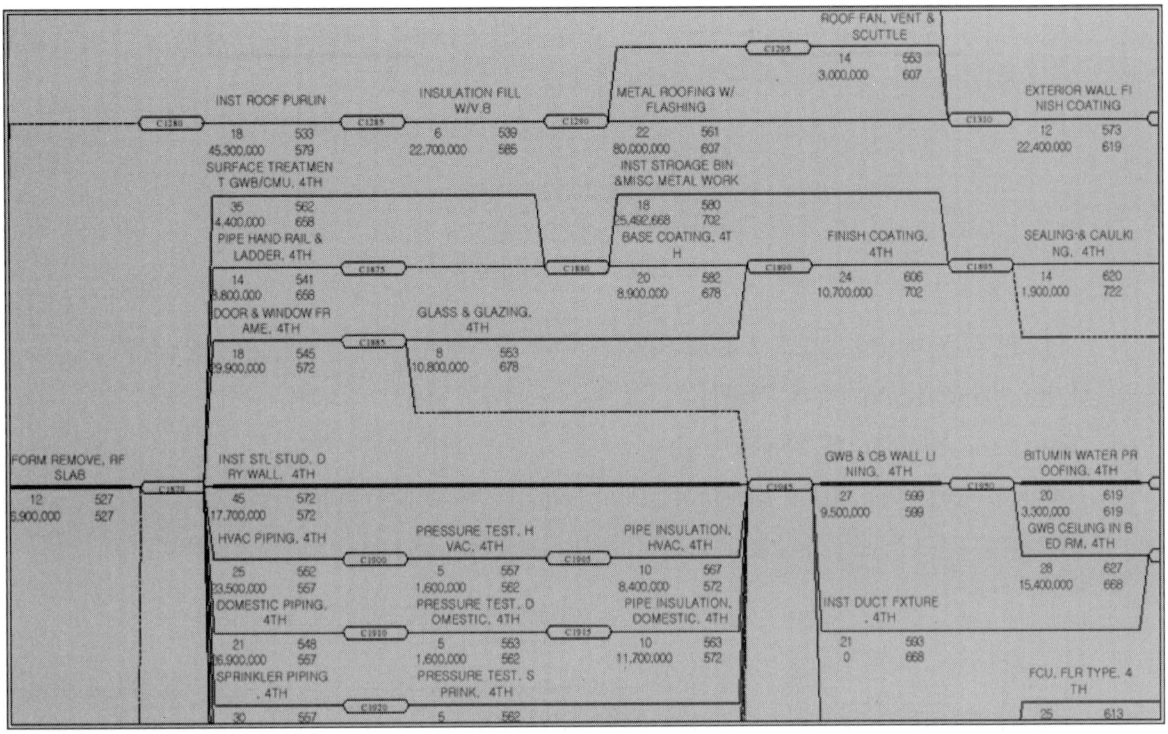

[그림 2-15] ADM방식의 사례

(2) PDM(Precedence Diagram Method)방식

각 작업을 노드(node)로 표기하고 화살표는 단순히 작업의 선후관계만을 표시하는 것으로 노드에 작업을 표시한다고 하여 AON(Activity on Node)방식이라고도 한다. PDM방식은 SS(Start-to-Start), FS(Finish-to-Start), SF(Start-to-Finish), FF(Finish-to-Finish) 등 4가지 다양한 관계를 표시할 수 있는 것이 장점이다. PDM방식은 작업중심으로 4가지의 다양한 관계를 표시할 수 있는 장점으로 많은 작업내용의 기입이 용이하므로 일반적인 공정관리 프로그램에서 활용되고 있다.

PDM방식은 특정 공종을 지칭하는 식별코드로 독자적인 공종체계를 구축하며, 반복공정이 많거나 동시발생 작업이 많을 경우 유리하다. 또한 별도의 선후행의 연관관계 표시로 네트워크를 구성하게 된다.

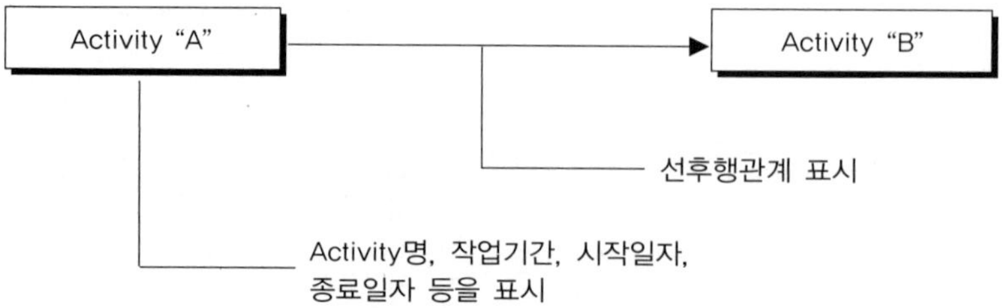

[그림 2-16] PDM방식의 표기

PDM방식은 더미의 생략으로 Activity의 개수가 감소되며, 선후공정 연결이 간단하기는 하지만 Time Scale화하기 곤란하다. 그러나 근래에 나오는 공정관리 소프트웨어들은 Time Scale Network를 지원하고 있다.

각 Activity는 박스형태로 나타내며, 각 박스의 선후행 관계를 연결하여 전체 로직을 구성한다.

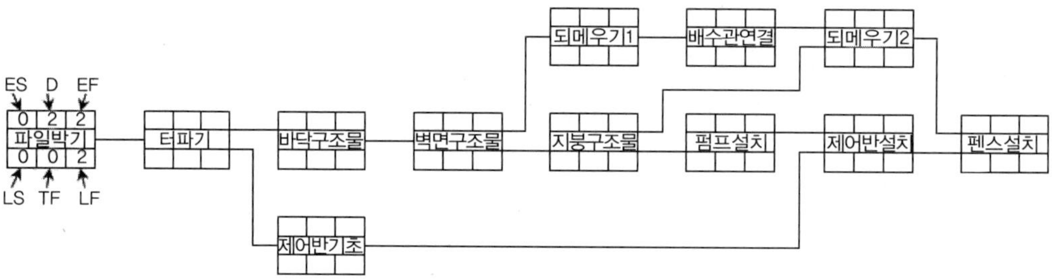

[그림 2-17] PDM방식의 표기 사례

PDM기법의 장점은 선후공정의 연결이 다양하며, 지연시간(Lag)을 사용하여 Activity의 착수일자 조정이 가능하다.

① FS(Finish to Start) : "A" 작업종료 후, "B" 작업착수 시

[그림 2-18] FS의 표현

② SS(Start to Start) : "A" 작업착수 후, "B" 작업착수 시

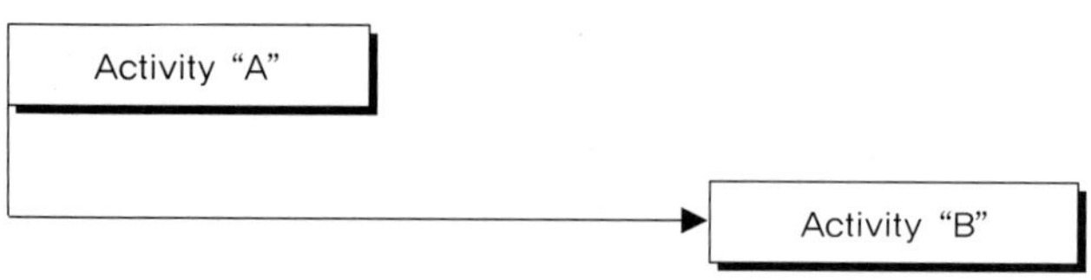

[그림 2-19] SS의 표현

③ FF(Finish to Start) : "A" 작업종료 후, "B" 작업종료 시

[그림 2-20] FF의 표현

④ SF(Start to Finish) : "A" 작업착수 후, "B" 작업종료 시

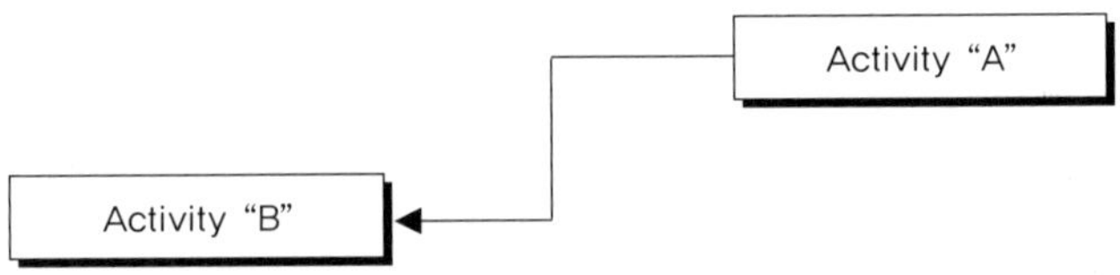

[그림 2-21] SF의 표현

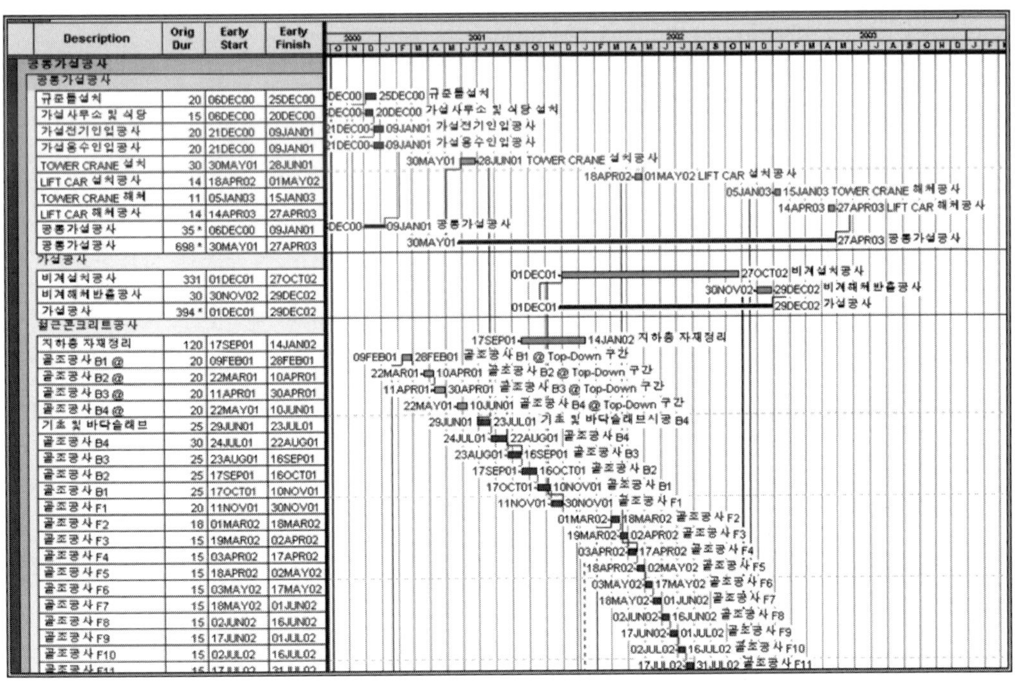

[그림 2-22] PDM방식의 사례

[표 2-5] ADM방식과 PDM방식의 비교

구 분	ADM방식	PDM방식
Activity의 식별	선후행 Event No. 	Activity 자체가 No.를 가짐 
연관관계 표시	Activity No.자체가 상호관계 내포	별도의 상호관계 표시 필요
연관 관계 표시의 종류	FS(Finish to Start)	FS(Finish to Start) SS(Start to Start) FF(Finish to Finish) SF(Start to Finish)
Dummy Activity	필요	불필요
Network변경 시 처리방법	Activity No.가 변경되므로 복잡	상호관계만 변경시키므로 간단
Lag Time	없음	있음
기 타	국내에 많이 보급되어 있으나, 상호 연관관계 표시의 제약 때문에 정확한 Scheduling이 어렵고 Activity수가 많아지는 단점	상호연관 관계의 다양하므로 정확한 Scheduling이 가능하며, 네트워크 변경 시 수정이 용이하므로 I-J방식에 대체되고 있음.

2.4 LOB(Line Of Balance)

LOB기법은 제조 생산라인에서 생산을 최적화하기 위해 산업공학자들이 사용하는 LOB 차트와 개념적인 면에서 유사하다. LOB기법은 반복되는 각 작업 상호간의 진척들을 기울기로 하는 직선으로 전체 공사를 도식화하는 방법이다. 하나의 반복되는 작업을 선으로 표현하여 연속성을 도모하기 위한 방법이며, LSM(Linear Scheduling Method) 또는 사선식 공정표라고도 한다.

각 작업 상호관계를 명확하게 나타낼 수 있으며 세로축에는 단위 작업수를, 가로축은 공사기간을 나타낸다. 기울어진 경사 직선은 한 층에서 다른 층으로 올라가는 공종별 작업내용을 의미한다. 기울기가 오른쪽으로 가면서 모두 같거나 줄어들 경우에는 프로젝트는 문제없이 진행이 되고 있는 것이다. 그러나 하나의 작업이 선행작업에 비해서 급한 기울기로 너무 빨리 진행된다면 각 작업간 간섭현상이 발생하게 되어 작업의 능률이 저하되게 된다. LOB기법의 용도는 반복작업이 많은 아파트공사나 초고층 건물, 지하철, 고속도로, 터널, 공항 활주로, 송수관 매설 등과 같은 토목공사의 활용에 유리하다. LOB기법의 장점은 네트워크 공정표보다 작성이 용이하며, 바 차트에 비해 많은 정보를 표시할 수 있다. 또한 작업의 진도율을 기울기로 표현하고 간단하게 각 작업의 세부일정을 알 수 있는 장점이 있다.

단점으로는 공사의 예정과 실적을 비교할 수 없으며, 주공정선과 각 작업의 여유시간을 쉽게 파악할 수 없다. 또한 다른 작업에 간섭을 받을 경우에는 비효율적이다.

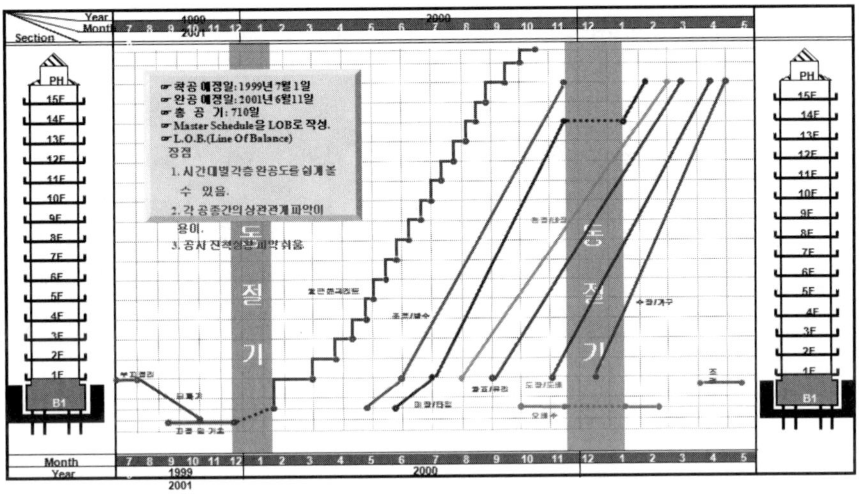

[그림 2-23] LOB기법의 사례

① 발산

한 작업의 생산성 기울기가 선행작업의 기울기보다 작을 경우, 즉 공기 연기상태로 전체 작업은 생산성 기울기가 작은 작업에 의존하게 된다.

② 수렴

한 작업의 생산성 기울기가 선행작업의 기울기보다 클 때, 즉 공정마찰을 의미하며 이러한 공정마찰을 피하기 위해서는 각 작업간 최적의 진도율을 유지하며, 주공정선에는 최소한의 버퍼를 두고 합리적인 공정계획을 수립한다.

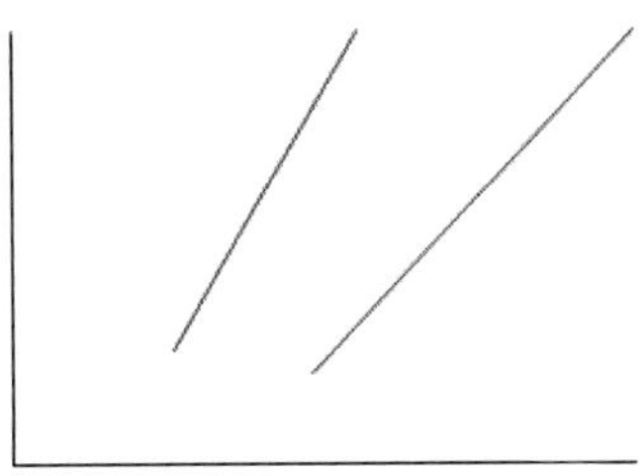

[그림 2-24] 발산

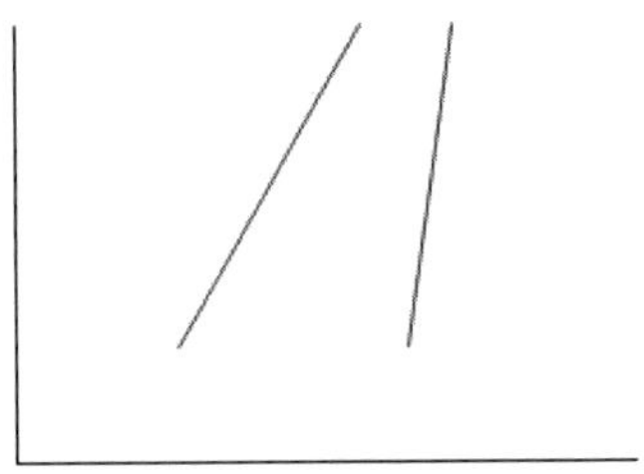

[그림 2-25] 수렴

③ 간섭

선행작업이 지연됨으로 인해 후행작업과 간섭현상이 발생하는 것으로 공정마찰이 발생하게 된다.

④ 버퍼(Buffer)

공정간섭을 피하기 위한 연관된 선후작업 간의 여유시간을 두는 것을 의미한다.

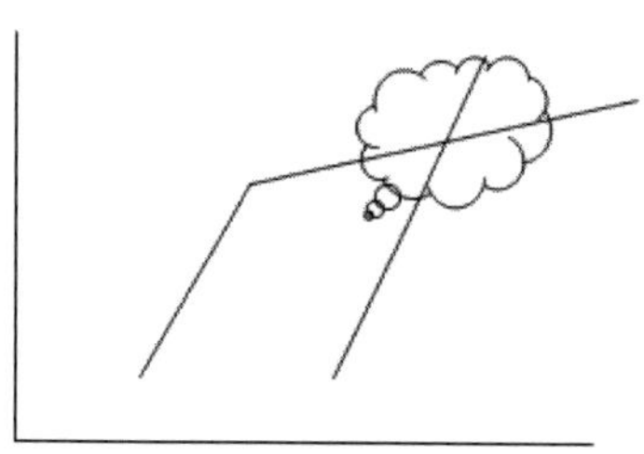

[그림 2-26] 간섭

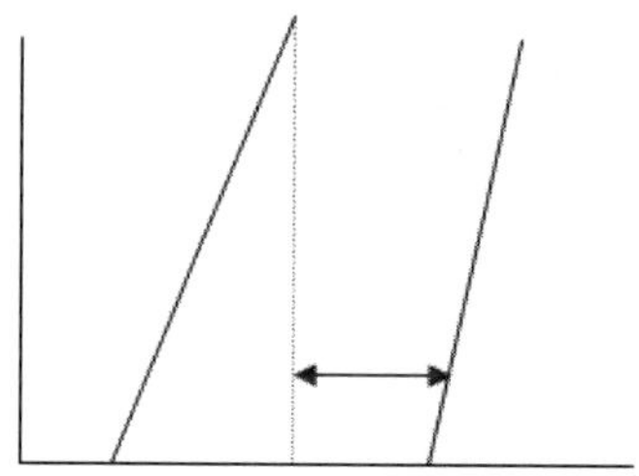

[그림 2-27] 버퍼

2.5 매트릭스 공정표

넓은 지역에서 수직적으로 같은 공종의 공사가 수평적으로 반복되는 지하구조물 공사, 도로공사 등과 고층건물이나 아파트공사와 같이 층별로 동일한 공종의 공사가 수직적으로 반복되는 경우 공사의 진행상황을 일목요연하게 파악하기에 적합한 공정관리의 기법으로 알려져 있다.

매트릭스 공정표는 공사의 진행상황을 입면으로 표현하며 개략적인 방법으로 공사 진행과정을 쉽게 표현할 수 있으며, 대부분의 현장에서 이러한 방법으로 활용하고 있다. 세로축에는 건물의 층수를 나타내고 가로축에는 주요 공종이나 공정표에 표시할 공종을 나열할 수도 있다. 아파트공사의 경우에는 건물 1동을 입면으로 표현하여 공종별로 진행상황을 색을 달리하여 표현하기도 한다.

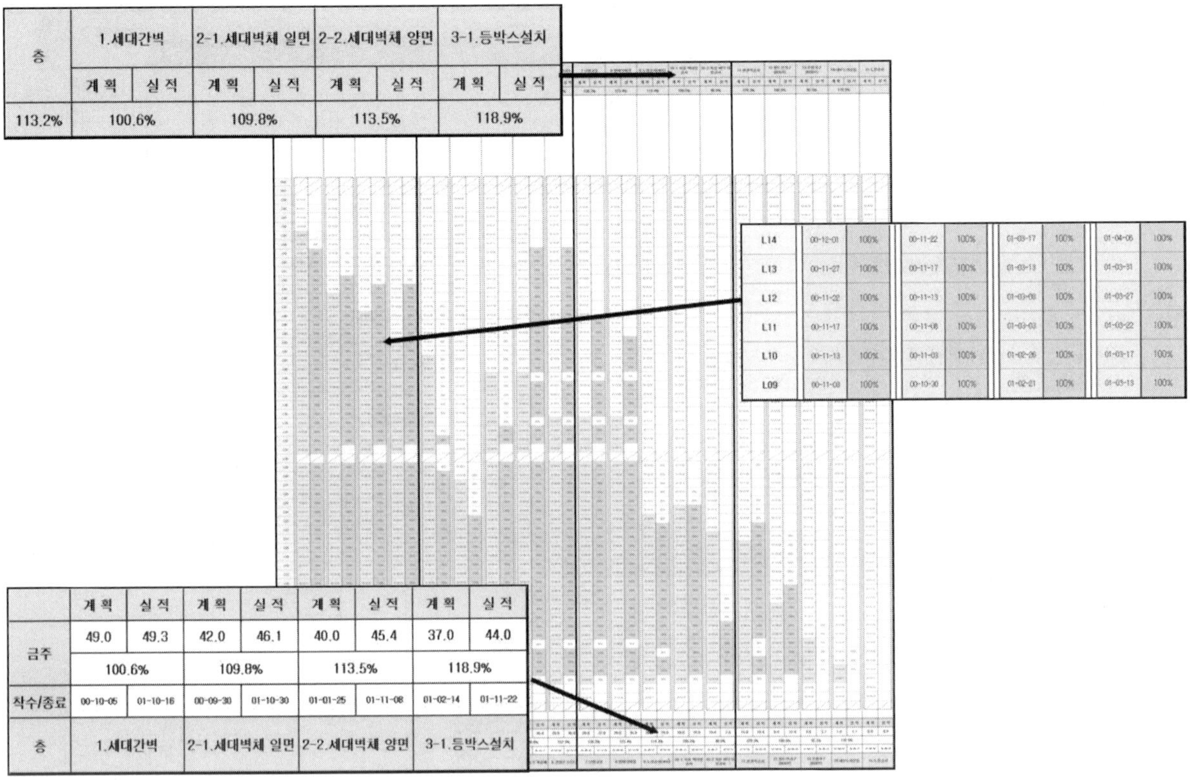

[그림 2-28] 아파트공사의 매트릭스 공정표 사례

2.6 소프트(Soft) 공정관리

1) 소프트 공정관리의 개념

소프트 공정표는 공종별로 시공 전에 검토, 계획되어야 할 항목을 관리하는 것이다. 업체 선정, 시공도 작성 및 승인, 제품검사, 각종 시험일정, 제작 반입일정 등을 공정표상에 표현하여 시공 스케줄과 같은 맥락으로 작성해 관리함으로써 시공 시 검토 부족에 의한 재작업 방지 및 품질을 확보하면서 전체공기에 차질이 없도록 세심하게 계획된 문자 그대로 소프트한 면을 관리하는 기능이다.

일본에서 이러한 소프트 공정표는 상당히 중요한 일정관리로 여겨지며, 시공의 Master Schedule에 못지않은 중요한 공정표로 여겨지고 있다. 국내에서는 Engineering Schedule 이라는 명칭으로 관리되고 있으나 활성화 되지는 않고 현장 기술자들의 경험에 의존하는 경향이 있다.

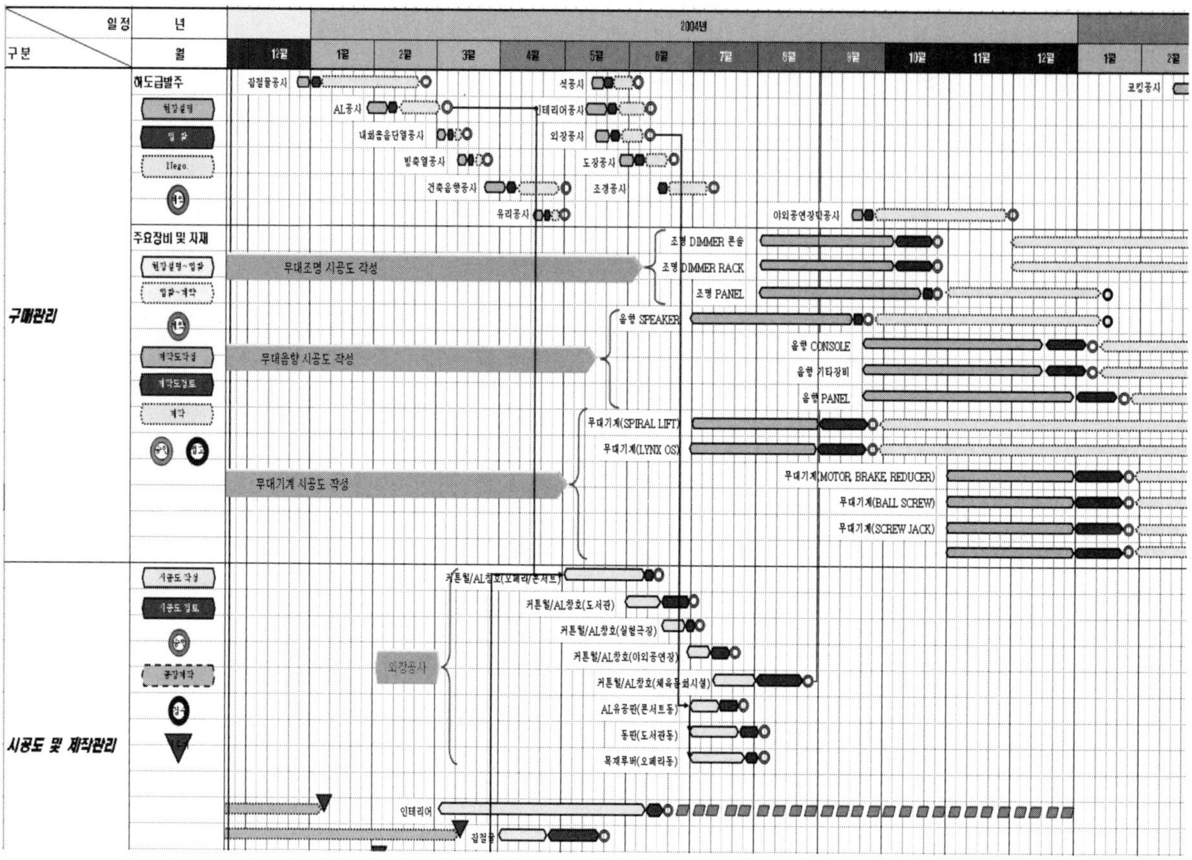

[그림 2-29] 소프트 공정관리 사례

이러한 소프트 공정관리를 국내에 적용하기 위해서는 다음과 같은 사항이 필요하다.

① 국내 실정에 맞는 관리항목의 결정이 필요하다. 각 현장별로 건물 구조형식별, 건물 성격별 특성에 맞는 소프트 공정에 대한 관리항목을 결정하여 이에 대한 전반적인 소요기간을 산정해 표준화 하여야 한다.

② 각 공종별 업체선정기간 등에 대한 표준기간 등의 표준화가 필요하며 협력업체 투입까지의 필요사항 및 기간의 표준화가 선행되어야 한다.

③ 건물 구조형식 및 규모 등에 따른 각종 필요 시공계획서 및 소요 작성기간의 표준화가 필요하며, 공사일정상 대갑 및 대관에 필요한 각종 제출서류에 대한 작성기간 및 표준화 등의 선결준비가 필요하다.

2) 소프트 공정관리 항목

일반적인 공정관리를 하드적인 공정관리라 하였을 때 공정별 작업 전에 준비되어야 할 항목들을 관리하는 소프트 공정관리의 항목은 다음과 같다.

① 소프트 공정에 표현하는 각 설계도서의 종류
- 종합도면(전기, 설비를 건축도에 반영한 도면)
- 건축상세도(건축마감을 포함한 상세도)
- 구체도(시공을 위한 시공도)
- 철골 제작도(철골 제작기간 등을 포함한 설치시기까지의 공정)
- 외장도(커튼월 및 옥탑 등에 대한 도면)
- 내장관련 필요도면

② 각각의 공종별 협력업체의 결정시기

③ 사용하고자 하는 공장에 대한 사전 공장검사 일정

④ 공장별 제작일정 및 공장제품 검사일정 표기(철골/커튼월 등)

⑤ 각 부위별 Mock-Up계획 등 포함

⑥ 각 제조사 결정시점 명시

⑦ 업체선정 일정 표기

⑧ 각 계획서의 작성기간 및 완성시기 표기(시공/품질계획서, 각 공종별 시공계획서, 관청제출서류 일정)

3) 소프트 공정관리의 효과

소프트 공정관리의 역할 및 그에 따른 효과는 다음과 같다.

- 각 설계도서의 승인시기 등을 사전 스케줄을 관리함으로써 도면 출도 및 승인지연에 따른 현장 공사지연 등의 리스크를 방지할 수 있다.
- 각 설계, 시공도서의 작성을 시공 스케줄 작성과 동시에 검토 결정한 스케줄로 시공과 도면간의 상관관계를 표시하여 입체적 관리가 가능하다.
- 각 공종별 투입시기에 따른 업체선정 결정 일정을 사전 스케줄화하여 관리함으로써 업체투입 시점을 실기하는 것을 미연에 방지할 필요가 있다. 일정산정 시에 업체 견적기간, 업체선정, 현장투입 전 사전준비기간 등에 대한 표준화가 필요하다. 일본의 경우 각 공종별 시공투입 전 시공요령서가 제출되지 않으면 공사착수가 불가하다. 이 요령

서는 협력업체가 작성하게 되어 있으므로 이 작성기간까지 예측 충분한 기간을 두고 업체선정을 하여야 한다.

- 각종 계획서의 작성기간 및 제출시기의 명시 관리함으로써 각 담당자들에 대한 업무조정이 용이하다.
- 각 공종별 시공계획서의 작성기간 및 제출시기를 명기하여 관리함으로써 해당 공종 담당자들이 전체 업무량 및 각 제출서류에 대해 사전에 인식이 가능하다.
- 각 협력업체가 작성하는 시공요령서의 작성기간 및 완성일정을 스케줄상 표기하여 관리한다.
- 대갑 및 대관 서류에 대한 종류 및 제출시기를 스케줄상에 반영, 관리함으로써 대갑 및 대관 클레임 발생에 의한 공사영향을 최소화 할 수 있다.
- 사전계획 및 준비를 철저히 관리함으로써 재작업 및 업무 손실을 방지할 수 있다.

2.7 택트(TACT) 공정관리

1) 기본 개념

택트는 박자를 의미하며 전체 공정 플로차트에서 중심이 되는 공정과 부속공정의 그룹을 의미한다. 택트 공정관리는 제조업의 흐름생산의 원리를 건설산업에 적용한 것으로, 작업부위를 일정하게 구획하고 작업시간을 일정하게 통일시켜 선후행 작업의 흐름을 연속작업으로 만든 사이클 공정이다. 택트 공정관리는 연관 있는 공정끼리 각각의 택트로 분할하여 일정계획을 수립하는 방법이다. 공구별로 직렬 연결된 작업을 다수 반복하여 사용하는 방식으로 시간의 모듈을 만들고 각 작업시간을 표준 모듈시간의 배수로 하여 작업계획을 수립하는 방식이다.

택트는 공구, 공사 분할 후 시공수량, 작업량, 투입인원 등을 고려하여 작성하며 골조의 사이클 공정과 같이 전체공정을 관리하게 된다.

택트관리기법은 생산관리 시스템으로 볼 수 있으며, 택트 공정계획에는 공사, 노무, 안전, 가설, 품질관리계획 등이 포함된다. 또한 택트관리기법은 단순한 공정작성 도구가 아닌 현장의 시공관리기법으로서 현장방침과 목표에 부합되어야 한다. 택트 공정관리의 핵심은 다음과 같다.

① 협력업체의 의견을 중시하여야 한다. 공정작성 및 수행 시에 협력업체의 Know-How를 활용하여 공정 간섭을 해결해야 하므로 협력업체의 참여 여부에 따라 성패 여부

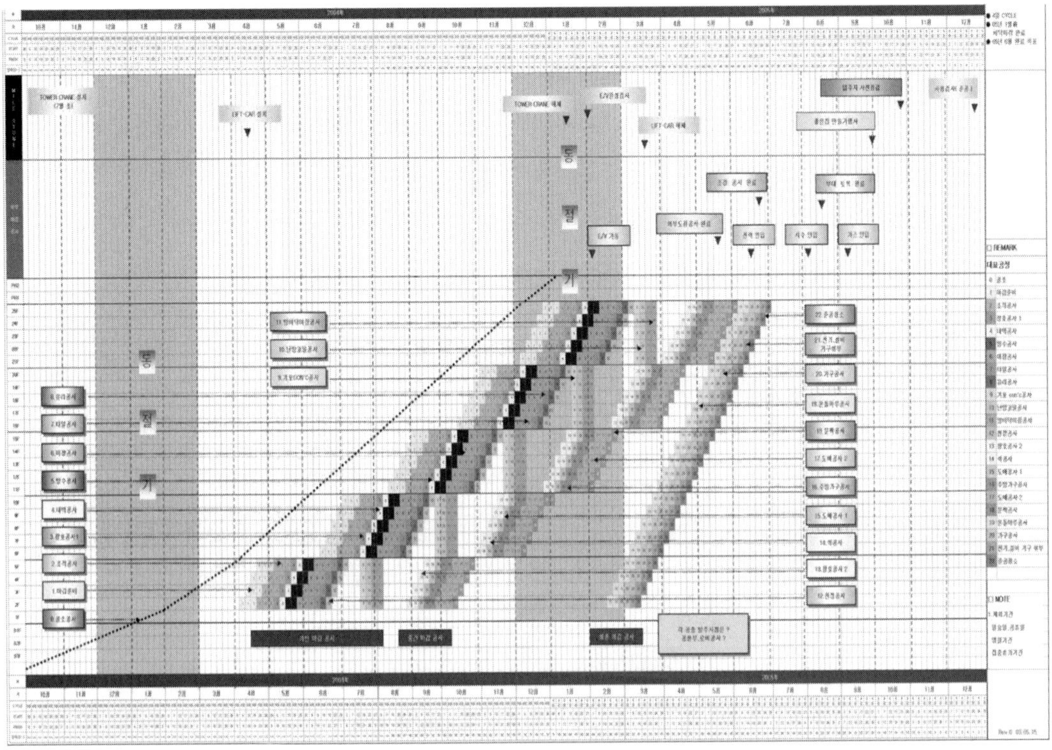

[그림 2-30] 아파트 택트 공정표의 사례

가 결정된다.

② 도면 검토, 가설계획, 시공계획 등 철저한 계획과 수행이 필요하다. 택트관리는 단순한 공정표 작성기법이 아니므로 현장 초기에 공법 선정, 마감계획 등 철저한 시공계획이 필요하다.

③ 선행공정은 후행공정에 피해가 없도록 완벽하게 공사가 완료되어야 한다. 적정인원이 공장생산과 같이 순차적으로 작업이 진행되어야 하며 재작업, 일부 작업 미비 등의 요인이 발생할 시에는 전체공정에 영향을 미치게 되므로 선행공정 책임완료 제도 등의 도입이 필요하다.

택트를 활용한 공정관리의 적용효과는 다음과 같다.

① **택트관리를 통한 품질향상 효과**

- 고정인원의 반복작업 시행에 따른 기능 향상
- 선후행관계 확립을 통한 순차적 작업으로 재작업 방지

② 프로세스 개선을 통한 품질향상 효과

- 사전도면검토회 실시에 따른 도면품질 향상
- 협력사의 주체적 참여 유도를 통한 협력사의 자율적 품질관리
- 사전계획에 의한 작업진행에 따른 문제점의 사전해결

③ 현장직원 간의 의사소통의 통일

④ 현장과 협력회사, 협력회사 작업자 간의 커뮤니케이션 향상

2) 택트의 작성

택트에는 완전 택트, 불완전 택트, 형식적 택트 등으로 구분된다.

- 완전 TACT형

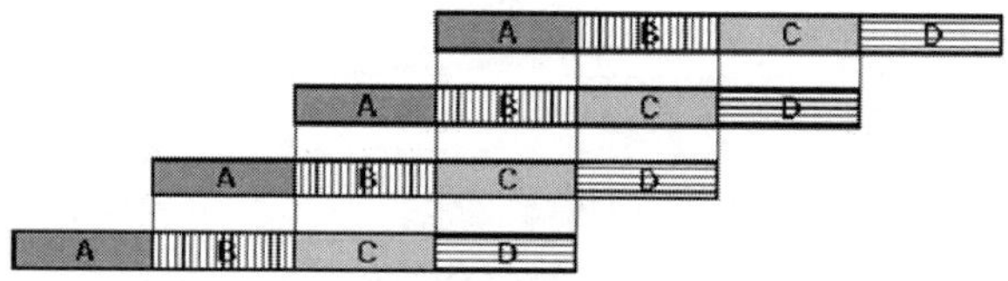

- 불완전 TACT형

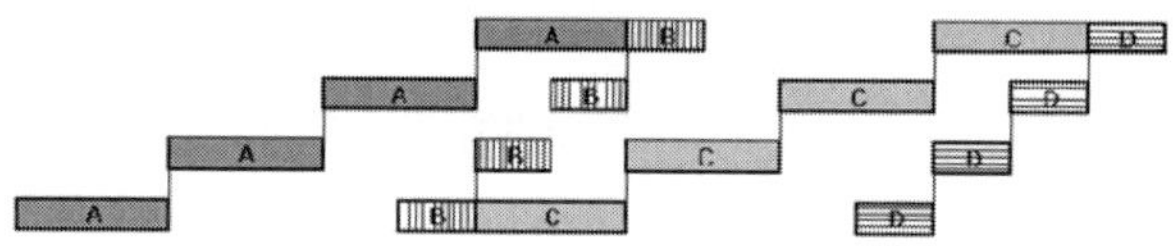

- 형식적 TACT형

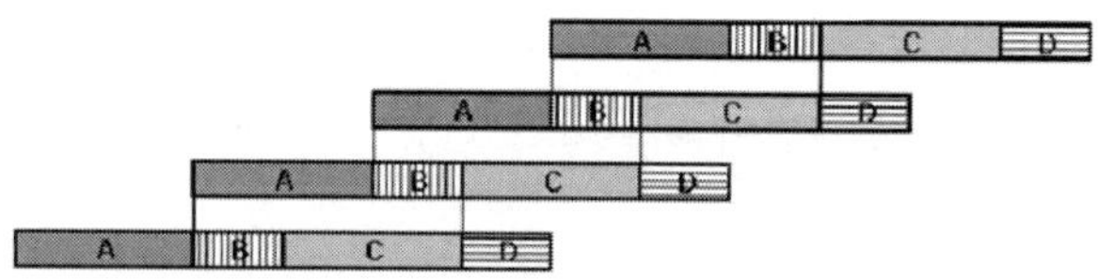

[그림 2-31] 택트의 분류

택트 공정의 작성방법은 다음과 같다.

① 협력업체의 의견을 최대한 반영하여 협력업체가 주체가 되어 작성한다.

② 전체공사의 작업순서를 명확히 하여 공사흐름 및 Milestone을 확정한다.

③ 각 세부공사를 그룹핑 한 후, 작업량과 투입인원을 고려하여 작업그룹의 공사속도를 결정한다.(사이클 공정)

④ 각 세부공사의 진행순서 및 검사항목을 결정한다.(작업표준)

작업표준은 상세공정계획으로 선정된 각 작업에 대하여 작업의 순서와 그 작업을 위

한 가설과 안전설비, 품질관리의 상세내용에 대해 검토하고 시공상의 포인트가 되는 작업을 상세히 계획한 것이다.

⑤ 전체공사를 순차적으로 진행, 관리한다.

CHAPTER 03

네트워크 공정표의 작성

1 네트워크의 구성

1.1 기본규칙

CPM기법의 네트워크는 화살형 네트워크라고도 한다. 화살형 네트워크에서의 화살선은 작업(Activity)을 나타내고 작업과 작업이 결합되는 점이나 공사의 개시점 또는 종료점은 ○표로 나타내며, 이를 결합점(Event 또는 Node)이라 한다. 그리고 화살선으로 표현할 수 없는 작업의 상호관계를 나타내기 위하여 화살점선을 사용하는데 이를 더미(Dummy)라 한다.

화살선은 시간적 의미를 가지고 있으며, 더미는 단순한 작업의 연결만을 나타내고 시간적 의미는 없다.

화살형 네트워크의 기본규칙은 다음과 같다.

- 네트워크는 하나의 개시점에서 출발하여 하나의 종료점에서 끝나야 한다.
- 한 작업을 나타내는 결합점 번호(Event Number)는 전 네트워크를 통해 하나이어야 한다.
- 선행작업이 종료되지 않으면 후속작업을 개시할 수 없다.

1.2 네트워크의 구성요소

네트워크는 화살선으로 표시되는 작업(Activity), 더미(Dummy), 결합점(Event, node)으로 구성되며 액티비티, 작업, 활동(Activity)을 의미한다.

(1) 결합점(Event, Node)

결합점은 작업과 작업을 연결하는 것으로 작업의 시작, 완료시점, 작업과 작업간의 연결점을 표시한다. 결합점은 정적상태를 의미하며 원이나 사각형으로 표시한다. 또한 결합점에는 번호를 붙여 작업명을 표시하며 시간이나 자원을 필요로 하지 않는다.

[그림 3-1] 결합점의 표시

결합점은 다음과 같은 구성요소를 포함한다.

① 작업의 시작과 완료시점을 나타낸다.
② 다른 작업과의 연결점을 의미하며, 시간이나 자원을 필요로 하지 않는다.
③ 일반적으로 원이나 사각형으로 표시한다.
④ 각 결합점마다 번호를 부여하여 관리가 용이하게 한다.
⑤ 결합점에 번호를 부여할 경우 선행 결합점의 번호는 후속 결합점의 번호보다 작아야 하며 병렬단계의 번호는 수평번호(Horizontal Numbering)나 수직번호(Vertical Numbering) 중 임의로 부여할 수 있다.
⑥ 각 작업은 작업에 대응하는 결합점 (i, j)이 표시되어야 하고 그 작업은 하나로 한다.

(2) 작업(활동 : Activity)

작업은 전체공사를 구성하는 개별 단위작업을 표시하며, 동적상태를 의미한다. 또한 시간 또는 자원인 4M(인원, 자재, 장비, 공사비)을 필요로 한다. 작업은 화살형(Arrow)으로 표현되고 작업의 진행방향을 표시하며, 화살표는 통상 좌에서 우로 긋는다. 이러한 작업은 하나의 작업을 나타내며 작업명은 위에, 소요일수는 아래에 표시한다. 그러나 화살선의 길이는 작업 소요일수와 관계가 없다.

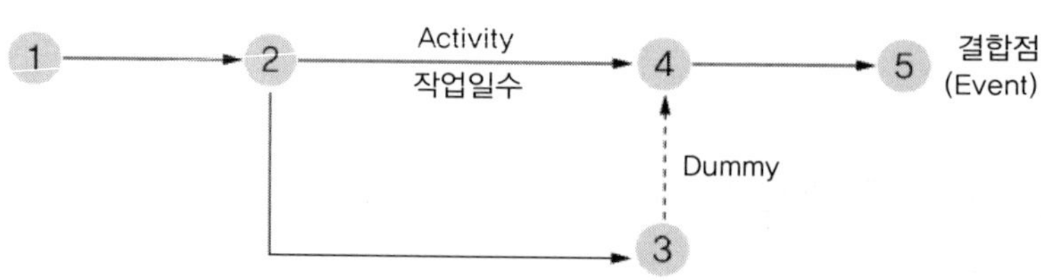

[그림 3-2] 결합점 및 작업의 표시

작업은 프로젝트를 구성하는 단위이며, 다음과 같은 구성요소를 포함한다.

① 전체공사를 구성하는 하나의 개별 단위작업을 나타낸다.

② 공사관리의 요소인 4M(인원, 자재, 장비, 공사비)을 필요로 한다.

③ 작업의 표시는 화살선으로 표시하고 화살표의 시작점은 작업의 시작을 의미하며, 화살표의 끝점은 작업의 종료를 의미한다.

④ 화살표의 길이는 원칙적으로 시간의 길이와 무관하게 표시한다. 다만 타임스케일 공정표에서는 시간적 개념을 화살표의 길이로 나타낼 수 있다.

(3) 더미(명목상 작업 : Dummy)

더미는 작업 상호간의 연관관계만 나타내는 명목상 작업으로 실제 작업이 있는 것이 아니고 작업 상호간의 관련성, 공정진행상의 제약을 표시한다. 더미는 명목상 작업으로 시간이나 자원요소를 포함하지 않으며 소요시간은 0이며, 점선 화살표로 표시한다. 작업의 경로로서 더미는 주공정선(Critical Path)도 될 수 있다.

더미의 종류에는 넘버링 더미, 논리적 더미, 커넥션 더미가 있다.

① 넘버링 더미(Numbering Dummy, Redundant Dummy)

넘버링 더미는 논리적 순서와는 관계없이 요소작업의 중복을 피하기 위한 더미를 의미한다.

[그림 3-3] 넘버링 더미

② 논리적 더미(Logical Dummy)

요소작업 간의 선후행관계를 규정하거나 연결관계의 제약을 나타내기 위한 더미로 작업의 선후관계를 규정하기 위해 꼭 필요한 더미로 논리적인 관계를 표현한다.

작업명	선행작업
A	–
B	–
C	–
D	A, B
E	B, C

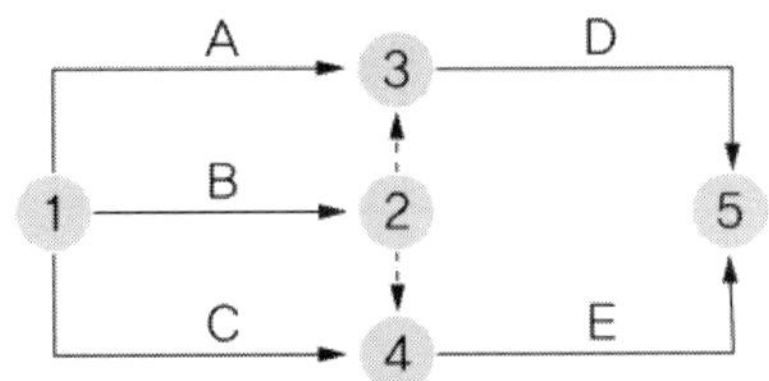

[그림 3-4] 논리적 더미

③ 커넥션 더미(Connection Dummy)

커넥션 더미는 작업과 작업 간의 연결의미만을 가지고 있으므로 삭제 가능한 더미로서 초기 공정표 작성 시 이용된다.

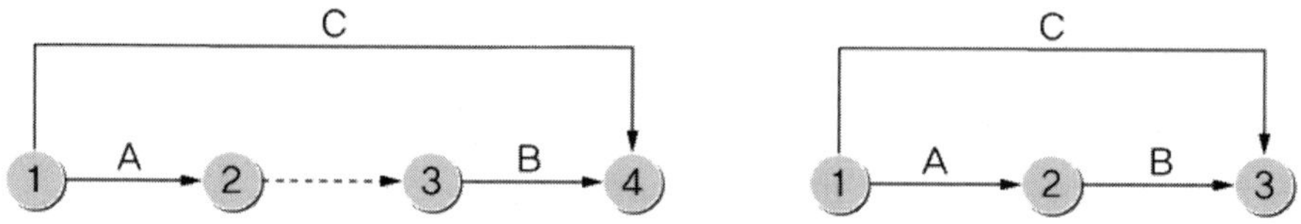

[그림 3-5] 커넥션 더미

1.3 네트워크의 표기방법

① 기본작업

화살형 네트워크의 작업은 [그림 3-6]과 같이 표시되고, 화살의 방향은 항상 왼쪽에서 오른쪽으로 연결되며, 일반적으로 I < j가 되도록 결합점 번호를 기입한다.

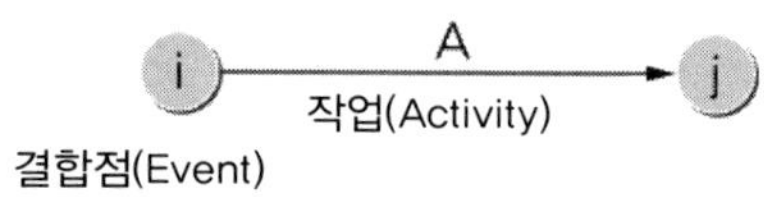

[그림 3-6] 화살형 네트워크 표기

② 독립작업

A · B작업은 아무런 연결 없이 각각 독립된 두 작업을 나타낸다.

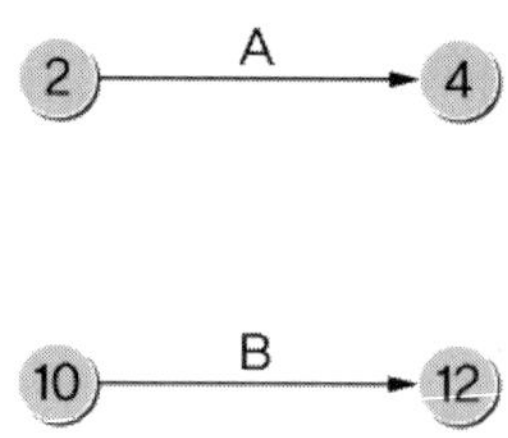

[그림 3-7] 독립작업

③ 종속작업

[그림 3-8]에서 보는 바와 같이 B작업은 A작업에 종속되며, A작업이 끝난 뒤 개시할 수 있다. 작업 A는 작업 B의 선행작업이며, B는 A작업의 후행작업이다. 즉 작업 B는 A작

업이 완료되지 않으면 시작될 수 없다.

[그림 3-8] 종속작업

④ 통합

두 개 이상의 선행작업이 하나의 결합점으로 통합되어 하나의 후속작업을 가질 때를 의미한다.

- 작업 A와 B는 C작업의 선행작업이다.
- C작업은 AB작업의 후행작업이다.
- A작업과 B작업이 완료되어야 C작업을 시작할 수 있다.

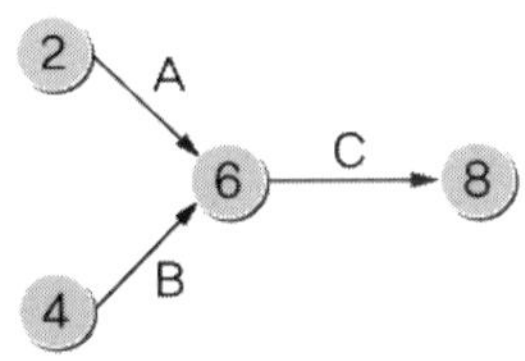

[그림 3-9] 작업의 통합

⑤ 분기

하나의 선행작업에서 두 개 이상의 후속작업이 분기되어 나올 때를 말하며 B · C작업은 A작업이 종료되면 동시에 개시할 수 있다.

- 작업 B와 C의 선행작업은 A작업이다.
- 작업 A의 후행작업은 B와 C작업이다.
- 작업 A가 완료되어야만 작업 B와 C를 시작할 수 있다.

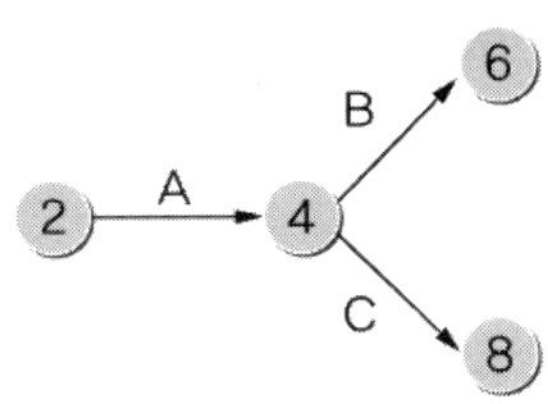

[그림 3-10] 작업의 분기

⑥ 교차

통합과 분기가 동시에 일어나는 것을 말하며, C · D작업은 A · B작업이 모두 종료되었을 때 동시에 개시할 수 있다.

• 작업 A와 B의 후행작업은 작업 C와 D이다.
• 작업 C와 D의 선행작업은 작업 A와 B이다.
• C와 D작업은 A작업과 B작업이 동시에 완료되어야만 시작할 수 있다.

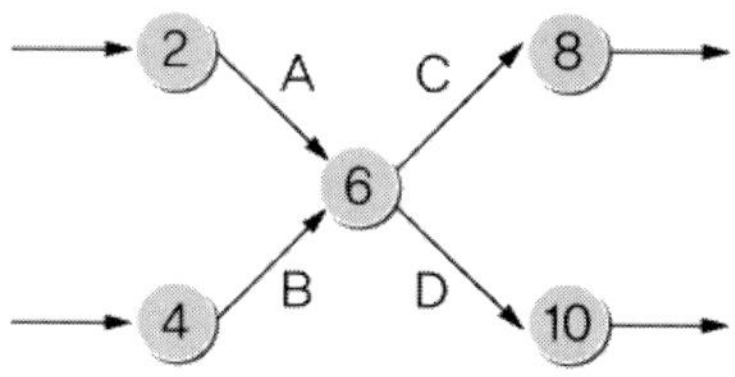

[그림 3-11] 작업의 교차

⑦ 개시점과 종료점

[그림 3-12]와 같이 5개의 작업으로 이루어진 네트워크 중에서 A · B · C작업이 서로 독립적인 관계에 있고 E작업은 A작업에, F작업은 C작업에 종속되어 있는 경우 표기방법에 있어서 [그림 3-12] (a)의 표기방법은 네트워크의 개시점과 종료점은 하나이어야 한다는 기본규칙에 위배되므로 잘못된 표기이고, [그림 3-12] (b)와 같이 표기해야 한다.

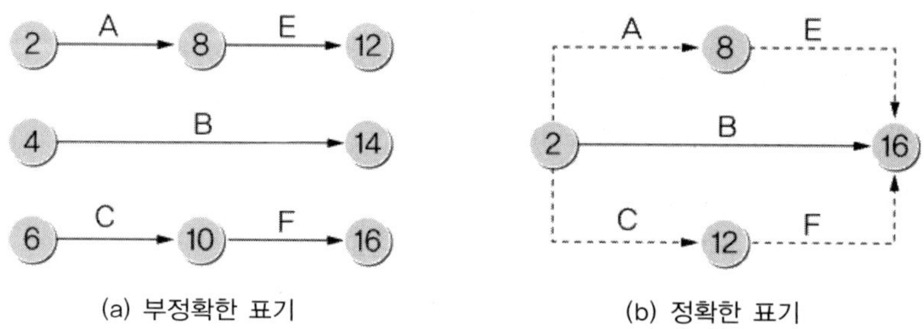

[그림 3-12] 개시점과 종료점

1.4 네트워크 작성원칙

(1) 네트워크의 기본 원칙

네트워크 공정표는 결합점과 작업의 관계로 표현되는데, 네트워크 공정표를 작성할 경우에는 다음의 4가지 공정에 대한 원칙에 위배되지 않아야 한다.

① 공정원칙(Dependent Activities Relationships)

공정표상에 표시된 모든 공정은 각각 독립된 공정으로 수행, 완료한다. 즉 결합점과 결합점 사이에는 하나의 작업만이 존재하여야 한다.

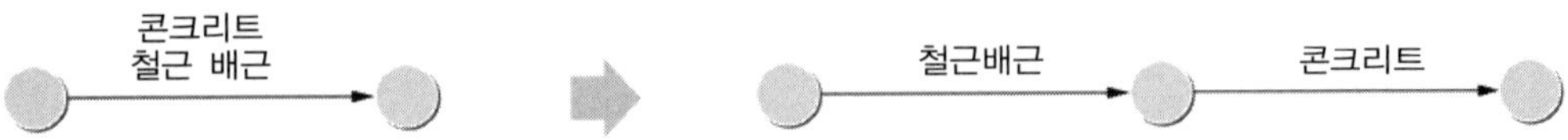

[그림 3-13] 공정원칙

② 단계원칙(Event Relationships)

결합점은 그 이전의 모든 작업이 완료되고 후속작업을 개시할 수 있는 시점을 의미하며, 모든 작업은 결합점과 결합점에 연결되어야 한다.

[그림 3-14] 단계의 원칙

③ 작업원칙(활동원칙 : Activities Relationships)

하나의 작업이 개시될 때, 이 활동에 선행하는 모든 작업은 완료되어야 한다. 각 작업의 논리적 순서관계와 유기적 관계 확보를 위해 필요에 따라 더미를 활용한다.

[그림 3-15] 작업의 원칙

④ 연결원칙(Link Relationships)

단계와 단계는 반드시 연결되어야 하며, 공정표를 작성할 때 각 작업은 화살표를 한쪽 방향으로만 표시하며 착수와 완료 사이의 작업 수는 하나로 제한한다.

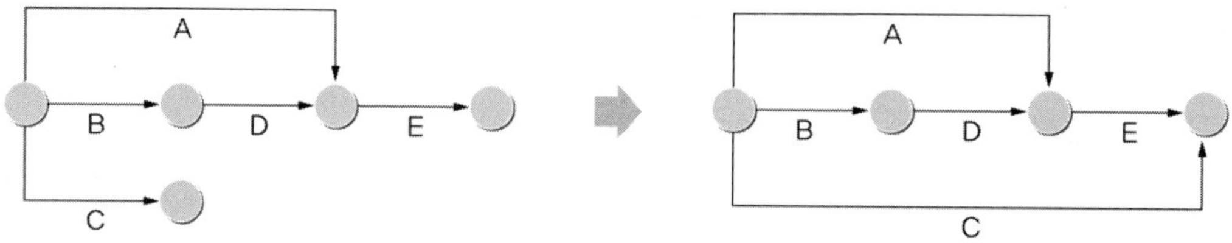

[그림 3-16] 연결의 원칙

(2) 네트워크 작성의 일반원칙

앞에서 설명한 4가지 기본원칙 외에도 일반적으로 네트워크 공정표를 작성할 경우에는 가급적 다음의 원칙을 지켜야 한다.

① 정확한 선후관계를 표현

C작업은 A작업에만 종속되고 D작업은 A · B작업 모두에 종속될 경우 [그림 3-17] (a)의 표기는 부정확한 표기가 되고, [그림 3-17] (b)와 같이 표기해야 정확한 표기가 된다.

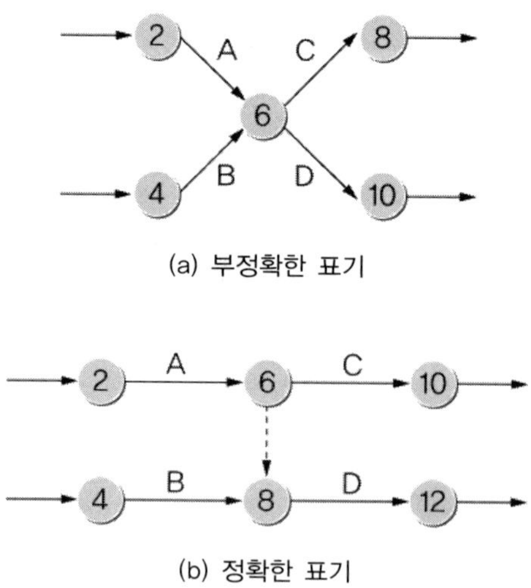

[그림 3-17] 작업의 선후관계

② 작업의 고유번호 부여

동일한 선행작업과 후속작업을 갖는 두 개 이상의 작업이 있을 경우, [그림 3-18] (a)의 표기는 A · B작업이 동일한 결합번호를 가져 혼돈이 야기될 수 있으므로 부정확한 표기가 되며, [그림 3-18] (b) 중 어느 하나로 표기해야 정확한 표기가 된다.

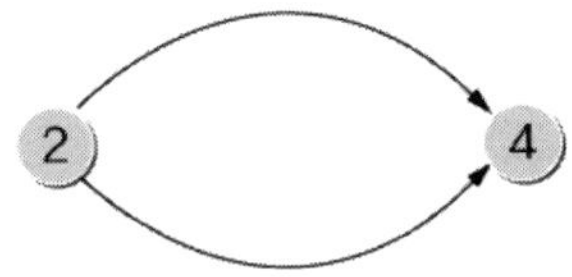

(a) 부정확한 표기

(b) 정확한 표기

[그림 3-18] 작업의 고유번호

③ 과잉 더미의 사용은 네트워크를 복잡하게 하므로 제거하는 것이 좋다.

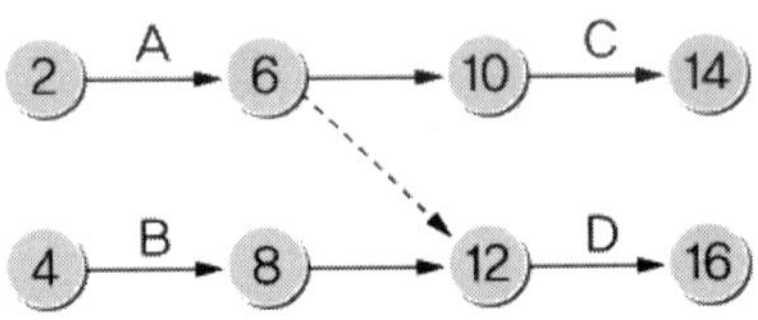

(a) 부정확한 표기

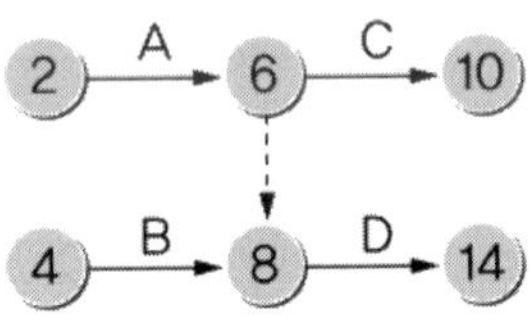

(b) 정확한 표기

[그림 3-19] 과잉 더미의 사용

④ 동일한 선행작업과 후속작업을 갖는 2개 이상의 작업이 있을 경우 더미를 사용하여 표기하여야 한다.

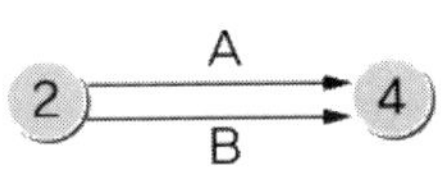

(a) 부정확한 표기

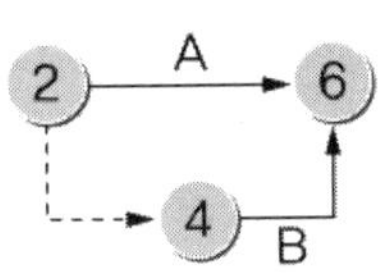

(b) 정확한 표기

[그림 3-20] 더미의 사용

⑤ 네트워크상 작업을 표시하는 화살선은 역진 혹은 회송되어서는 안 된다.

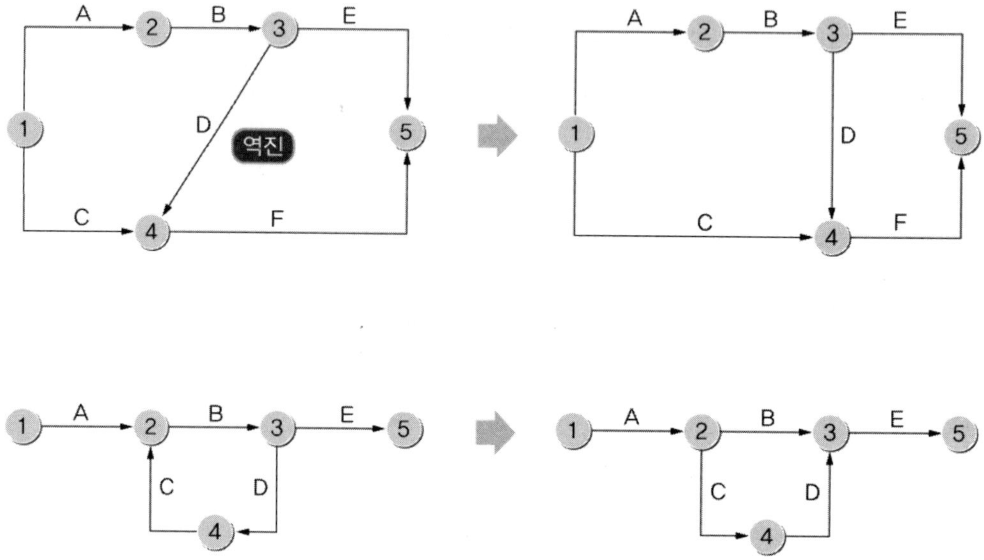

[그림 3-21] 역진

⑥ 가능한 한 요소작업 상호간의 교차를 피한다.

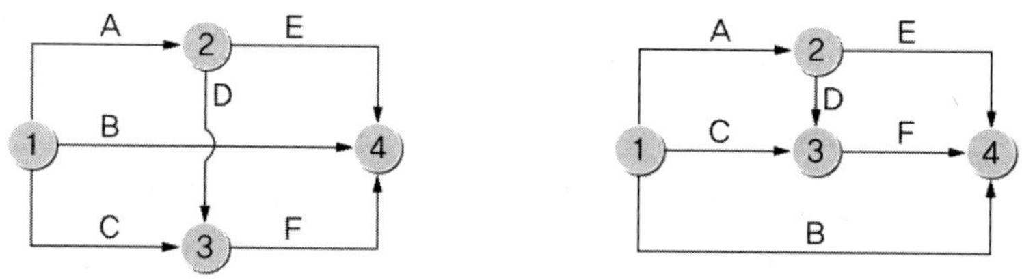

[그림 3-22] 교차작업

그러나 불가피하게 네트워크가 교차되는 경우에는 다음의 방법 중 하나를 이용하여 교차작업을 표시한다.

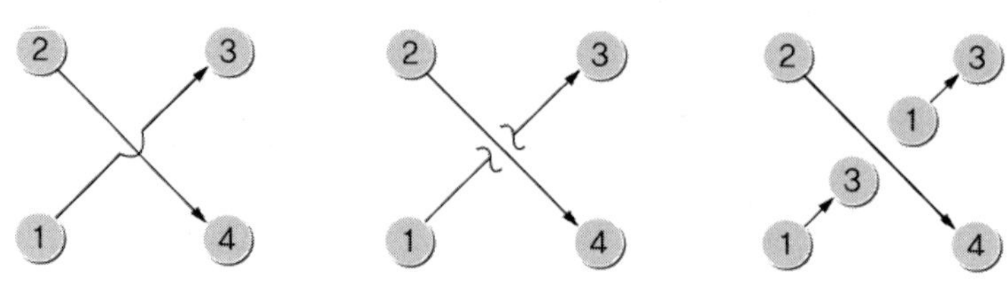

[그림 3-23] 교차작업의 표시방법

⑦ 무의미한 더미를 만들지 않도록 한다.

⑧ 네트워크는 작업간 예각을 만들지 않으며 알아보기 쉽고 자료를 기입하기 편리하게 표현한다.

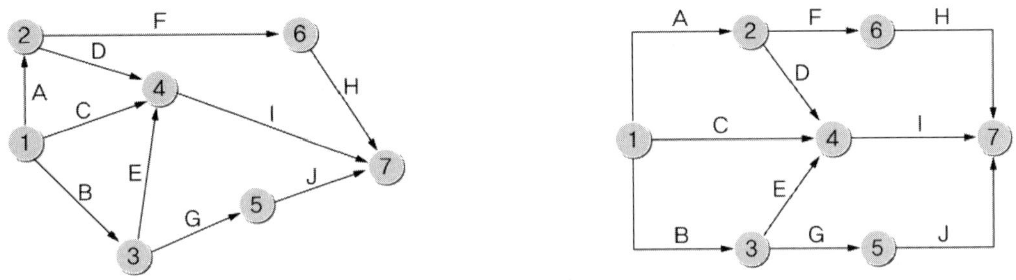

[그림 3-24] 예각 사례

⑨ 동시작업 제한의 원칙으로 2개 이상의 작업이 동시에 시작되고 동시에 종료될 경우에는 더미를 사용한다.

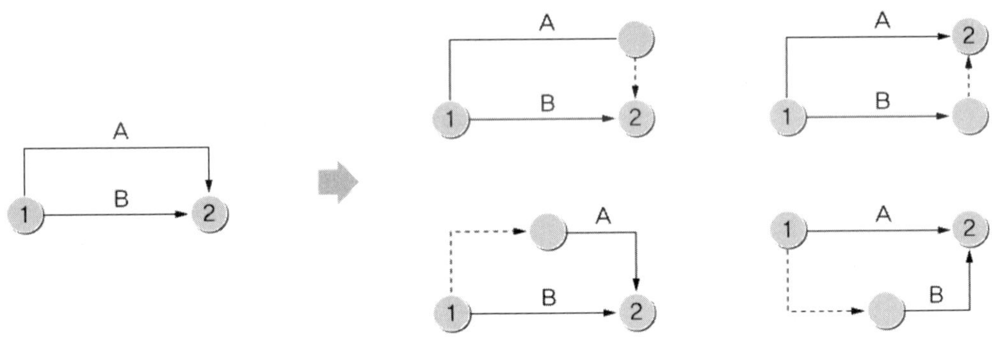

[그림 3-25] 동시작업 제한

1.5 네트워크의 작성

(1) 네트워크 표시의 기본

①

선행작업	작업	후행작업
	A	B
A	B	

②

선행작업	작업	후행작업
	A	B, C
A	B	
A	C	

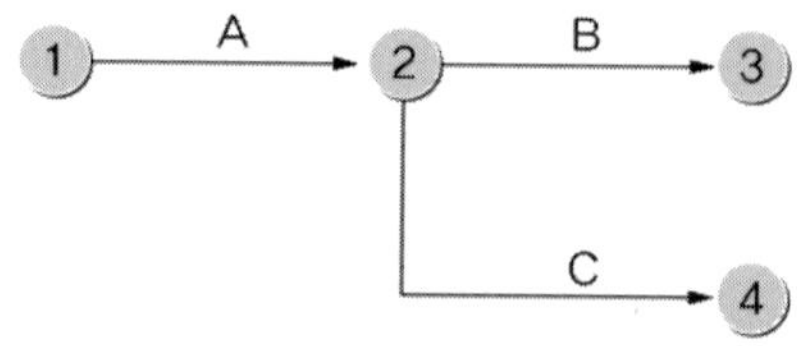

③

선행작업	작업	후행작업
	A	C
	B	C
A, B	C	

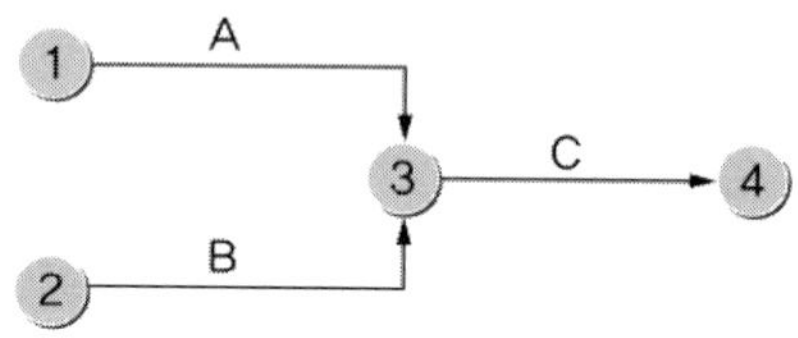

④

선행작업	작업	후행작업
	A	C, D
	B	C, D
A, B	C	
A, B	D	

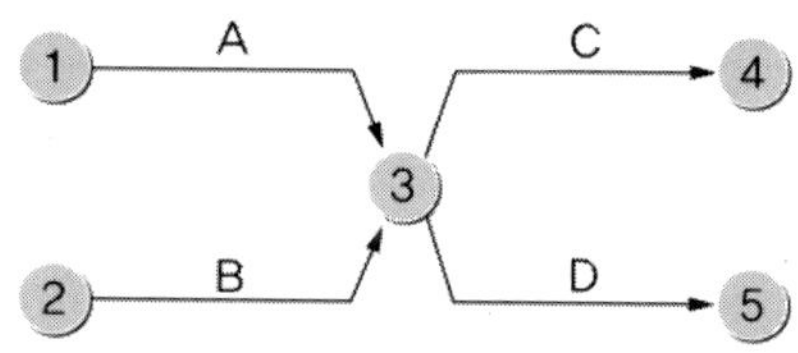

⑤

선행작업	작업	후행작업
	A	C
	B	C, D
A, B	C	
B	D	

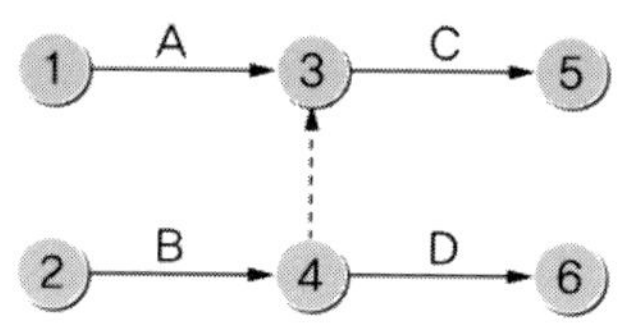

⑥

선행작업	작업	후행작업
	A	C, D
	B	D
A	C	
A, B	D	

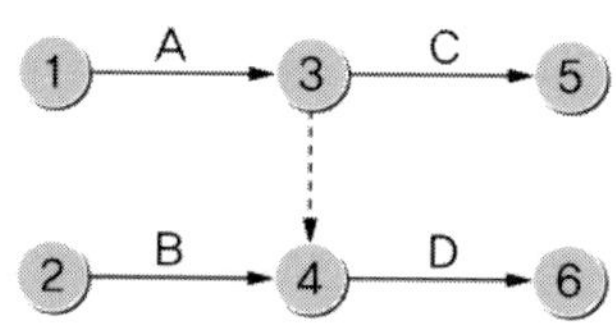

⑦

선행작업	작업	후행작업
	A	C, D
	B	D, E
A	C	
A, B	D	
B	E	

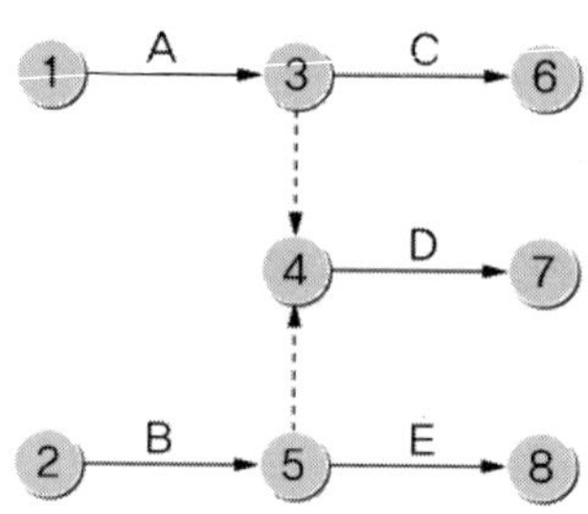

⑧

선행작업	작업	후행작업
	A	C, D, E
	B	D, E
A	C	
A, B	D	
A, B	E	

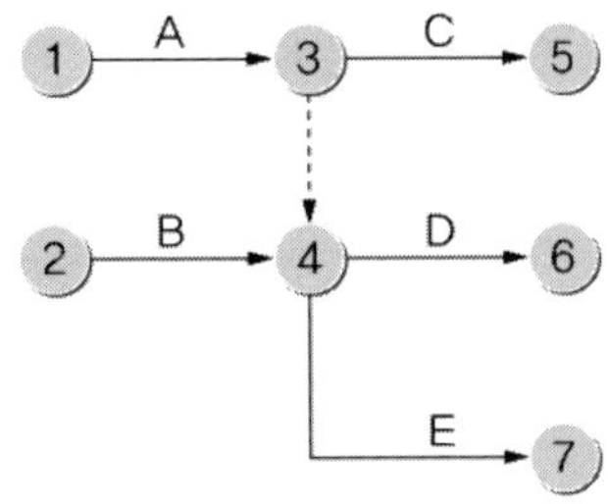

⑨

선행작업	작업	후행작업
	A	D, E, F
	B	E, F
	C	F
A	D	
A, B	E	
A, B, C	F	

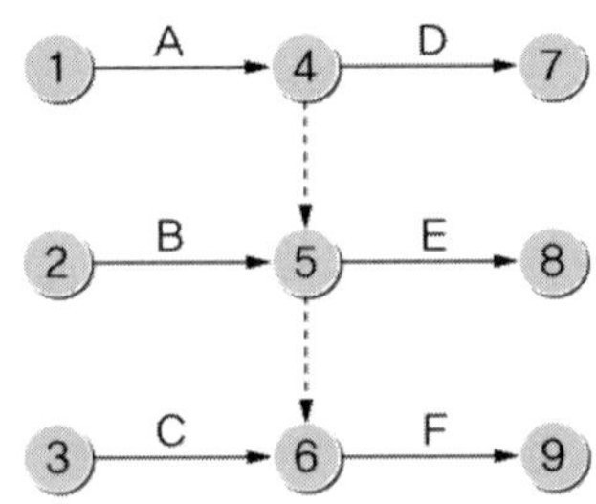

⑩

선행작업	작업	후행작업
	A	C, D, E
	B	E
A	C	
A	D	
A, B	E	

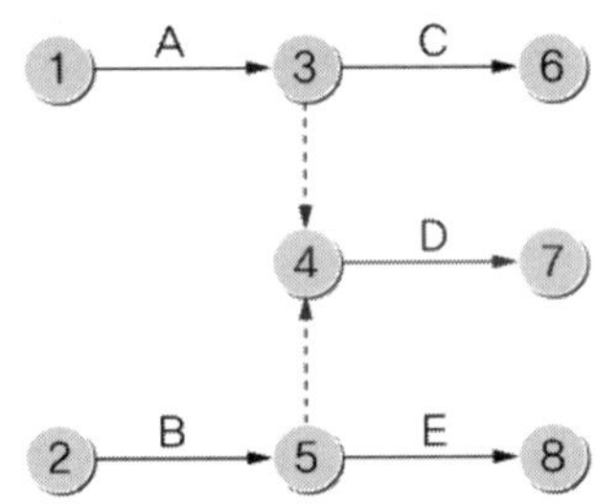

⑪

선행작업	작업	후행작업
	A	D, E
	B	E, F
	C	D, E, F
A, C	D	
A, B, C	E	
B, C	F	

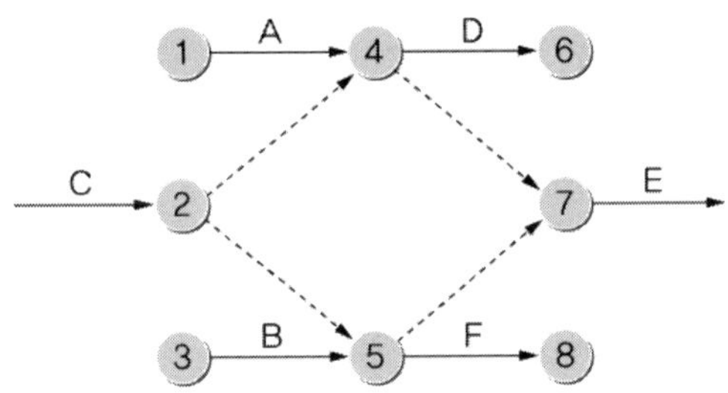

⑫

선행작업	작업	후행작업
	A	E
	B	D, E
	C	E, F
B	D	
A, B, C	E	
C	F	

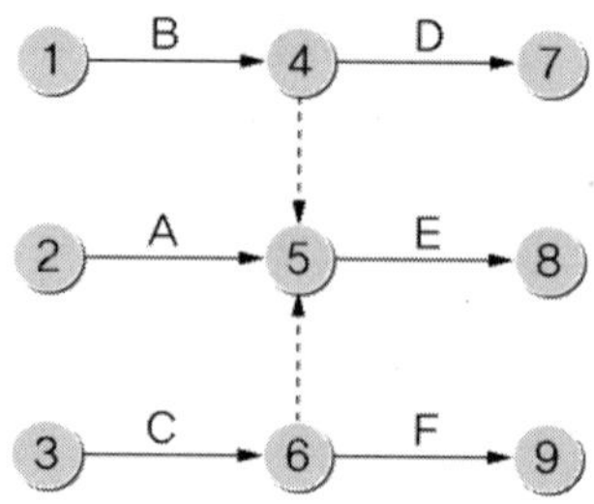

(2) 네트워크 작성 연습

①

작업명	작업일수	선행작업
A	3	없음
B	5	없음
C	2	없음
D	3	A, B
E	4	B, C

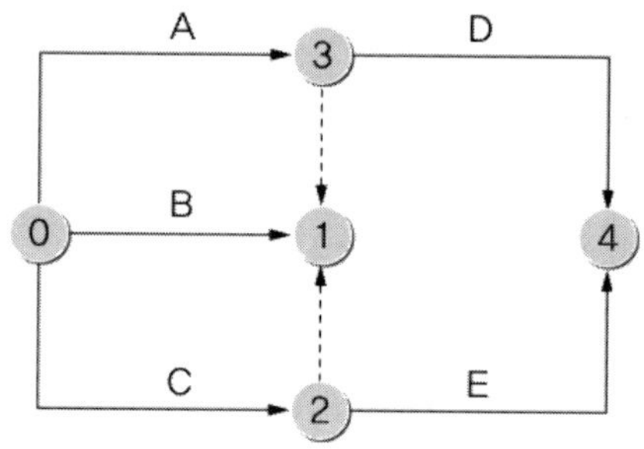

- 작업 A, B, C의 선행작업은 없으므로 이 프로젝트의 처음 작업임
- 작업 D의 선행작업은 A, B작업으로 A, B작업이 완료되어야 시작이 가능
- 작업 E의 선행작업은 B, C로 B, C작업이 모두 완료되어야 E작업의 시작이 가능

②

작업명	작업일수	선행작업
A	3	없음
B	5	없음
C	2	없음
D	3	B
E	4	A, B, C
F	2	C

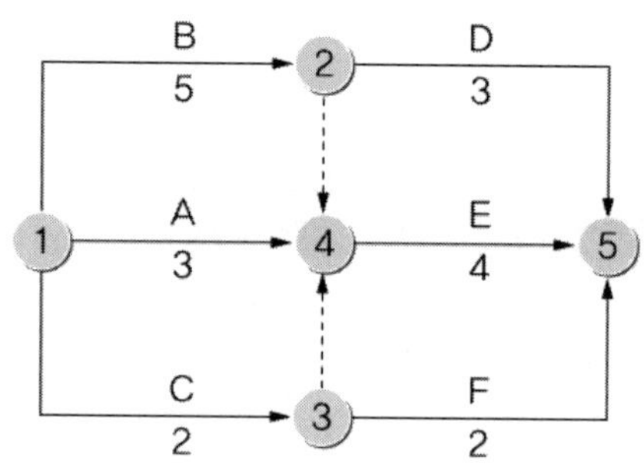

- 작업 A, B, C의 선행작업은 없으므로 이 프로젝트의 처음 작업임
- 작업 D의 선행작업은 B작업으로 B작업이 완료되어야 시작이 가능
- 작업 E의 선행작업은 A, B, C로 A, B, C작업이 모두 완료되어야 E작업의 시작이 가능
- F작업의 선행작업은 C작업

③

작업명	작업일수	선행작업
A	3	없음
B	2	없음
C	1	없음
D	4	A, B, C
E	6	B, C
F	5	C

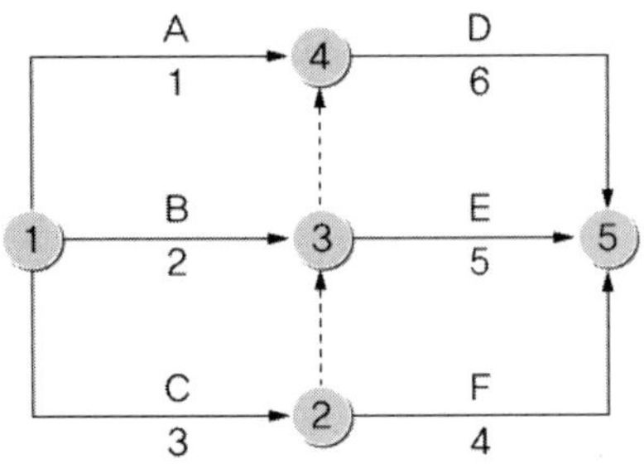

④

작업명	작업일수	공정관계	선행작업
A	5	0 − 1	없음
B	4	0 − 2	없음
C	6	0 − 3	없음
D	7	1 − 4	A, B, C
E	8	2 − 5	B, C
F	4	3 − 6	C
G	6	4 − 7	D, E, F
H	4	5 − 7	E, F
I	5	6 − 7	
J	2	7 − 8	G, H, I

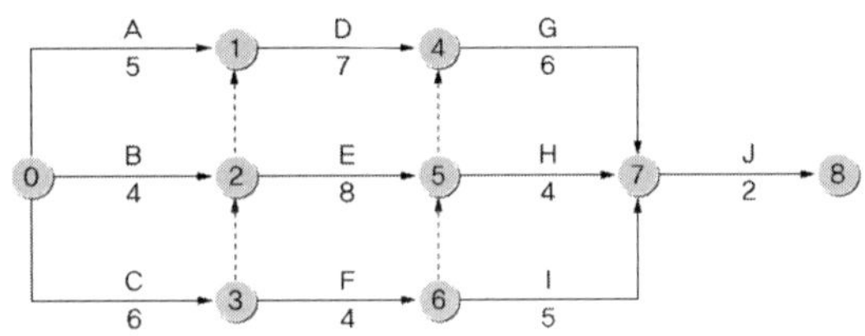

⑤

작업명	작업일수	선행작업
A	5	없음
B	6	없음
C	5	A, B
D	7	A, B
E	3	B
F	4	B
G	2	C, E
H	4	C, D, E, F

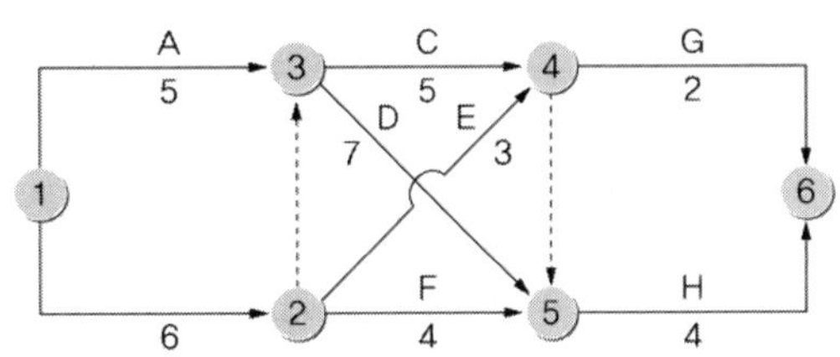

⑥

작업명	작업일수	선행작업
A	2	없음
B	3	없음
C	5	없음
D	4	없음
E	7	A, B, C
F	4	B, C, D

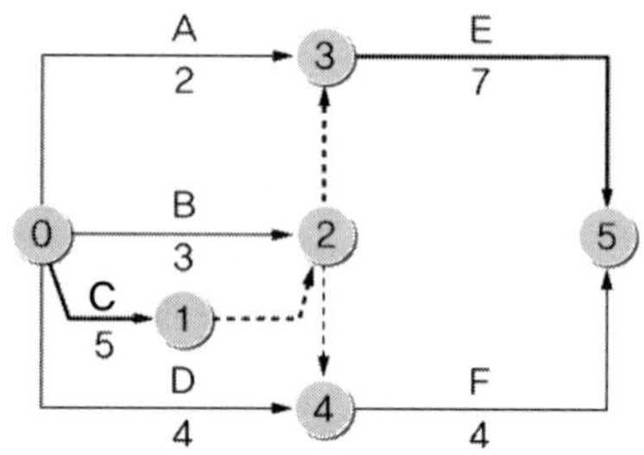

⑦

작업명	작업일수	선행작업
A	5	없음
B	3	없음
C	2	없음
D	2	A, B
E	5	A, B, C
F	4	A, C

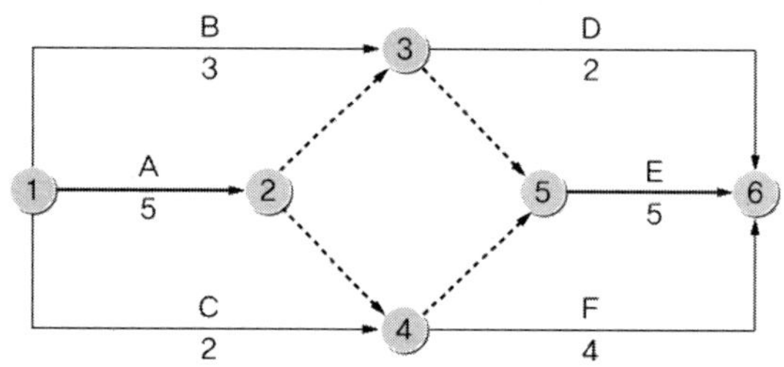

⑧

작업명	작업일수	선행작업
A	5	없음
B	7	없음
C	3	없음
D	4	A, B
E	8	A, B
F	6	B, C
G	5	B, C

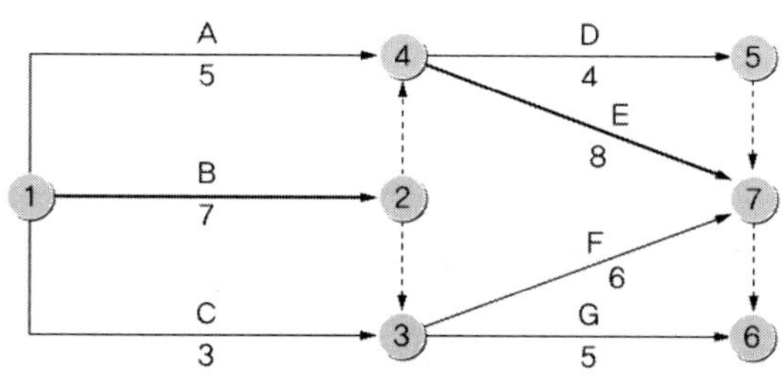

⑨

작업명	작업일수	선행작업
A	5	없음
B	2	없음
C	4	없음
D	4	A, B, C
E	3	A, B, C
F	2	A, B, C

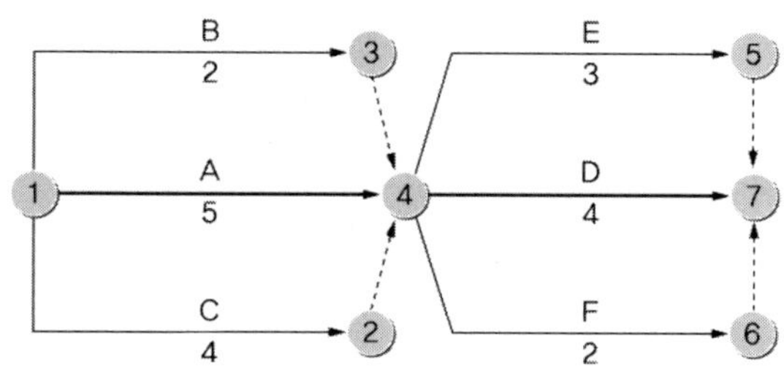

⑩

작업명	작업일수	선행작업
A	3	없음
B	4	없음
C	4	A
D	6	A
E	5	A
F	3	B, C, D

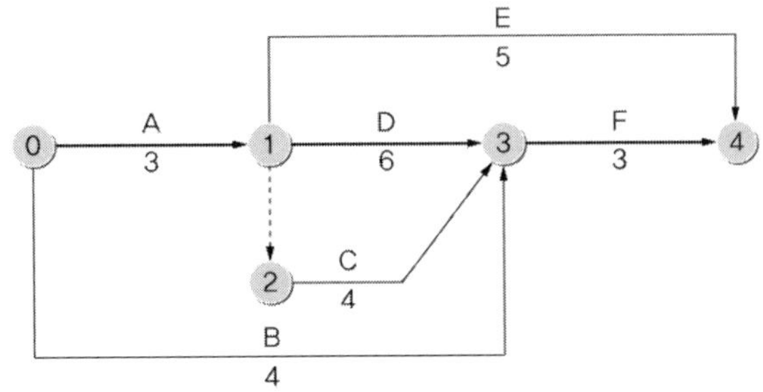

2 네트워크의 일정계산

2.1 일정계산

네트워크 공정에서 일정분석의 목적은 프로젝트 목표시기(준공일정)에 영향을 주는 주공정(Critical Path)을 찾아 중점 관리함으로써 전체 프로젝트를 성공적으로 완성하는데 있으며, 주공정은 계획공정을 통하여 가장 시간이 많이 소요되는 단위작업(Activity)을 연결하는 일련의 공정선이다. 이 공정선상에 있는 어느 하나가 계획했던 것보다 더 많은 시간을 요한다면 공사기간은 연장되고 예정된 준공일자를 지킬 수 없게 된다.

작업의 개시시간과 종료시간은 고정되어 있는 것이 아니라 전체 공사기간에 영향을 미치지 않는 범위 내의 어느 시점에서나 시작할 수 있다. 그러므로 한 작업에는 가장 빠른 시작시간(Earliest Start Time ; EST), 가장 늦은 시작시간(Latest Start Time ; LST), 가장 빠른 완료시간(Earliest Finish Time ; EFT), 가장 늦은 완료시간(Latest Finish Ttime ; LFT)이 발생하게 된다.

- EST(Earliest start time) : 작업을 개시할 수 있는 가장 빠른 시각
- EFT(Earliest finish time) : 작업을 가장 빨리 종료할 수 있는 시각
- LST(Latest start time) : 공사의 최종 종료일에 영향이 없는 범위 내에서 작업을 가장 느리게 개시하여도 좋은 시각
- LFT(Latest Finish Time) : 공사의 최종 종료일에 영향이 없는 범위 내에서 작업을 가장 느리게 종료하여도 좋은 시각

일반적으로 EST, EFT, LST, LFT는 네트워크 공정상에서 다음과 같이 표시한다.

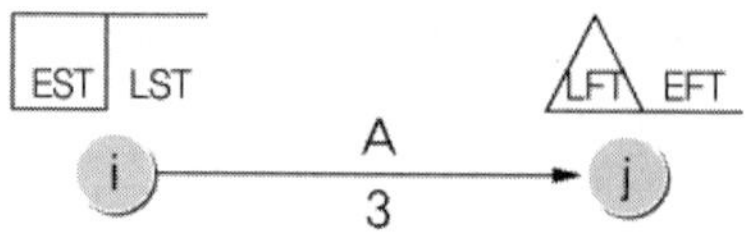

[그림 3-26] 작업일정의 표시방법

(1) 전진계산(Forward Pass Calculation)

전진계산은 전체 공사기간의 결정을 주목적으로 하여 각 단위작업(Activity)의 가장 빠른 개시시간 EST와 가장 빠른 종료시간 EFT를 계산하기 위해 각 Activity의 공기를 더하여 가는 방법이다. 두 개 이상의 단위작업이 합류되는 단계(Merge Event)에서는 그 중 가장 긴 일정인 최대치를 취한다. 가장 최초에 착수하는 작업의 EST는 0에서 시작한다.

$$EFTij = ESTij + Tij \quad (Tij : \text{작업기간})$$

네트워크의 최종 결합점에서는 그 결합점에서 끝나는 작업의 EFT의 최대값으로 하고, 이 EFT값이 계산공기에 해당한다.

EST와 EFT의 계산방법은 다음과 같다.

① 작업의 흐름에 따라 전진 계산한다.

② 작업의 처음 시작되는 결합점에서의 EST = 0으로 한다.

③ 하나의 작업의 EFT는 그 작업의 EST에 소요되는 작업일수를 더한다.

④ 복수의 작업이 합류되는 작업의 EST는 선행작업 중 EFT의 최대값으로 한다.

(a) 복수작업의 EST (b) 최종결합점의 EFT

[그림 3-27] EST, EFT의 계산

⑤ 네트워크의 최종 결합점에서는 결합점에서 끝나는 작업의 EFT의 최대값으로 하고, 이 EFT의 값이 계산공기가 된다.

(2) 후진계산(Backward Pass Calculation)

프로젝트의 마지막 작업에 대한 EFT는 프로젝트 전체의 공기(Required Project Duration)가 된다. 후진계산은 각 작업의 시작에서 완료시까지 생길 수 있는 가장 늦은 작업시간을 산정할 수 있다. 각 단위작업의 가장 늦은 개시시간 LST와 가장 늦은 종료시간 LFT를 계산하기 위해 각 작업의 공기를 순차적으로 감하여 가는 방법이며, 화살표와 반대방향으로 계산을 진행한다. 또한 종속작업이 복수일 경우는 종속작업의 LST의 값의 최소치를 취하게 된다.

$$LSTij = LFTij - Tij$$

LST와 LFT의 계산방법은 다음과 같다.

① 작업의 흐름과 반대방향으로 후진 계산한다.
② 종료 결합점에서는 초기값으로 지정공기나 계산공기를 넣어 LFT, LST를 구한다.
③ 하나의 작업의 LST는 그 작업의 LFT에서 소요되는 작업일수를 감한다.
④ 복수의 작업이 합류되는 작업의 LST는 종속작업의 최소값이 그 작업의 LFT가 된다.

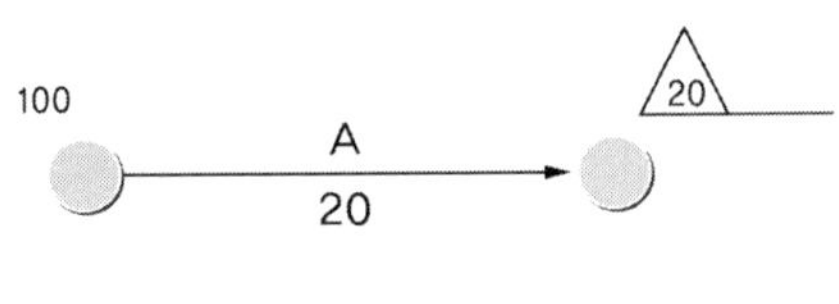

(a) 특정작업의 LST

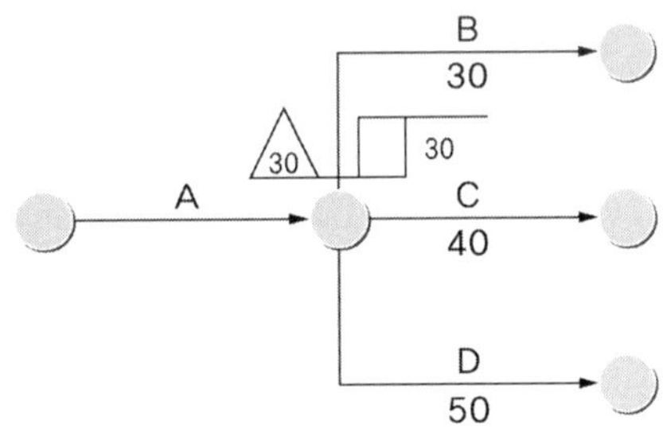

(b) 최종작업의 LFT

[그림 3-28] LST, LFT의 계산

[표 3-1] 전진계산 및 후진계산

계산방법	방향	계산	분석시 주의할 단계	선택	계산목적
전진계산	좌 → 우(i → j)	덧셈	합류단계(Merge Event)	최대치(Max.)	EST, EFT
후진계산	우 → 좌(j → i)	뺄셈	분류단계(Burst Event)	최소치(Min.)	LST, LFT

문제 1

다음 네트워크의 일정 계산을 하시오.

1) 전진계산(EST, EFT의 계산)

(1) 네트워크 공정표의 각 결합점에 EST, LST, EFT, LFT의 기호를 작도한다. 처음 결합점의 EST는 0으로 표시한다.

(2) ②번 결합점

①→②의 EST는 0이며, EFT = EST + 공기 = 0 + 4 = 4가 된다. ①→② 경로의 EFT값은 다음 경로인 ②→③과 ②→④ 경로의 EST값이 된다.

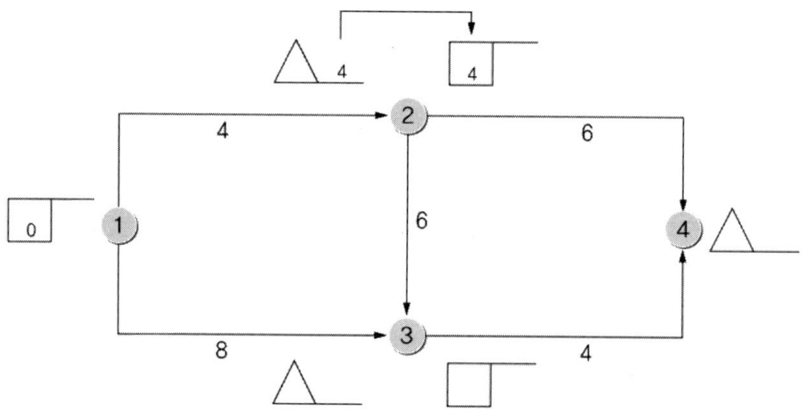

(3) ③번 결합점

②→③ 경로와 ①→③ 경로의 2가지의 작업이 합류하므로 각 경로 EFT값의 최대값을 선택한다.

②→③ 경로 EFT = ②→③ EST + 공기 = 4 + 6 = 10

①→③ 경로 EFT = ①→③ EST + 공기 = 0 + 8 = 8

두 경로의 최대값인 10이 ③번 결합점의 EFT값이 된다.

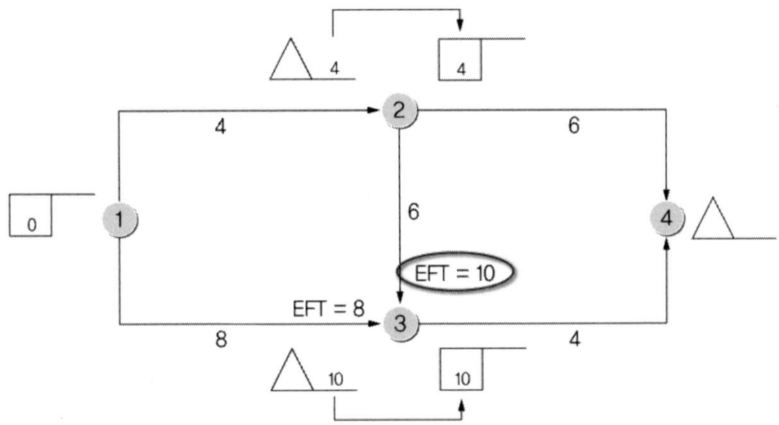

(4) ④번 결합점

②→④ 경로와 ③→④ 경로의 2가지의 작업이 합류하므로 각 경로 EFT값의 최대값을 선택한다.

②→④ 경로 EFT = ②→④ EST + 공기 = 4 + 6 = 10

③→④ 경로 EFT = ③→④ EST + 공기 = 10 + 4 = 14

두 경로의 최대값인 14가 ④번 결합점의 EFT값이 된다.

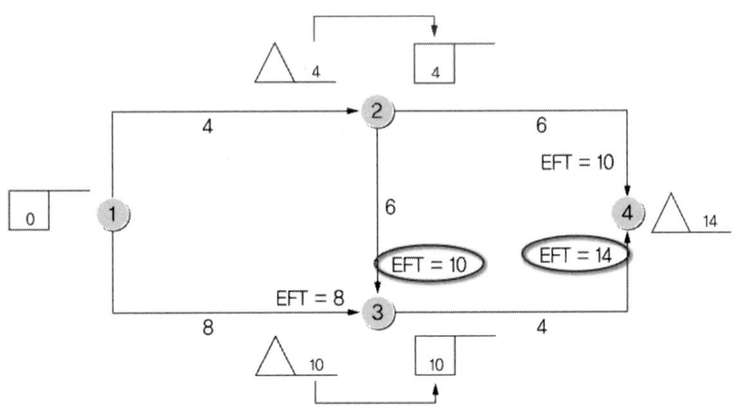

2) 후진계산(LST, LFT의 계산)

(1) 마지막 결합점 ④의 LFT는 EFT의 값 14로 표시한다.

(2) ③번 결합점

③→④ 경로의 LFT는 14이며, ③번 결합점의 LST = LFT − 공기 = 14−4 = 10이 된다.

③→④ 경로의 LST는 ①→③과 ②→③의 LFT값이 된다.

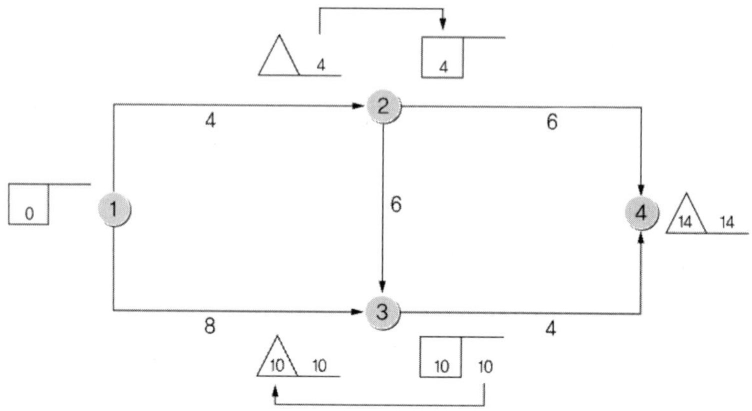

(3) ②번 결합점

②번 결합점에서의 LST값은 다음 경로인 ②→③과 ②→④ 경로의 LST값이 된다. ②번 결합점은 ②→③ 경로와 ②→④ 경로의 2가지의 작업이 분류하므로 각 경로 LST값의 최소값을 선택한다.

②→④ 경로 LST = ②→④ 경로 LFT − 공기 = 14 − 6 = 8

②→③ 경로 LST = ②→③ 경로 LFT − 공기 = 10 − 6 = 4

두 경로의 최소값인 4가 ②번 결합점의 LST값이 된다.

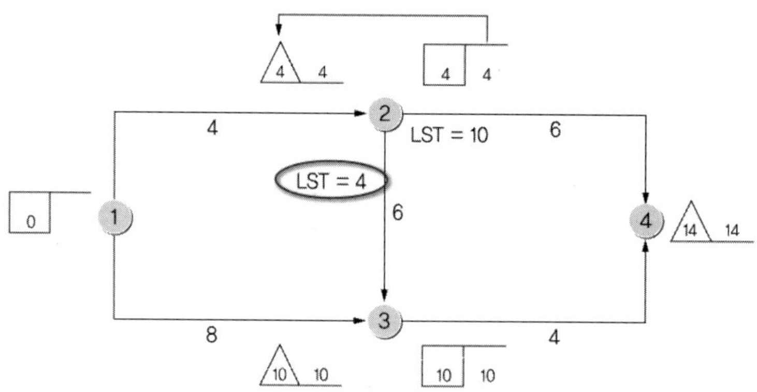

(4) ①번 결합점

①번 결합점에서의 LST값은 다음 경로인 ①→③과 ①→② 경로의 LST값이 된다. ①번 결합점은 ②→③ 경로와 ②→④ 경로의 2가지의 작업이 분류하므로 각 경로 LST값의 최소값을 선택한다.

①→② 경로 LST = ①→② 경로 LFT − 공기 = 4 − 4 = 0

①→③ 경로 LST = ①→③경 로 LFT − 공기 = 10 − 8 = 2

두 경로의 최소값인 0이 ①번 결합점의 LST값이 된다.

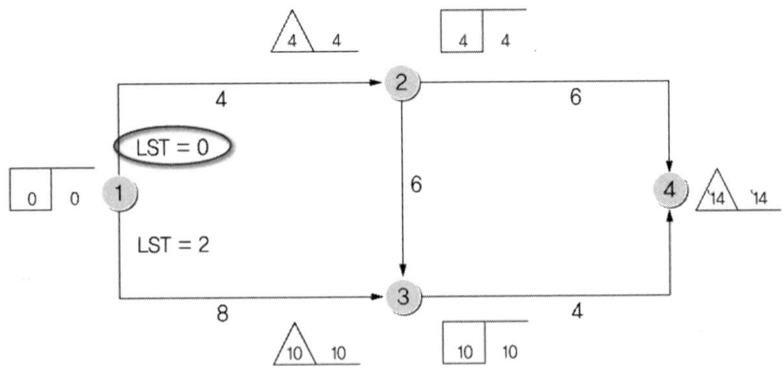

2.2 여유시간(Float)

네트워크상에서의 작업이 가지는 일정상의 여유를 플로트라 하며, 전체여유(Total Float : TF), 자유여유(Free Float : FF), 종속여유(Dependent Float : DF) 등이 있다.

① 전체여유(TF : Total Float)

전체여유는 전체 공사기간을 지연시키지 않는 범위 내에서 한 작업이 가질 수 있는 최대 여유시간, 즉 각 작업의 지연 가능 일수로 계산식은 다음과 같다. 전체여유는 자유여유와 종속여유로 구성되며, 이들의 합으로 계산할 수 있다. 작업을 EST로 시작하고 LFT로 완료할 때에 생기는 여유시간이다.

$$
\begin{aligned}
TFij &= LFTij - (ESTij + \text{소요일수}) \\
&= LFTij - EFTij \\
&= LSTij - ESTij \\
&= FFij + DFij
\end{aligned}
$$

② 자유여유(FF : Free Float)

자유여유는 어떤 작업이 주어진 시간범위 내에서 이루어지고 프로젝트의 완성을 지연시키지 않으며 후속작업의 개시도 지연시키지 않는 작업여유이다. 작업을 EST로 시작한 다음 후속작업도 EST로 시작하여도 존재하는 여유시간이다. 자유여유는 어느 종료 결합점 앞의 선행작업이 둘 이상일 경우에만 생긴다.

FFij = 후속작업의 EST − 그 작업의 EFT

= ESTjk − EFTij

= ESTjk − (ESTij + 소요일수)

③ 종속여유(DF : Dependent Float)

종속여유는 간섭여유(Interfering Float : IF)라 하며, 어떤 작업의 여유시간 중에서 후속작업의 여유에 영향을 미치는 어떠한 작업이 갖는 여유를 의미한다. 선행작업에서 여유시간을 소비하게 되면 후속작업에서는 그만큼 여유시간이 사라지게 된다.

DFij = TFij − FFij = LFTij − ESTjk

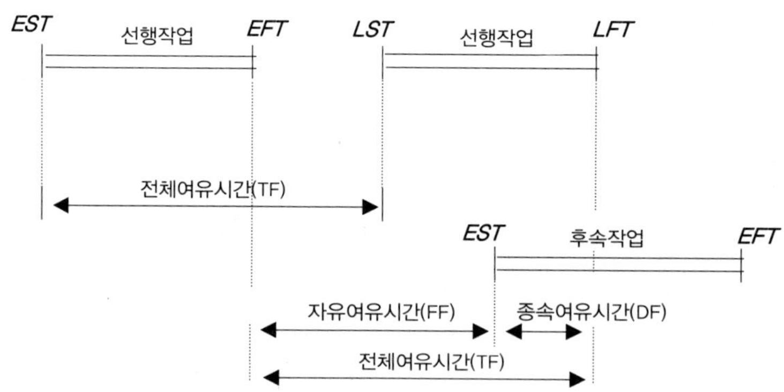

[그림 3-29] 여유시간의 관계

2.3 주공정선(CP : Critical Path)

전체여유(TF)가 없는 경로를 주공정 경로 또는 주공정선이라 한다. 주공정선은 최초작업의 개시에서 최종 작업의 완료에 이르는 경로 중 소요일수가 가장 긴 경로이며, 작업을 완성시키는데 여유시간을 전혀 포함하지 않는 최장의 경로로 전체 공사기간과 같다.

또한 주공정선은 전체여유시간(Total Float)이 0인 작업으로 굵은 선으로 표시한다. 주공정선은 하나일수도 또는 둘 이상일 수도 있다. 주공정선상의 작업의 지연은 전체 프로젝트의 지연을 발생하므로 공정계획 및 관리상 중점적인 관리가 필요하다.

공기를 단축하기 위해서는 주공정선상의 작업에 대하여 공기를 단축하거나 작업개선을 통하여 목적을 달성할 수 있다.

문제 1

다음의 네트워크를 활용하여 전체여유(TF), 자유여유(FF), 종속여유(DF)를 계산하시오.

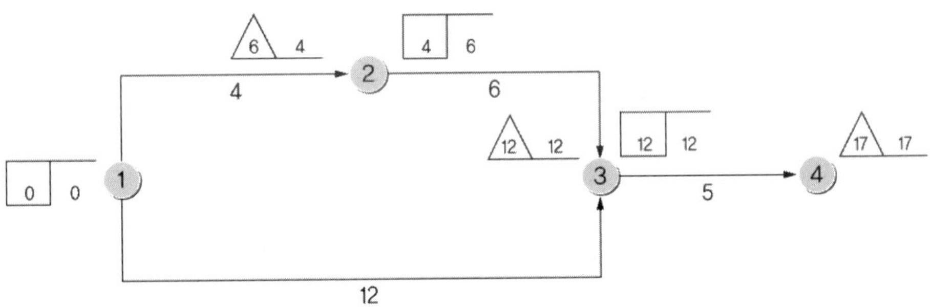

[풀이]

(1) 상기의 네트워크를 활용하여 작업명과 기간을 입력하고 EST를 입력한다.

작업	기간	EST	EFT	LST	LFT	TF	FF	DF	CP
1–2	4	0							
1–3	12	0							
2–3	6	4							
3–4	5	12							

(2) 상기의 네트워크를 활용하여 LFT를 입력한다.

작업	기간	EST	EFT	LST	LFT	TF	FF	DF	CP
1-2	4	0			6				
1-3	12	0			12				
2-3	6	4			12				
3-4	5	12			17				

(3) EFT = (EST + 기간)을 활용하여 각 작업의 EFT를 계산한다.

작업	기간	EST	EFT	LST	LFT	TF	FF	DF	CP
1-2	4	0	4		6				
1-3	12	0	12		12				
2-3	6	4	10		12				
3-4	5	12	17		17				

(4) LST = (LFT − 기간) 공식을 활용하여 각 작업의 LST를 계산한다.

작업	기간	EST	EFT	LST	LFT	TF	FF	DF	CP
1-2	4	0	4	2	6				
1-3	12	0	12	0	12				
2-3	6	4	10	6	12				
3-4	5	12	17	12	17				

(5) TF = LFT − EFT = LST − EST 공식을 활용하여 각 작업의 전체여유 (TF)를 계산한다.

작업	기간	EST	EFT	LST	LFT	TF	FF	DF	CP
1-2	4	0	4	2	6	2			
1-3	12	0	12	0	12	0			
2-3	6	4	10	6	12	2			
3-4	5	12	17	12	17	0			

(6) FF = (후속작업의 EST − EFT) 공식을 활용하여 각 작업의 자유여유 (FF)를 계산한다.

작업	기간	EST	EFT	LST	LFT	TF	FF	DF	CP
1-2	4	0	4	2	6	2	0		
1-3	12	0	12	0	12	0	0		
2-3	6	4	10	6	12	2	2		
3-4	5	12	17	12	17	0	0		

1-2 : FF = 후속작업의 EST − EFT = 4 − 4 = 0

1-3 : FF = 12 − 12 = 0

2-3 : FF = 12 − 10 = 2

(7) DF = TF − FF 공식을 활용하여 각 작업의 종속여유(DF)를 계산한다.

작업	기간	EST	EFT	LST	LFT	TF	FF	DF	CP
1-2	4	0	4	2	6	2	0	2	
1-3	12	0	12	0	12	0	0	0	
2-3	6	4	10	6	12	2	2	0	
3-4	5	12	17	12	17	0	0	0	

(8) 전체여유(TF)가 0인 작업을 선택하여 주공정선(CP)을 선택한다.

작업	기간	EST	EFT	LST	LFT	TF	FF	DF	CP
1-2	4	0	4	2	6	2	0	2	
1-3	12	0	12	0	12	0	0	0	*
2-3	6	4	10	6	12	2	2	0	
3-4	5	12	17	12	17	0	0	0	*

(9) 주공정선을 네트워크에 표시한다.

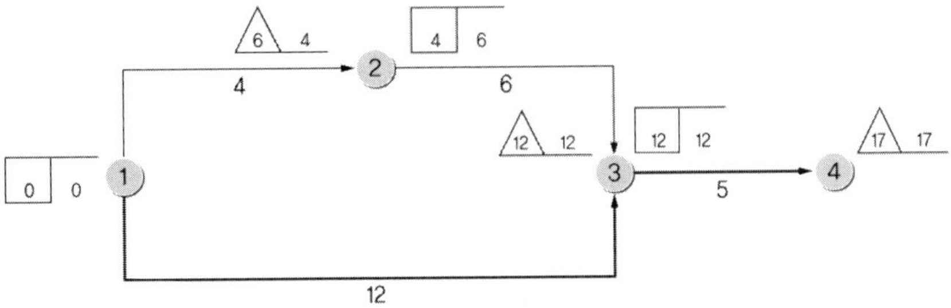

주공정선 : ① − ③ − ④

문제 2

아래와 같은 데이터를 활용하여 네트워크 공정표를 작성하고 일정계산과 여유시간을 계산하시오.

작업공정	작업일수	EST	EFT	LST	LFT	TF	FF	DF	CP
1-2	5								
1-3	8								
2-3	6								
2-5	9								
3-4	4								
3-5	5								
4-6	4								
5-6	7								

[풀이]

1) 네트워크 및 일정계산

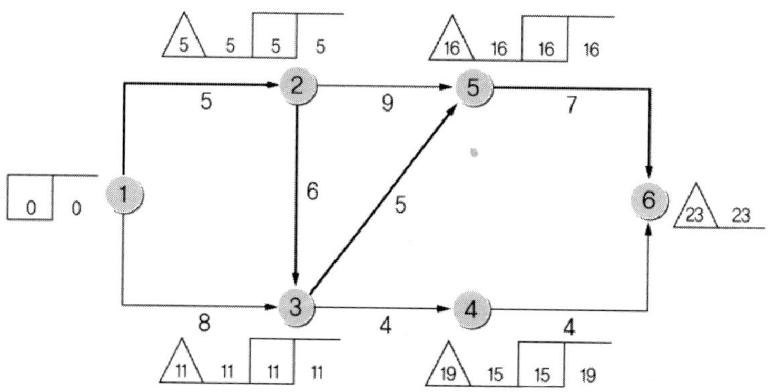

2) 여유시간 계산

작업공정	작업일수	EST	EFT	LST	LFT	TF	FF	DF	CP
1-2	5	0	5	0	5	0	0	0	*
1-3	8	0	8	3	11	3	3	0	
2-3	6	5	11	5	11	0	0	0	*
2-5	9	5	14	7	16	2	2	0	
3-4	4	11	15	15	19	4	0	4	
3-5	5	11	16	11	16	0	0	0	*
4-6	4	15	19	19	23	4	4	0	
5-6	7	16	23	16	23	0	0	0	*

문제 3

다음 데이터를 활용하여 네트워크 공정표를 작성하고 일정계산과 여유시간을 계산하시오.

작업명	공기	선행작업	비 고
A	3	–	
B	5	–	
C	2	–	
D	3	B	
E	4	A, B, C	
F	2	C	

[풀이]

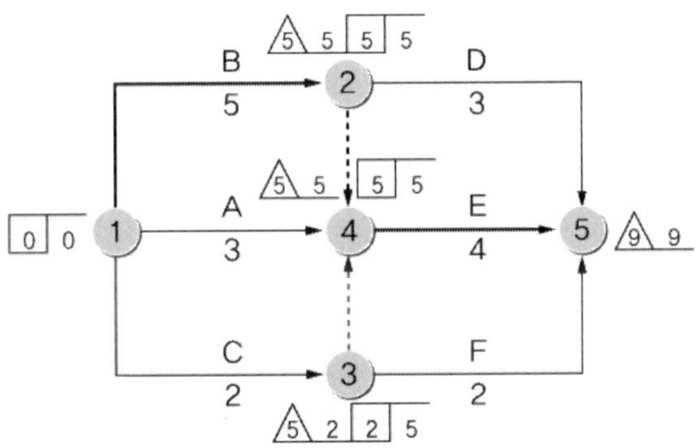

작업명	공기	EST	EFT	LST	LFT	TF	FF	DF	CP
A	3	0	3	2	5	2	2	0	
B	5	0	5	0	5	0	0	0	*
C	2	0	2	3	5	3	0	3	
D	3	5	8	6	9	1	1	0	
E	4	5	9	5	9	0	0	0	*
F	2	2	4	7	9	5	5	0	

문제 4

다음 데이터를 활용하여 네트워크 공정표를 작성하고 일정계산과 여유시간을 계산하시오.

작업명	작업일수	선행작업	비 고
A	3	–	네트워크 작성은 다음과 같이 표기하고 주공정선은 굵은 선으로 표시하시오.
B	1	–	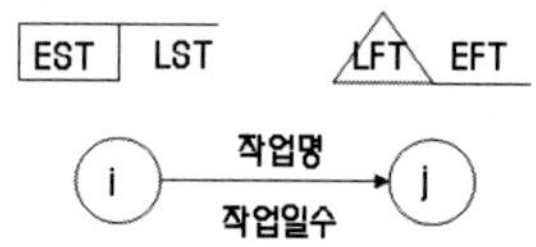
C	1	–	
D	2	A, B, C	
E	4	B, C	
F	4	C	

[풀이]

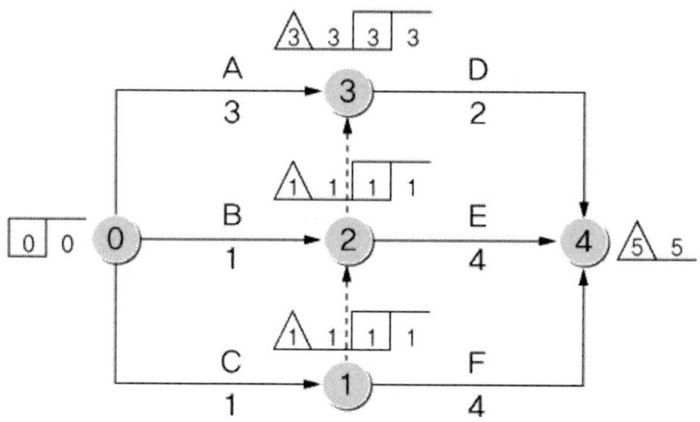

작업명	작업일수	EST	EFT	LST	LFT	TF	FF	DF	CP
A	3	0	3	0	3	0	0	0	*
B	1	0	1	0	1	0	0	0	*
C	1	0	1	0	1	0	0	0	*
D	2	3	5	3	5	0	0	0	*
E	4	1	5	1	5	0	0	0	*
F	4	1	5	1	5	0	0	0	*

문제 5

다음 데이터를 활용하여 네트워크 공정표를 작성하고 일정계산과 여유시간을 계산하시오.

작업명	작업일수	선행작업	비 고
A	5	–	네트워크 작성은 다음과 같이 표기하고 주공정선은 굵은 선으로 표시하시오.
B	3	–	
C	2	–	
D	2	A, B	
E	5	A, B, C	
F	4	A, C	

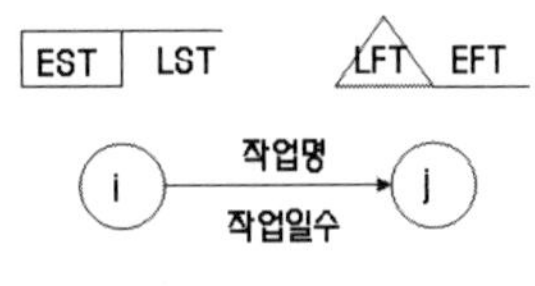

[풀이]

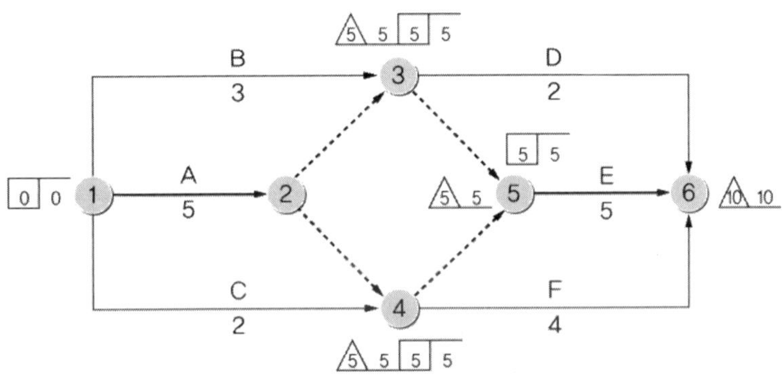

작업명	작업일수	EST	EFT	LST	LFT	TF	FF	DF	CP
A	5	0	5	0	5	0	0	0	*
B	3	0	3	2	5	2	2	0	
C	2	0	2	3	5	3	3	0	
D	2	5	7	8	10	3	3	0	
E	5	5	10	5	10	0	0	0	*
F	4	5	9	6	10	1	1	0	

문제 6

다음 데이터를 활용하여 네트워크 공정표를 작성하고 일정계산과 여유시간을 계산하시오.

작업명	작업일수	선행작업	비 고
A	5	–	네트워크 작성은 다음과 같이 표기하고 주공정선은 굵은 선으로 표시하시오. 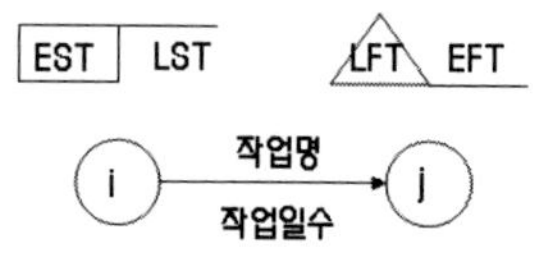
B	2	–	
C	4	–	
D	4	A, B, C	
E	3	A, B, C	
F	2	A, B, C	

[풀이]

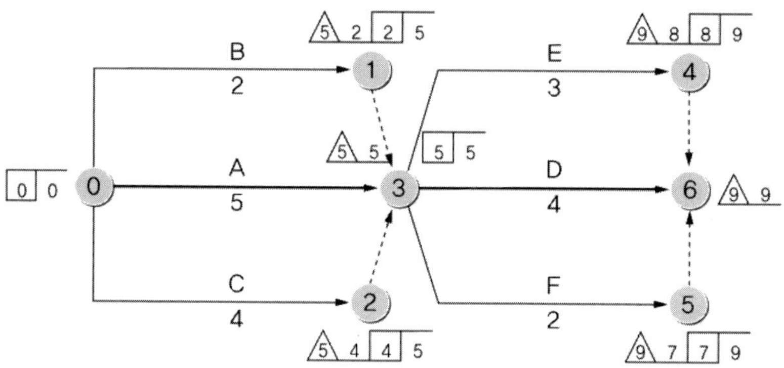

작업명	작업일수	EST	EFT	LST	LFT	TF	FF	DF	CP
A	5	0	5	0	5	0	0	0	*
B	2	0	2	3	5	3	3	0	
C	4	0	4	1	5	1	1	0	
D	4	5	9	5	9	0	0	0	*
E	3	5	8	6	9	1	1	0	
F	2	5	7	7	9	2	2	0	

문제 7

다음 데이터를 활용하여 네트워크 공정표를 작성하고 일정계산과 여유시간을 계산하시오.

작업명	작업일수	선행작업	비 고
A	5	–	네트워크 작성은 다음과 같이 표기하고 주공정선은 굵은 선으로 표시하시오. 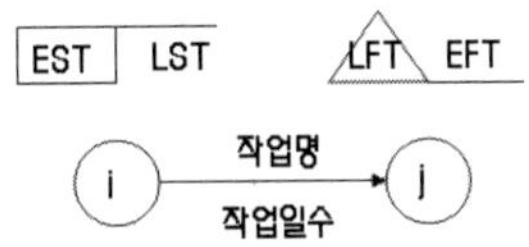
B	6	–	
C	5	A, B	
D	7	A, B	
E	3	B	
F	4	B	
G	2	C, E	
H	4	C, D, E, F	

[풀이]

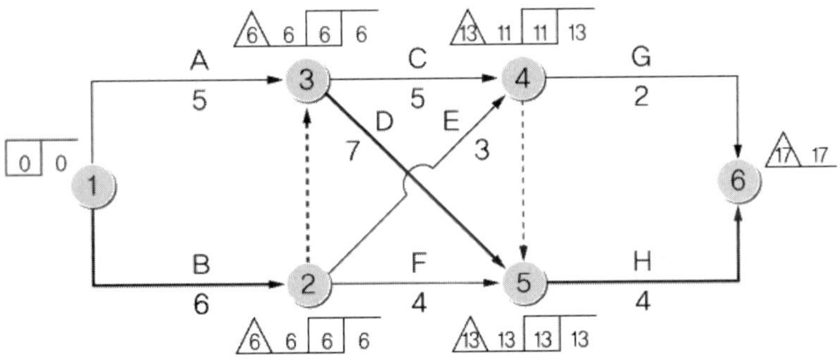

작업명	작업일수	EST	EFT	LST	LFT	TF	FF	DF	CP
A	5	0	5	1	6	1	1	0	
B	6	0	6	0	6	0	0	0	*
C	5	6	11	8	13	2	0	2	
D	7	6	13	6	13	0	0	0	*
E	3	6	9	10	13	4	2	2	
F	4	6	10	9	13	3	3	0	
G	2	11	13	15	17	4	4	0	
H	4	13	17	13	17	0	0	0	*

문제 8

다음 데이터를 활용하여 네트워크 공정표를 작성하고 일정계산과 여유시간을 계산하시오.

작업명	작업일수	선행작업	비 고
A	5	–	주공정선은 굵은 선으로 표시한다. 각 결합점 일정계산은 PERT기법에 의거하여 다음과 같이 계산한다. 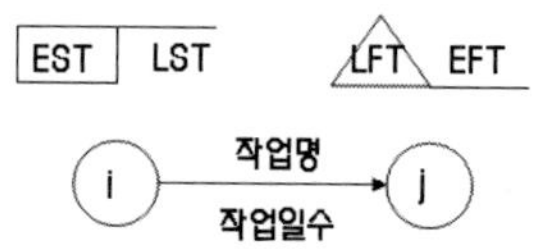
B	7	–	
C	3	–	
D	4	A, B	
E	8	A, B	
F	6	B, C	
G	5	B, C	

[풀이]

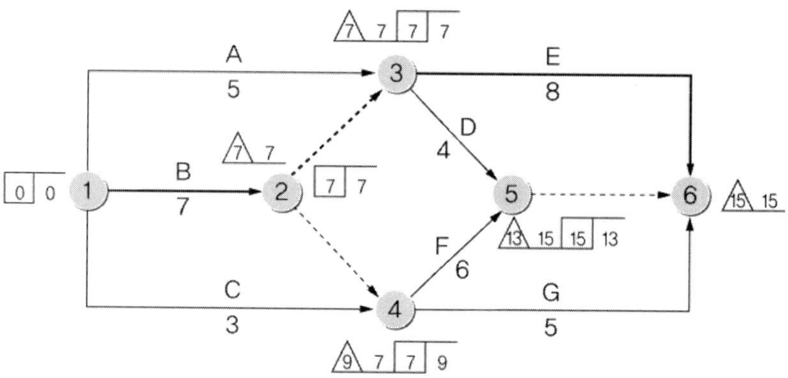

작업명	작업일수	EST	EFT	LST	LFT	TF	FF	DF	CP
A	5	0	5	2	7	2	2	0	
B	7	0	7	0	7	0	0	0	*
C	3	0	3	6	9	6	4	2	
D	4	7	11	11	15	4	4	0	
E	8	7	15	7	15	0	0	0	*
F	6	7	13	9	15	2	2	0	
G	5	7	12	10	15	3	3	0	

문제 9

다음 데이터를 네트워크공정표로 작성하고, 각 작업의 여유시간을 구하시오.

작업명	작업일수	선행작업	비 고
A	2	없음	(1) 결합점에서는 다음과 같이 표시한다.
B	3	없음	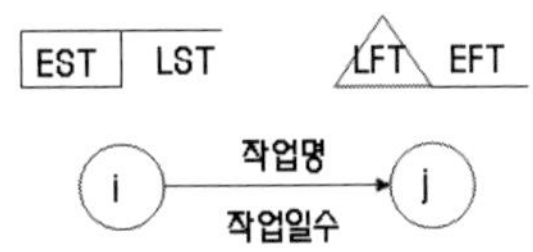
C	5	없음	
D	4	없음	
E	7	A, B, C	
F	4	B, C, D	(2) 주공정선은 굵은선으로 표시한다.

[풀이]

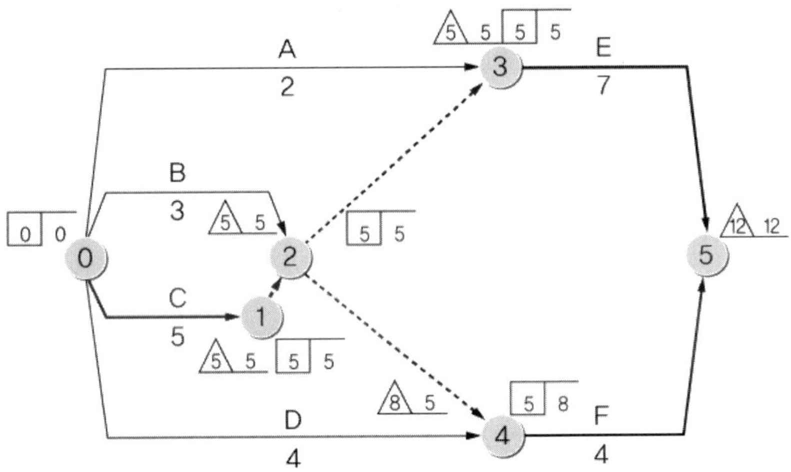

작업명	작업일수	EST	EFT	LST	LFT	TF	FF	DF	CP
A	2	0	2	5	5	3	3	0	
B	3	0	3	2	5	2	2	0	
C	5	0	5	0	5	0	0	0	*
D	4	0	4	1	8	4	1	3	
E	7	5	12	5	12	0	0	0	*
F	4	5	9	8	12	3	3	0	

문제 10

다음 데이터를 네트워크공정표로 작성하고, 각 작업의 여유시간을 구하시오.

작업명	작업일수	선행작업	비 고
A	5	없음	(1) 결합점에서는 다음과 같이 표시한다.
B	8	A	
C	4	A	
D	6	A	
E	7	B	
F	8	B, C, D	
G	4	D	
H	6	E	(2) 주공정선은 굵은선으로 표시한다.
I	4	E, F	
J	8	E, F, G	
K	4	H, I, J	

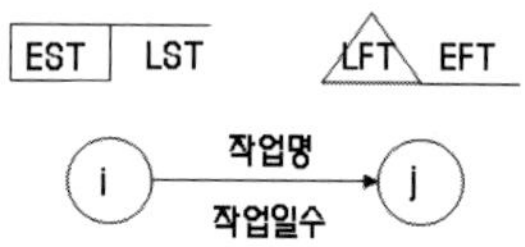

[풀이]

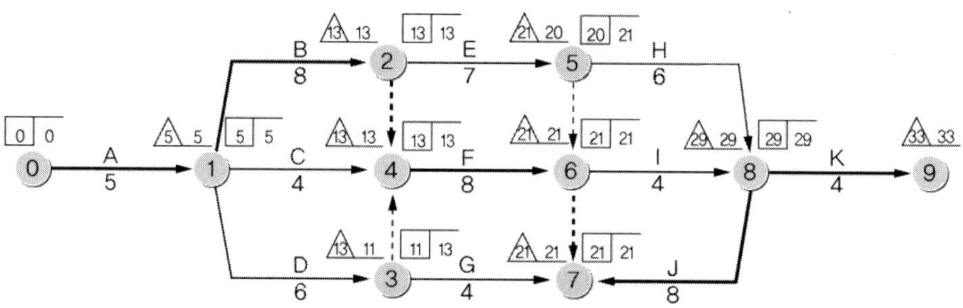

작업명	작업일수	EST	EFT	LST	LFT	TF	FF	DF	CP
A	5	0	5	0	5	0	0	0	*
B	8	5	13	5	13	0	0	0	*
C	4	5	9	9	13	4	4	0	
D	6	5	11	7	13	2	0	2	
E	7	13	20	14	21	1	0	1	
F	8	13	21	13	21	0	0	0	*
G	4	11	15	17	21	6	6	0	
H	6	20	26	23	29	3	3	0	
I	4	21	25	25	29	4	4	0	
J	8	21	29	21	29	0	0	0	*
K	4	29	33	29	33	0	0	0	*

문제 11

다음 데이터를 네트워크공정표로 작성하시오.

작업명	작업일수	선행작업	비 고
A	2	없음	(1) 결합점에서는 다음과 같이 표시한다.
B	3	없음	
C	5	A	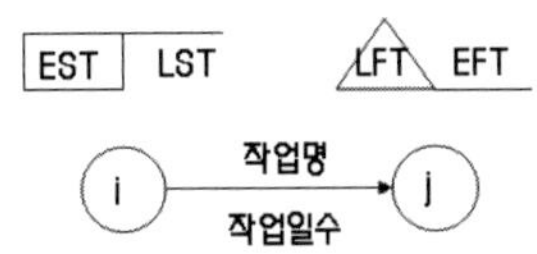
D	5	A, B	
E	2	A, B	
F	3	C, D, E	(2) 주공정선은 굵은선으로 표시한다.
G	5	E	

[풀이]

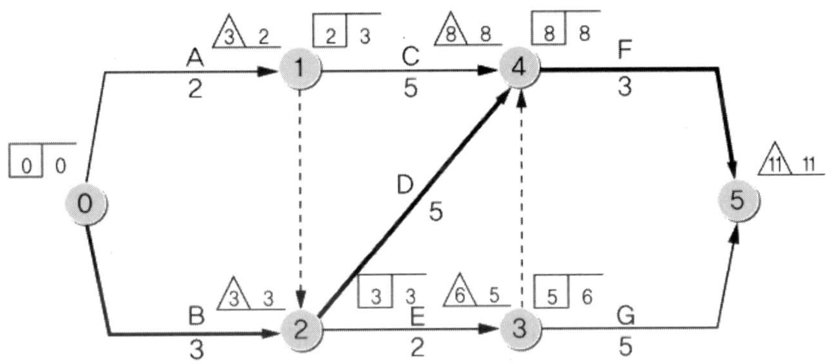

작업명	작업일수	EST	EFT	LST	LFT	TF	FF	DF	CP
A	2	0	2	1	3	1	0	1	
B	3	0	3	0	3	0	0	0	*
C	5	2	7	3	8	1	1	0	
D	5	3	8	3	8	0	0	0	*
E	2	3	5	4	6	1	0	1	
F	3	8	11	8	11	0	0	0	*
G	5	5	10	6	11	1	1	0	

문제 12

다음 데이터를 네트워크공정표로 작성하고, 각 작업의 여유시간을 구하시오.

<table>
<tr><th>작업명</th><th>작업일수</th><th>선행작업</th><th>비 고</th></tr>
<tr><td>A</td><td>3</td><td>없음</td><td rowspan="6">(1) 결합점에서는 다음과 같이 표시한다.
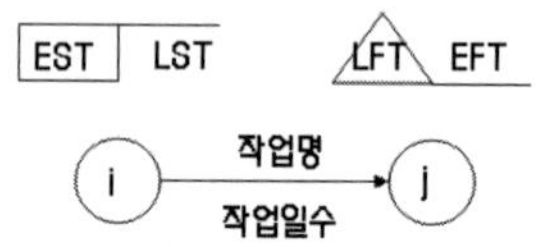
</td></tr>
<tr><td>B</td><td>2</td><td>없음</td></tr>
<tr><td>C</td><td>4</td><td>없음</td></tr>
<tr><td>D</td><td>5</td><td>C</td></tr>
<tr><td>E</td><td>2</td><td>B</td></tr>
<tr><td>F</td><td>3</td><td>A</td></tr>
<tr><td>G</td><td>3</td><td>A, C, E</td><td rowspan="2">(2) 주공정선은 굵은선으로 표시한다.</td></tr>
<tr><td>H</td><td>4</td><td>D, F, G</td></tr>
</table>

[풀이]

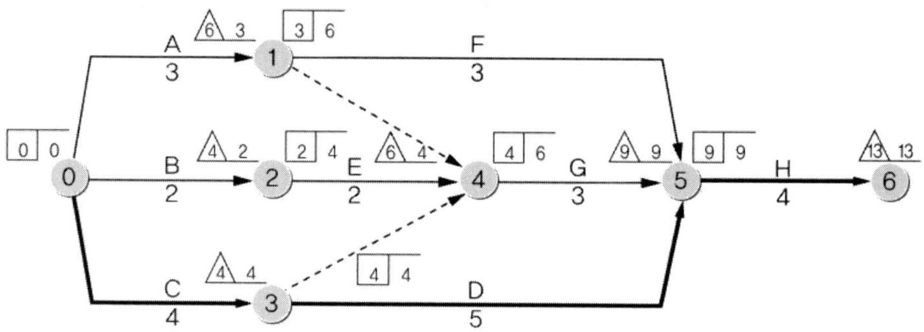

작업명	작업일수	EST	EFT	LST	LFT	TF	FF	DF	CP
A	3	0	3	3	6	3	0	3	
B	2	0	2	2	4	2	0	2	
C	4	0	4	0	4	0	0	0	*
D	5	4	9	4	9	0	0	0	*
E	2	2	4	4	6	2	0	2	
F	3	3	6	6	9	3	3	0	
G	3	4	7	6	9	2	2	0	
H	4	9	13	9	13	0	0	0	*

문제 13

다음 데이터를 네트워크공정표로 작성하고, 각 작업의 여유시간을 구하시오.

작업명	작업일수	선행작업	비 고
A	5	없음	(1) 결합점에서는 다음과 같이 표시한다.
B	6	없음	
C	5	A	
D	2	A, B	
E	3	A	
F	4	C, E	
G	2	D	(2) 주공정선은 굵은선으로 표시한다.
H	3	F, G	

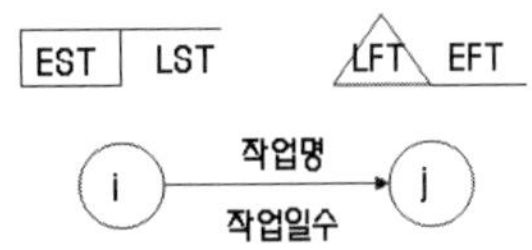

[풀이]

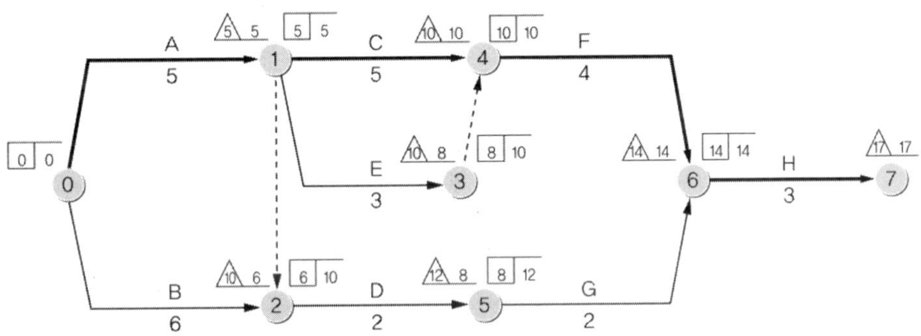

작업명	작업일수	EST	EFT	LST	LFT	TF	FF	DF	CP
A	5	0	5	0	5	0	0	0	*
B	6	0	6	0	10	4	0	0	
C	5	5	10	5	10	0	0	0	*
D	2	6	8	10	12	4	0	4	
E	3	5	8	7	10	2	2	0	
F	4	10	14	10	14	0	0	0	*
G	2	8	10	12	14	4	4	0	
H	3	14	17	14	17	0	0	0	*

문제 14

다음 데이터를 네트워크공정표로 작성하고, 각 작업의 여유시간을 구하시오.

작업명	작업일수	선행작업	비 고
A	5	없음	(1) 결합점에서는 다음과 같이 표시한다.
B	4	A	
C	2	없음	
D	4	없음	
E	3	C, D	(2) 주공정선은 굵은선으로 표시한다.

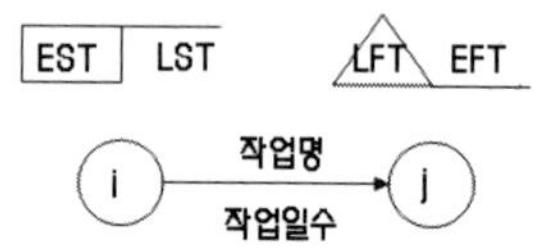

[풀이]

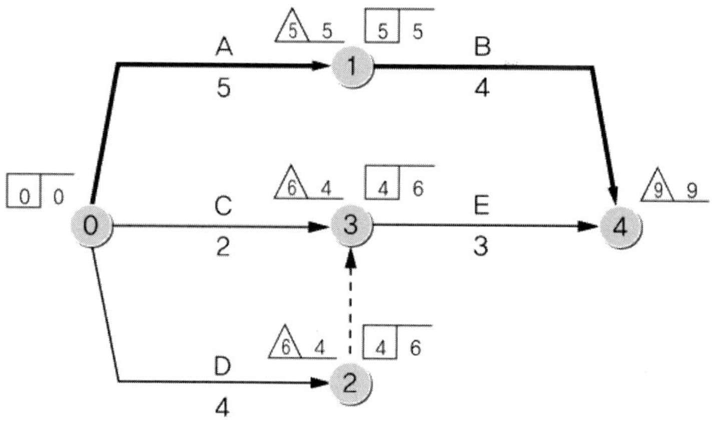

작업명	작업일수	EST	EFT	LST	LFT	TF	FF	DF	CP
A	5	0	5	0	5	0	0	0	*
B	6	0	6	0	10	4	0	0	
C	5	5	10	5	10	0	0	0	*
D	2	6	8	10	12	4	0	4	
E	3	5	8	7	10	2	2	0	

CHAPTER 04

공기단축

4.1 공기단축 개요

네트워크 공정표의 일정계산을 통하여 구해지는 공기를 계산공기라 하며 계약상 건축주가 지정한 공기를 지정공기라 하는데, 시간적으로 제한조건에 의해 상호 검토를 받게 된다. 지정공기와 계산공기 사이에는 지정공기가 계산공기보다 크거나 동일하거나 또는 작은 경우의 3가지 관계가 생기게 된다.

이와 같이 지정공기와 계산공기가 크건 작건 간에 차이가 발생하게 되어, 이 차이를 적정하고 조정하고 해결하는 방법을 공기조정이라 한다. 지정된 공기가 계산공기보다 클 경우에는 작업상에 여유가 생기는 경우로 작업순서나 소요시간 등을 재검토하여 공기를 적절히 연장하면 문제가 없다. 그러나 계산된 공사기간이 지정공기보다 클 경우에는 특별한 조치가 필요한데 이 경우를 공기단축이라 한다.

공기단축은 계산공기가 지정공기보다 길거나 공사 수행 중 작업이 지연되었을 경우 공기 만회를 위하여 필요하다. 공기 만회를 위하여 공사비를 증가시켜서 공기는 단축하나 최소의 공사비로 최적의 공기를 단축할 수 있도록 공사비 증가를 최소화 하여야 한다.

CPM기법에 의한 공기단축 방법으로는 주공정선이나 보조 주공정선, 또는 최장 경로 등 필요한 작업에서만 집중적으로 고려하게 되는데 다음의 두 가지 방법으로 분류할 수 있다.

① 네트워크상의 작업간의 상호관계를 논리적으로 재정리하거나 조정하여 추가의 비용 증가 없이 네트워크를 변경하여 공기를 단축하는 방법

② 주공정선상의 일부 작업에 대해서만 최소의 비용이 추가되는 작업을 우선적으로 공기를 단축하는 방법

상기의 두 가지 방법 중에서 ①번과 같이 추가비용이 소요되지 않고 작업 상호관계를 논리적으로 조정하는 방법이 효과적이다. 그러나 이 방법이 불가할 경우에는 ②번 방법을 선택하되 가급적 최소의 추가비용이 소요되도록 공기를 단축한다. 이와 같은 방법을 MCX 기법이라 하며, CPM공정관리의 핵심이론이 된다.

4.2 작업시간과 자원의 관계

작업시간은 작업량과 작업을 수행하는 방법에 따라 달라지는데 작업량과 작업방법이 일정하다는 가정 하에서 자원량(인력, 장비)의 투입이 증가하면 비용은 비례적으로 증가하고 작업시간은 단축된다. [그림 4-1]과 [그림 4-2]는 자원과 비용, 자원과 작업시간의 상관관계를 보여준다.

공기단축에서 고려해야 할 사항은 노무비와 장비비이다. 작업량은 일정하므로 여기에 투입되는 재료도 일정하고 단지 인력, 장비의 투입 여하에 따라 공기가 단축되고 연장되기 때문이다. 그러므로 공기단축 시 자원투입의 증가라 함은 일반적으로 인력이나 장비의 증가로 간주해도 무방할 것이다.

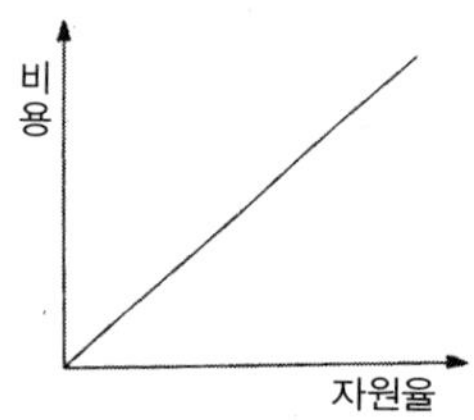

[그림 4-1] 자원과 비용의 상관관계

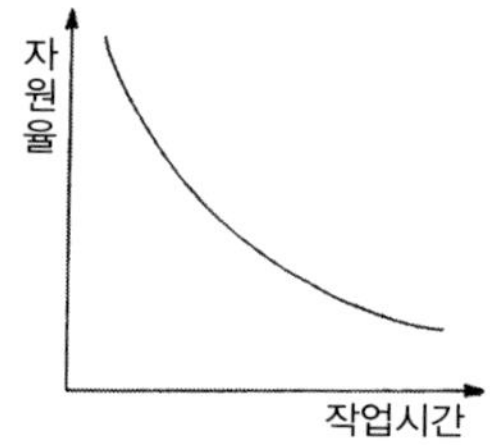

[그림 4-2] 자원과 작업시간의 상관관계

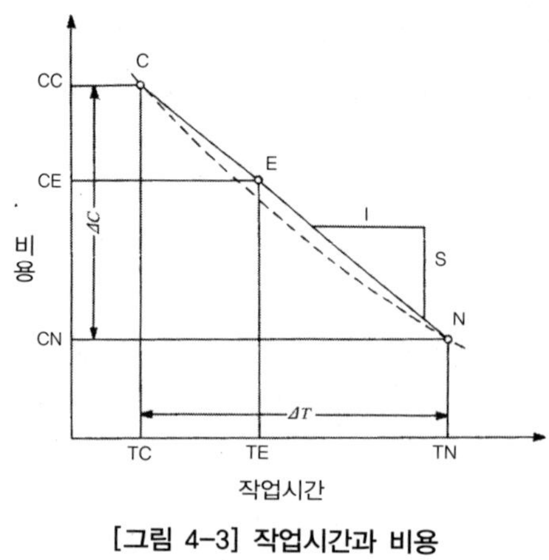

[그림 4-3] 작업시간과 비용

4.3 공사기간과 비용과의 관계

공기는 작업의 연계성을 갖는 네트워크 관계 속에서 주공정선상의 작업시간의 합으로 나타내고, 공사비는 모든 작업에 소요되는 비용의 합으로 나타낼 수 있다.

공사비는 크게 직접비와 간접비로 나누어진다. 직접비는 노무비, 재료비, 외주비, 경비 등으로 구성되고, 간접비는 가설비, 공사에 필요한 일시적인 사무비, 가설용 기기의 연료 및 본사 요원의 급료 등으로 공사 전반에 걸쳐 사용되는 경비를 말한다.

직접비는 공사기간에 반비례하고 간접비는 전 공사기간에 걸쳐 비례적으로 배분되는 것으로 계상하므로 공사기간에 비례한다.

총공사비는 직접비와 간접비의 합계로 구해지며, 총공사비와 전 공사기간의 관계는 [그림 4-4]와 같이 나타낼 수 있다.

주공정선상의 작업을 촉진하여 전체공기를 단축하게 되면 상당한 직접공사비의 증가가 발생하게 된다.

하나의 공사의 총공사비는 직접공사비와 간접공사비의 합계로서 구성이 되며, 어떤 시점에서의 총비용은 직접비와 간접비 두 개 곡선의 비용합계가 된다. 최적공기는 총비용이 최소가 되는 가장 경제적인 공기를 의미한다. 공기단축에서는 직접공사비만을 고려한 총공사비를 고려한다. 공기를 단축하여 추가비용이 발생할 경우의 총공사비는 다음과 같다.

총공사비 = 표준공사비(Normal Cost) + 추가비용(Extra Cost)

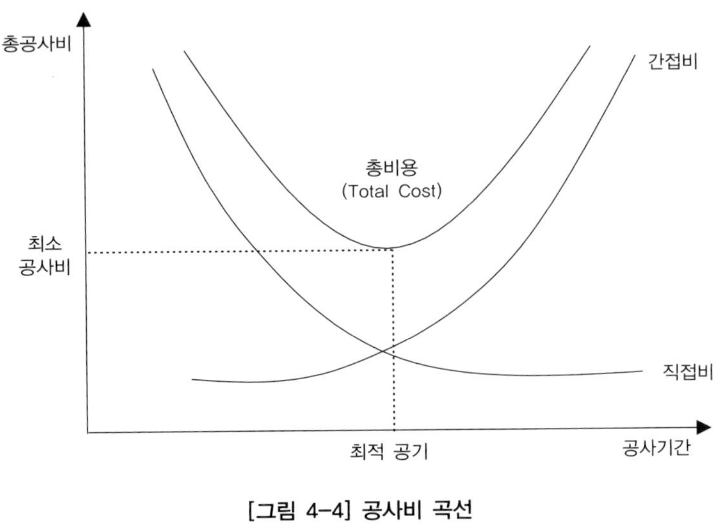

[그림 4-4] 공사비 곡선

4.4 작업시간과 비용과의 관계

총공사비 중 직접비는 공사에 직접적으로 투입되는 노무, 자재, 장비 등의 비용으로 비용과 공기는 반비례의 관계에 있다. 이러한 직접비는 다음 그림과 같은 표준점과 특급점을 갖게 된다.

① **표준점**: 정상적인 시공속도로 시공하는 경우에 최소 직접비용으로 작업할 수 있는 점을 의미한다. 이때의 공기를 표준공기, 비용을 표준비용이라 한다.

② **특급점**: 공사비를 계속 증가하여도 공기를 더 이상 단축할 수 없는 점으로 최소공기로 작업할 수 있는 점을 의미한다. 이때의 공기를 특급공기 또는 급속공기, 비용을 특급비용, 급속비용이라 한다.

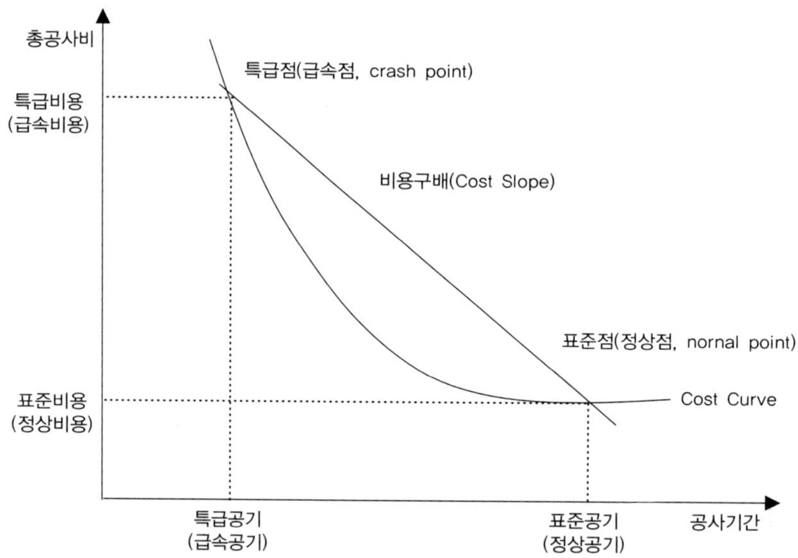

[그림 4-5] 직접비와 공기와의 관계

- 특급비용(Crash Cost): 공기를 단축할 때의 비용(급속비용)
- 특급공기(Crash Time): 공기를 최대한 단축할 수 있는 가능한 시간(급속공기)
- 표준비용(Normal Cost): 정상적인 소요일수에 대한 공사비(정상비용)
- 표준공기(Normal time): 정상적인 소요시간(정상공기)

비용구배(Cost Slope)는 공기를 1일 단축하는데 추가되는 비용으로 공기단축일수와 비례하여 비용이 증가하게 된다.

$$비용구배(C.S) = \frac{급속비용 - 정상비용}{정상공기 - 급속공기} = \frac{특급비용 - 표준비용}{표준공기 - 특급공기}$$

문제 1

다음 작업조건의 비용구배를 계산하시오.

정 상		특 급	
공 기	비 용	공 기	비 용
10일	50,000원	6일	70,000

[풀이] ....

비용구배 = (70,000 − 50,000) / (10 − 6) = 5,000 (원/일)

문제 2

다음 작업조건의 비용구배를 계산하시오.

작업명	Normal		Crash		Cost Slope
	Time	Cost	Time	Cost	
A	5일	100,000원	5일	100,000원	1
B	6일	60,000원	4일	90,000원	2
C	10일	150,000원	5일	200,000원	3

[풀이] ....

1. A작업은 표준일수와 특급일수가 같으므로 공기단축이 불가능한 작업이다.
2. B작업의 비용구배 = (90,000 − 60,000) / (6일 − 4일) = 15,000 (원/일)
3. C작업의 비용구배 = (200,000 − 150,000) / (10일 − 5일) = 10,000 (원/일)

4.5 공기단축방법

공기단축의 목적은 공사기간의 만회와 공사비 증가의 최소화에 있다. 이와 같은 공기단축기법의 종류에는 MCX(Minimum Cost Expediting)와 SAM(Siemens Approximation Method)의 2가지 방법이 있다. 공정계획 수립 시 계산공기가 지정공기보다 큰 경우에는 네트워크상의 작업 간 상호관계를 논리적으로 재정리 및 조정하여 비용 추가 없이 변경된 네트워크 구성으로 공기를 단축하거나 주공정선상 등의 일부 작업에 대하여만 가능한 최소의 비용이 추가되는 작업 순으로 공기를 촉진하여 공기를 단축한다. 공사 진행 도중에 공기가 지연되어 공기를 단축하는 경우에는 진도관리에 의한 공기단축을 한다.

공기단축 시 주의사항은 다음과 같다.

- 공기단축에 의한 비용증대를 적극 억제하고 단축에 따른 품질이나 안전성이 저하되지 않도록 한다.
- 공기단축을 위하여 노동시간을 연장하는 것은 가능한 피한다.
- 공기단축에 의한 다른 작업과의 영향도 충분히 검토한다.
- 공기단축에 있어서는 투입자원(기계대수, 작업인원)의 증가한도도 충분히 검토한다.

1) MCX에 의한 공기단축

MCX(최소비용계획 : Minimum Cost Expediting)은 각 요소작업의 공기와 비용의 관계를 조사하여 최소비용으로 공기를 단축하기 위한 기법으로 CPM공정관리의 핵심이론이다. 주공정(CP)상의 요소작업 중 비용구배가 가장 작은 요소작업부터 단위시간씩(1일) 단축해가며, 이로 인해 변경되는 주공정선(CP)이 발생하면 다시 재검토하여 변경된 경로로 단축해야 할 요소작업을 결정한다.

MCX법의 주의사항은 요소작업 단축시마다 매번 일정계산을 하여 변경된 주공정선을 확인해야 하며, 특급공기 이하로는 공기를 단축해서는 안 된다.

(1) 공기단축방법

① 네트워크 공정표를 작성한다.

② 일정계산 및 주공정선 CP를 산정한다.

③ 각각의 작업에 대한 비용구배를 산정(Cost Slope)한다.

④ 경로를 모두 나열한다.

- 지정공기 산정 : 지정공기 = CP − 단축일수

• 경로 중 지정공기 이상인 것을 선택하여 나열
• CP를 대상으로 비용구배가 가장 적은 것부터 단축

⑤ 공기단축을 시행한다.

• 주공정선(Critical path)에서 비용구배가 가장 적은 작업에서 단축
• CP를 공기단축할 경우 Sub Path가 CP가 될 수도 있으므로 CP표시
• CP는 Sub Path가 되어서는 안 됨.
• CP가 복수가 되면 비용구배가 적은 것부터 단축
• 각 경로를 대상으로 지정공기를 단축
• 특급공기 이하로 단축하여서는 안 됨.

⑥ 추가비용(Extra Cost) = Σ (CS × 각 작업 단축일수)

⑦ 총공사금액 = 표준공사비 + 추가비용

(2) 공기단축 예시

① 단축경로가 단일경로인 경우

A와 B중 추가비용이 적은 것부터 단축을 시행한다.

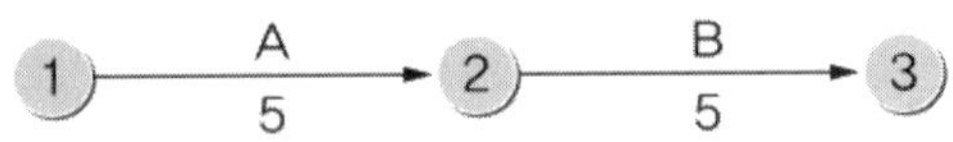

[그림 4-6] 단축경로가 단일경로인 경우

② 단축경로가 병행작업인 경우

A와 C 또는 B와 C에서 동시에 단축되어야 하므로 A와 C, B와 C 중 추가비용이 최소인 것부터 단축한다.

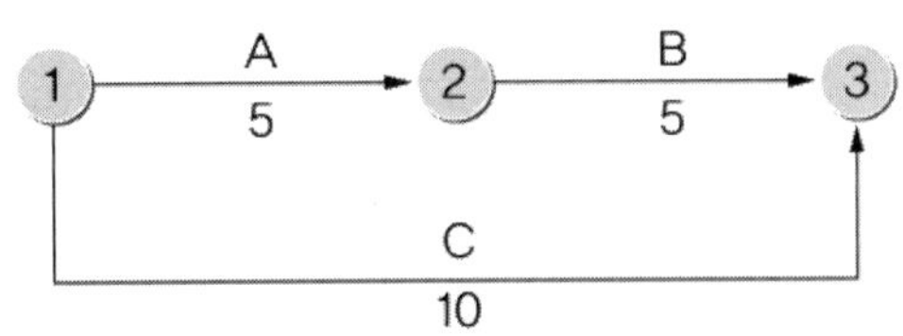

[그림 4-7] 단축경로가 병행작업인 경우

③ 단축경로가 병행작업으로 공기가 다른 경우

A와 B중 최소비용으로 먼저 단축하고 A와 C 또는 B와 C중 최소비용을 찾는다.

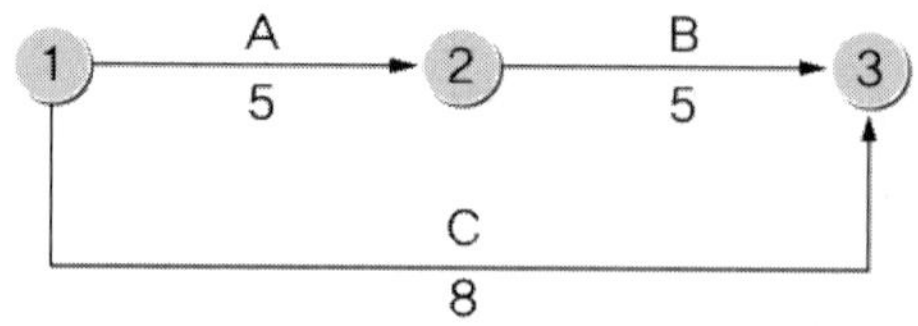

[그림 4-8] 단축경로가 병행작업으로 공기가 다른 경우

④ 단축경로가 병행경로와 단일경로가 혼합되어 있을 경우

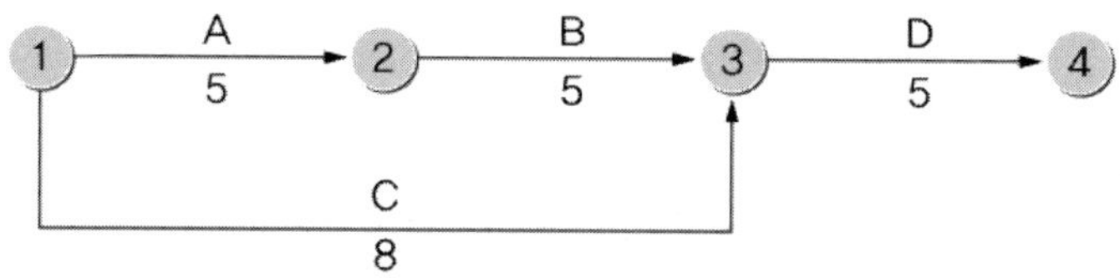

[그림 4-9] 단축경로가 병행경로와 단일경로가 혼합되어 있을 경우

문제 1

다음 네트워크의 공기 5일을 단축하시오.

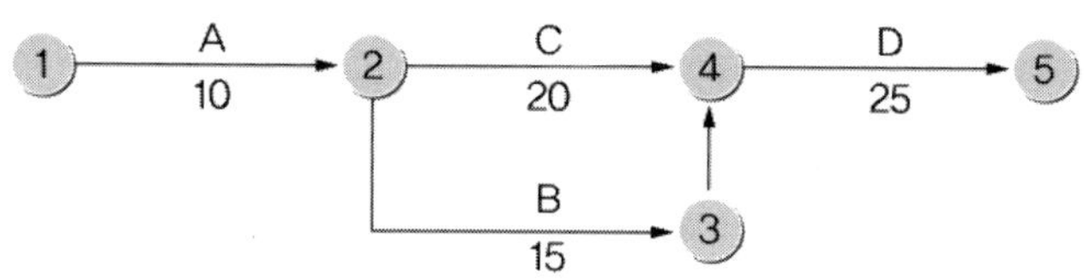

작업	일수	단축 가능일수	비용구배
A	10	3	25
B	15	2	20
C	20	3	15
D	25	2	10

[풀이] ....

1. CP : A－C－D 55일
2. 공기단축
   - 1차 : D작업 2일 단축
   - 2차 : C작업 3일 단축
3. 추가공사비 : 3 × C + 2 × D = 3 × 15 + 2 × 10 = 65

문제 2

다음 데이터를 네트워크 공정표로 작성하고, 4일의 공기를 단축한 최종상태의 공사비를 산출하시오.

작업명	선행작업	표준(Normal)		특급(Crash)	
		소요일수	공사비	소요일수	공사비
A	없음	3일	70,000	2일	130,000
B	없음	4일	60,000	2일	80,000
C	A	4일	50,000	3일	90,000
D	A	6일	90,000	3일	120,000
E	A	5일	70,000	3일	140,000
F	B, C, D	3일	80,000	2일	120,000

[풀이] ……………………………………………………………………………

1) 네트워크 공정표의 작성

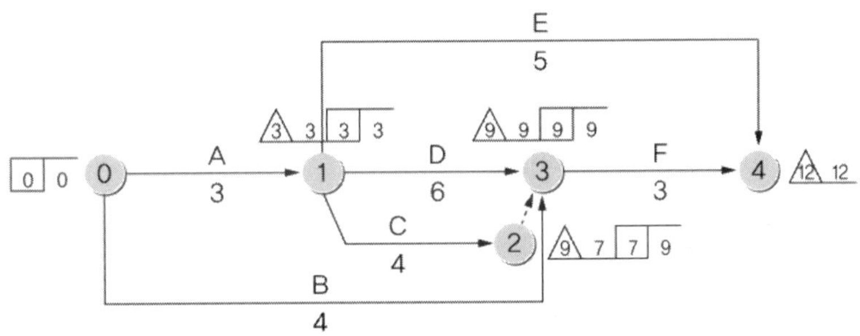

2) 단축 가능일수 및 비용구배의 산정

3) 단축경로의 선정

① A－E : 8일

② A－D－F : 12일(C.P : 주공정선)

③ A－C－F : 10일

④ B－F : 7일

각 경로의 소요일정을 산정한 결과 가장 긴 공기를 갖는 A－D－F의 경로가 12일로 당 네트워크 공정표의 주공정선이 된다. 그러므로 A－D－F의 경로를 대상으로 공기단축을 시행한다.

작업명	표준		특급		단축 가능일수	비용구배
	소요일수	공사비	소요일수	공사비		
A	3일	70,000	2일	130,000	1일	60,000
B	4일	60,000	2일	80,000	2일	10,000
C	4일	50,000	3일	90,000	1일	40,000
D	6일	90,000	3일	120,000	3일	10,000
E	5일	70,000	3일	140,000	2일	35,000
F	3일	80,000	2일	120,000	1일	40,000

4) 공기단축

(1) 1차 공기단축

주공정선인 A－D－F를 대상으로 비용구배가 가장 적은 작업에 대하여 공기단축을 시행한다.

① A의 비용구배 : 60,000/일

② D의 비용구배 : 10,000/일

③ F의 비용구배 : 40,000/일 이므로

비용구배가 가장 적은 D작업을 대상으로 공기단축을 시행한다. D작업의 경우 3일까지를 단축할 수 있으나 D작업을 3일을 모두 단축할 경우 A－D－F 경로의 소요일수는 9일이 되어 A－C－F의 경로 10일보다 작업일수가 적게 되어 주공정선이 바뀌게 된다. 그러므로 D작업은 2일까지만 줄일 수 있다. 결과적으로 A－D－F의 경로와 A－C－F경로는 10일의 같은 작업일수를 갖게 된다.

1단계 공기단축	D작업을 2일 단축

(2) 2차 공기단축

주공정선인 A－D－F의 작업일수와 A－C－F 경로의 작업일수가 같아졌으므로, 공기를 단축하는 방법은 A, F작업을 줄이거나 C, D작업을 동시에 줄이는 방법이 있다.

① A의 비용구배 : 60,000/일

② C+D의 비용구배 : 50,000/일

③ F의 비용구배 : 40,000/일

3가지 방법 중 비용구배가 가장 적은 F작업을 대상으로 1일의 공기단축을 시행한다. 전체 4일의 공기단축을 시행하여야 하므로 1일의 단축을 더 시행한다.

2단계 공기단축	F작업을 1일 단축

(3) 3차 공기단축

주공정선인 A－D－F와 A－C－F 경로 중 공통작업인 F작업의 단축을 시행하였으므로 추가로 시행할 수 있는 작업은 A나 C, D작업을 동시에 줄이는 방법이 있다.

① A의 C.S : 60,000/일

② C+D의 C.S : 50,000/일

2개의 방법 중 비용구배가 적은 C와 D작업을 동시에 1일씩 공기단축을 시행한다.

3단계 공기단축	C작업을 1일 단축＋D작업을 1일 단축

(4) 전체 공기단축일수

1에서 3단계의 공기단축을 시행한 결과 1차에서 D : 2일, 2차에서 F : 1일, 3차에서 C : 1일, D : 1일의 공기단축을 하였다. 결론적으로 D작업은 3일, F작업은 1일, C작업은 1일의 작업공기를 단축하면 된다.

공기단축	C : 1일　D : 3일　F : 1일

5) 추가 공사비의 산정

C작업	1일 × 40,000원/일＝40,000원
D작업	3일 × 10,000원/일＝30,000원
F작업	1일 × 40,000원/일＝40,000원
추가 공사비	110,000원

6) 단축 후 총공사비의 산정

총공사비＝표준공사비＋추가공사비이므로 표준공사비는 표준작업 상태에서의 공사비를 모두 합산한다.

총공사비＝420,000＋110,000＝530,000원

문제 3

다음 데이터를 이용하여 정상공기를 산출한 결과 지정공기보다 3일이 지연되는 결과였다. 공기를 조정하여 3일의 공기를 단축한 네트워크 공정표를 작성하고 단축 시 총공사금액을 산출하시오.

작업명	선행작업	표준		특급		비용구배 (원/일)
		소요일수	공사비	소요일수	공사비	
A	없음	3	7,000	3	7,000	–
B	A	3	5,000	1	7,000	1,000
C	A	6	9,000	4	12,000	1,500
D	A	5	6,000	2	15,000	3,000
E	B	3	8,000	2	8,500	500
F	B	10	15,000	6	23,000	2,000
G	C, E	3	6,000	2	8,000	2,000
H	D	9	10,000	7	18,000	4,000
I	F, G, H	2	3,000	1	6,500	3,500

[풀이]

1) 네트워크 공정표의 작성

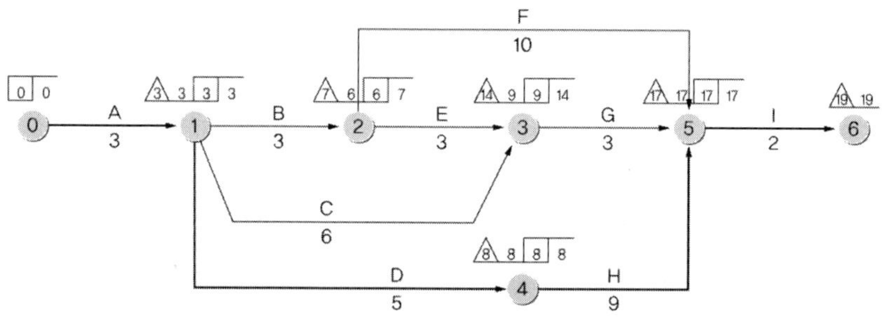

2) 단축 가능일수 산정

작업명	선행작업	표준		특급		단축 가능일	비용구배 (원/일)
		소요일수	공사비	소요일수	공사비		
A	없음	3	7,000	3	7,000	–	–
B	A	3	5,000	1	7,000	2	1,000
C	A	6	9,000	4	12,000	2	1,500
D	A	5	6,000	2	15,000	3	3,000
E	B	3	8,000	2	8,500	1	500
F	B	10	15,000	6	23,000	4	2,000
G	C, E	3	6,000	2	8,000	1	2,000
H	D	9	10,000	7	18,000	2	4,000
I	F, G, H	2	3,000	1	6,500	1	3,500

3) 단축경로의 선정

① A－B－F－I : 18일

② A－B－E－G－I : 14일

③ A－C－G－I : 14일

④ A－D－H－I : 19일 (C.P : 주공정선)

각 경로의 소요일정을 산정한 결과 가장 긴 공기를 갖는 A－D－H－I의 경로가 19일로 네트워크 공정표의 주공정선(Critical Path)이 된다. 그러므로 A－D－H－I의 경로를 대상으로 공기단축을 시행한다.

4) 공기단축

(1) 1차 공기단축

주공정선인 A－D－H－I를 대상으로 비용구배가 가장 적은 작업에 대하여 공기단축을 시행한다.

① A의 비용구배 : 단축 불가

② D의 비용구배 : 3,000 /일

③ H의 비용구배 : 4,000 /일

④ I의 비용구배 : 3,500 /일 이므로

비용구배가 가장 적은 D작업을 대상으로 공기단축을 시행한다. D작업의 경우 3일까지를 단축할 수 있으나 D작업을 3일을 모두 단축할 경우 A－D－H－I 경로의 소요일수는 16일이 되어 A－B－F－I의 경로 18일보다 작업일수가 적게 되어 주공정선이 바뀌게 된다. 그러므로 D작업은 1일까지만 줄일 수 있다. 결과적으로 A－D－H－I의 경로와 A－B－F－I 경로는 18일의 같은 작업일수를 갖게 된다.

1단계 공기단축	D작업을 1일 단축

(2) 2차 공기단축

주공정선인 A－D－H－I의 작업일수와 A－B－F－I 경로의 작업일수가 같아졌으므로, 공기를 단축하는 방법은 A, I작업을 줄이거나 B, D나 F, H작업을 동시에 줄이는 방법이 있다. 여기에서 A작업은 공기단축이 불가한 작업이므로 고려대상에서 벗어난다.

1일 단축을 위하여 I작업에서는 1일만 단축하면 되나 B－F와 D－H 경로는 서로 병행작업이므로 양쪽경로에서 각각 1일씩 단축시켜야 한다. 따라서 우선 I의 작업에서 1일을 단축한다.

2단계 공기단축	I작업을 1일 단축

(3) 3차 공기단축

주공정선인 A－B－F－I와 A－D－H－I 경로 중 B－F와 D－H 경로는 서로 병행작업이므로 양쪽 경로에서 각각 1일씩 단축시켜야 한다.

① B＋D의 비용구배 : 4,000 /일

② B＋H의 비용구배 : 5,000 /일

③ D＋F의 비용구배 : 5,000 /일

④ F＋H의 비용구배 : 6,000 /일

4가지 방법 중 비용구배가 가장 적은 B＋D작업을 대상으로 각각 1일씩의 공기단축을 시행한다.

3단계 공기단축	B작업을 1일 단축＋D작업을 1일 단축

(4) 전체 공기단축일수

1에서 3단계의 공기단축을 시행한 결과 1차에서 D : 1일, 2차에서 I : 1일, 3차에서 B : 1일, D : 1일의 공기단축을 하였다. 결론적으로 B작업은 1일, D작업은 2일, I작업은 1일의 작업공기를 단축하면 된다.

공기단축	B : 1일 D : 2일 I : 1일

4) 추가 공사비의 산정

B작업	1일 × 1,000원 /일 = 1,000원
D작업	2일 × 3,000원 /일 = 6,000원
I작업	1일 × 3,500원 /일 = 3,500원
추가 공사비	10,500원

5) 단축 후 총공사비의 산정

총공사비 = 표준공사비 + 추가 공사비이므로 표준공사비는 표준작업 상태에서의 공사비를 모두 합산한다.

총공사비 = 69,000 + 10,500 = 79,500원

6) 단축공정표

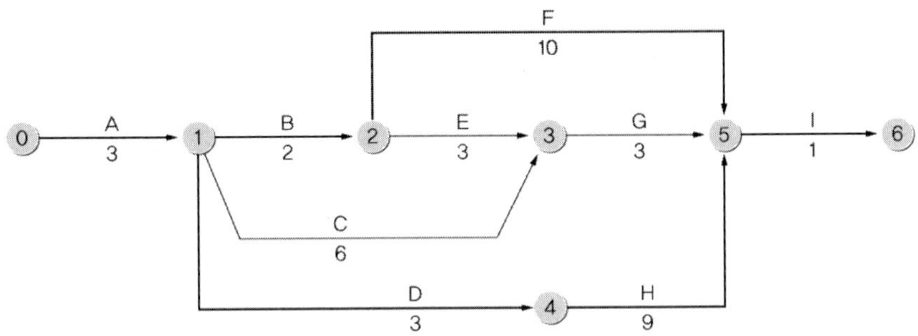

공기단축의 결과 네트워크의 주공정선이 A－B－F－I와 A－D－H－I의 2개 경로가 되었으며, 주공정선은 진한 실선으로 표시된다.

문제 4

다음 데이터를 활용하여 3일 공기단축한 네트워크 공정표를 작성하고 공기단축된 상태의 총공사비를 산출하시오.

<table>
<tr><th>작업명</th><th>작업일수</th><th>선행작업</th><th>비용구배</th><th>비 고</th></tr>
<tr><td>A</td><td>3</td><td>－</td><td>5,000</td><td rowspan="6">1. 공기단축된 각 작업의 일정은 다음과 같이 표기하고 결합점 번호는 원칙에 따라 부여한다.
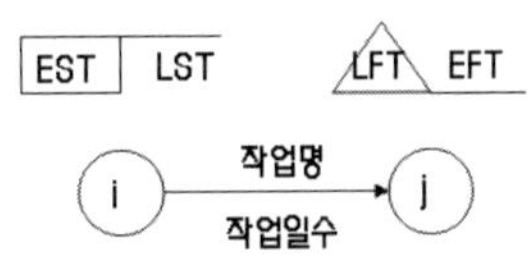

2. 공기단축은 작업일수의 1/2을 초과할 수 없다.
3. 표준공기 시 총공사비는 2,500,000원이다.</td></tr>
<tr><td>B</td><td>2</td><td>－</td><td>1,000</td></tr>
<tr><td>C</td><td>1</td><td>－</td><td>1,000</td></tr>
<tr><td>D</td><td>4</td><td>A, B, C</td><td>4,000</td></tr>
<tr><td>E</td><td>6</td><td>B, C</td><td>3,000</td></tr>
<tr><td>F</td><td>5</td><td>C</td><td>5,000</td></tr>
</table>

2) SAM에 의한 공기단축

MCX방법은 비용구배가 적은 작업부터 단위시간당 순차적으로 단축해가는 방법으로 매 단계별 여러 번의 네트워크 공정표의 작성과 일정계산의 번거로움이 있다. SAM기법(Siemens Approximation Method)은 MCX 공기단축과 유사하나 요소작업과 단축이 필요한 공정 간에 시간–비용 매트릭스를 작성하여 한 번에 요구하는 최소 추가비용의 산출과 공기단축을 간단히 계산할 수 있는 특징이 있다.

문제 1

다음 네트워크 공정표에서 SAM방식을 이용하여 최소비용으로 5일간 공기를 단축하시오.

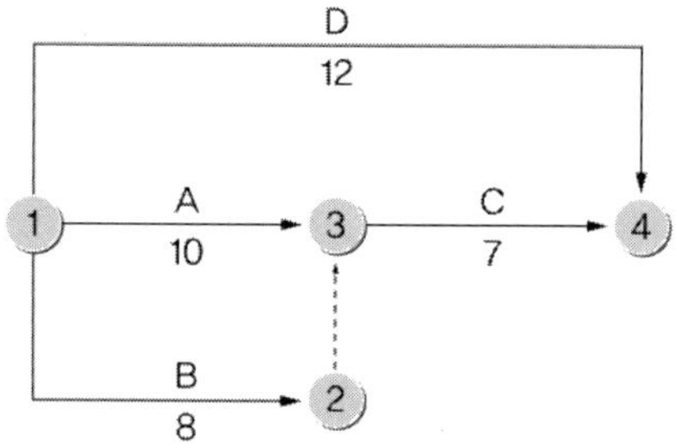

작업명	표준		특급	
	소요일수	공사비	소요일수	공사비
A	10일	560,000	6일	800,000
B	8일	350,000	6일	490,000
C	7일	700,000	5일	900,000
D	10일	300,000	6일	460,000

[풀이] ……………………………………………………………………………

	D	A－C	B－C	비용구배	공기단축	추가비용
A		60,000/4		60,000/일	3	180,000
B			70,000/2	70,000/일	1	70,000
C		100,000/2	100,000/2	100,000/일	2	200,000
D	40,000/4			40,000/일		
공기	12	17	15			450,000

총공사비 = 표준공사비 + 추가비용

= 1,910,000 + 450,000 = 2,360,000원

문제 2

다음 데이터를 SAM 방식을 이용하여 4일의 공기를 단축한 최종상태의 공사비를 산출하시오.

작업명	선행작업	표준		특급	
		소요일수	공사비	소요일수	공사비
A	없음	3일	70,000	2일	130,000
B	없음	4일	60,000	2일	80,000
C	A	4일	50,000	3일	90,000
D	A	6일	90,000	3일	120,000
E	A	5일	70,000	3일	140,000
F	B, C, D	3일	80,000	2일	120,000

[풀이]

	A－E	A－D－F	A－C－F	B－F	비용구배	공기단축	추가비용
A	60,000/1	60,000/1	60,000/1		60,000/일		
B				10,000/2	10,000/일		
C			40,000/1		40,000/일	1	40,000
D		10,000/3			10,000/일	3	30,000
E	35,000/2				35,000/일		
F		40,000/1	40,000/1	40,000/1	40,000/일	1	40,000
공기	8	12	10	7			110,000

총공사비 = 표준공사비 + 추가비용

= 420,000 + 110,000 = 530,000원

CHAPTER 05

자원배당 및 평준화

5.1 자원의 배당

1) 개요

공사를 수행하는데 있어 제반 자원을 충분히 투입할수록 공사는 신속하게 이루어 질 수 있지만 공사의 비용과 장비, 인원 등의 효율을 생각해 볼 때 가장 효과적인 제자원의 투입량은 공사를 주어진 공기 내 수행할 수 있는 최소의 자원과 인력이라 할 수 있다.

따라서 수립된 일정계획이 실행 가능한 것인가 검토하고 비용의 증가를 최소로 억제하는 선에서 적절한 자원의 분배가 필요한 것이다. 결국 자원 소요량과 투입 가능한 자원량을 상호 조정하고 자원의 낭비시간(Idle Time)을 제거함으로써 자원의 효율화를 기하고, 아울러 비용의 증가를 최소로 하는 것이 자원관리의 목적이라 하겠다.

자원배당(Resource Allocation)은 자재, 자금, 노무, 장비 등에 대한 소요량과 투입가능량을 상호조정하며 자원의 비효율성을 제거하여 비용의 증가를 최소화하는 것이다. 여유시간을 이용하여 논리적 순서에 맞춰 작업을 조정하여 자원을 배당함으로써 자원이용에 대한 손실을 줄이고 자원 수요를 평준화하는 것을 의미한다.

2) 자원(Resource)의 정의

일반적으로 자원배당에 있어 대상이 되는 자원은 아래와 같이 대별할 수 있다.

- 인력(Labor, Manpower)
- 장비, 설비(Equipment, Machine)
- 자재(Material)

• 자금(Money)
• 기술(Method)

자원의 특성으로 볼 때 인력이나 장비와 같은 내구성 자원과 자재, 자금 등의 소모성 자원으로 구분할 수 있다. 자원의 배당은 종합적으로 하나의 자원이나 다수의 자원을 복합적으로 고려하여 배분하게 되는데, 이때 고려해야 할 사항은 다음과 같다.

① **인력변동의 최소화**: 인력의 민감한 변동은 작업자의 모집, 고용, 훈련, 해고 등의 과정에서 시간과 비용의 낭비를 초래할 수 있다.

② **한정된 자원의 최대한 활용**: 자원을 추가하기 어렵거나 추가투입 시 비용이 많이 필요한 경우, 작업장 여건상 자원의 추가반입이 어려운 경우에는 한정된 자원을 최대한 활용한다.

③ **자원의 고정수준 유지**: 현장 사무실의 인원인 경우 가능한 한 일정 기간 동안은 항상 완전고용이 되도록 고용수준을 유지한다.

④ **자원에 대한 투입계획의 효율화**: 자원투입의 정점과 저점을 피하여 고정자원 수준의 효과적인 이용을 위해 자원배당기법을 활용한다.

각 작업(Activity)를 수행하는데 소요되는 자원은 다음과 같은 정보를 포함하게 된다.

• 자원코드(Resource Code)
• 투입물량(Quantity)
• 투입기간(Resource 소요공기)
• Activity 시작일로부터 투입시점까지의 지연일자(Delay)

자원별로 투입계획에 대한 유형은 다음 표와 같다.

[표 5-1] 자원별 투입계획 유형

구분	협력업체 및 노무투입계획	장비투입계획	자재투입계획
목적	투입인력의 절대치 최소화	• 장비의 유휴시간 최소화 • 장비 가동률 극대화	• 적기 적량의 자재투입 • 기자재 구매 및 반입지연 방지
공정표 작성	• 되도록 동일 직종의 공종 연결 • 하도업체가 투입되면 적정 인원으로 계속적인 공종 추진	• 동종의 장비를 사용하는 공종을 Dummy로 연결하여 소요 최소화 • 여러 개의 장비가 조합되어 1개의 팀으로 운영될 시 하나의 장비로 가정	• 제작기간이 긴 자재 • 감독 측에 견본 및 제작승인을 요하는 자재관리 • 절대량이 부족한 자재 • Engineering작업이 소요되는 자재

5.2 자원의 평준화

자원배당이란 각 Activity에 소요되는 투입자원을 그 Activity의 여유시간(Float) 내에서 균등 분배시켜 전체 자원투입 규모를 목표에 맞게 평준화시키는 기능을 말한다.

일정계획에 의하여 자원의 소요량을 산출하는 방법에는 조기시간계획(Early Schedule)에 의한 방법과 늦은 시간계획(Late Schedule)에 의한 방법, 자원의 평준화(Leveling) 방법이 있다. 현재 이용되고 있는 자원평준화 기법은 모두 경험적인 방법(Heuristic Method)으로, 평준화 작업을 여러 번 반복하여 시행하고, 그 중 가장 좋은 결과치를 선택하는 방법이다. 자원의 투입에 있어서의 불균형을 없애고 일정화 하는 과정이 자원관리상 필요한데 이를 자원의 평준화라고 한다.

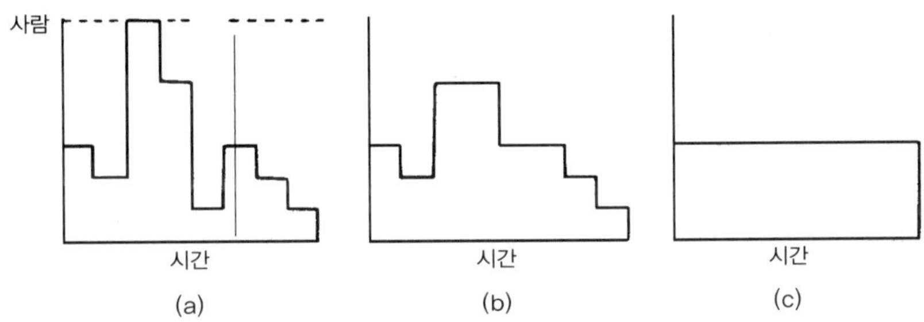

[그림 5-1] 인력소요량의 완만한 피크

자원평준화 작업은 크게 두 종류로 나누어 생각할 수 있다.

- 이용할 자원이 제한된 경우(Limited Resource)
  이 경우는 제한된 자원조건 하에서 공기를 최단으로 줄여야 한다.
- 이용할 자원이 제한되지 않은 경우(Unlimited Resource)
  이 경우는 정해진 공기 내에서 자원의 요구량을 최소로 줄여야 한다.

앞의 두 경우 중 어느 경우에도 공사기간 내에 소요되는 자원이 한꺼번에 많이 필요하다면 바람직하지 못하다. 이 많은 자원을 갑자기 확보하기 어렵고, 또한 확보했다 하더라도 특정 기간에 편중된 배당이 되므로 가설숙소, 기타 설비경비의 상승, 유휴자원의 발생 등으로 비경제적인 계획이 된다. 그러므로 자원평준화의 목적은 다음과 같다.

① 소요자원의 급격한 변동을 줄일 것

② 일일 동원자원을 최소로 할 것

③ 유휴시간을 줄일 것

④ 공기 내에 자원을 균등하게 할 것

1) 조기시간계획에 의한 자원배당

네트워크 공정표상의 조기시간계획인 EST를 기준으로 자원을 배분하는 방법으로, 먼저 작업을 하고 나중에 여유를 갖는 형태이다. 조기시간계획은 자원의 정점 피크가 전반부에 일어난다.

2) 늦은 시간계획에 의한 자원배당

네트워크 공정표상의 늦은 시간계획인 LST를 기준으로 자원을 배분하는 방법으로 먼저 여유시간을 갖고 나중에 작업하는 형태이다. 늦은 시간계획은 자원의 정점 피크가 후반부에 일어난다.

3) 자원의 평준화

자원의 평준화(Leveling)는 자원의 효율적인 배분을 위하여 자원의 투입에 있어 불균형을 없애고 일정화하는 관리상의 과정이다.

자원을 조기시간계획과 늦은 시간계획에 의한 자원을 배당하였을 경우 중앙부는 불연속선의 계곡이 나타나게 되며, 이는 자원의 효율적 이용에는 문제점이 있다. 이의 개선방법으로 자원의 평준화를 시도하여 그림처럼 평준화된 연속선을 갖게 한다. 이와 같은 평준화 상태에서는 일정한 비율로 증가하는 직선 경향을 나타내다.

PERT/CPM기법에 의한 자원배당의 예를 들어 설명하면 다음과 같다.

작업 A와 B작업은 각각 크레인 1대가 필요한 작업이고, 작업 B와 C를 연결하는 Path가 주공정선(Critical Path)이며, 작업 A Activity는 5일의 Total Float를 갖는다.

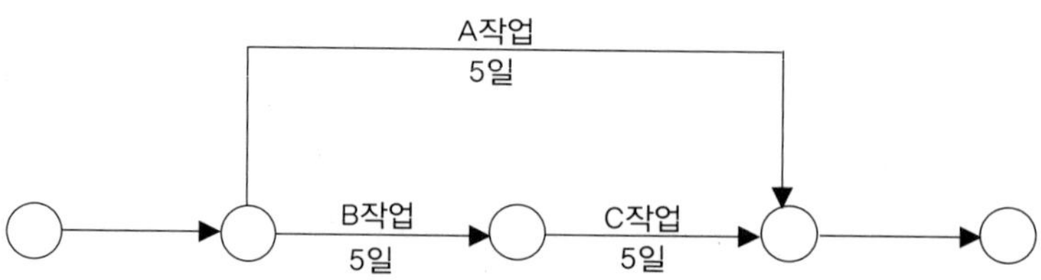

[그림 5-2] 샘플 네트워크(Sample Network)

따라서 A의 작업시간은 B Activity와 동시에 할 수도 있고 (Case Ⅰ), 5일 후에 할 수도 있다. (Case Ⅱ) 다음 그림의 Case Ⅱ와 같이 만약 A작업을 여유시간(Float)을 이용하여 5일 후에 착수한다면 사용 가능한 자원을 공기지연 없이 활용할 수 있음을 보여 준다.

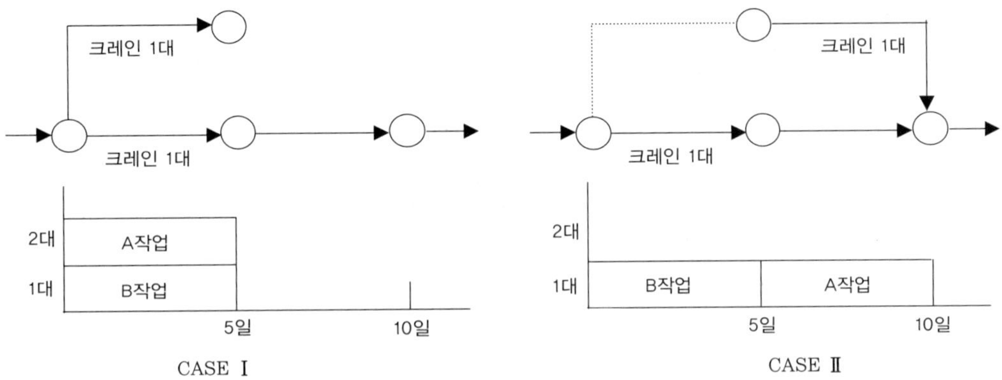

[그림 5-3] 자원배당의 적용

자원평준화의 방법은 공기를 고정하는 방법과 투입자원을 제하는 방법이 있다. 공기를 고정하는 경우는 투입가능량을 초과하여 투입되는 단점이 있고, 투입자원을 제한하는 경우는 공기의 지연을 허용할 수밖에 없는 단점이 있다.

(1) 공기를 고정하는 경우(Fixed Time)

일반적인 프로젝트의 관리에서 발주자의 지정공기를 준수하는 방법으로 일정계획 수립 시에 공기를 고정하고, 투입되는 자원에 제한을 두지 않는 방법이다.

전체 공기를 고정하는 경우 주공정선인 C.P상의 작업들은 여유를 전혀 갖지 않으므로 일정을 재조정할 수 없으며, 단지 여유를 갖는 주공정선 외에 대해서만 일정을 조정할 수 있다.

자원의 단위 기간별 소요량이 투입가능량(Resource Availability)을 [그림 5-4]와 같이 초과하거나 투입수준의 불균형이 심할 때 자원배당의 우선순위(Priority)를 주어 할당하고, 자원배당이 될 수 없는 작업에 대해서는 여유범위 내에서 뒤로 지연시키게 된다.

이때 어느 작업부터 먼저 배당할 것인가에 대한 우선순위는

- 여유시간이 가장 적은 작업
- 공기가 짧은 작업부터 우선적으로 해준다.

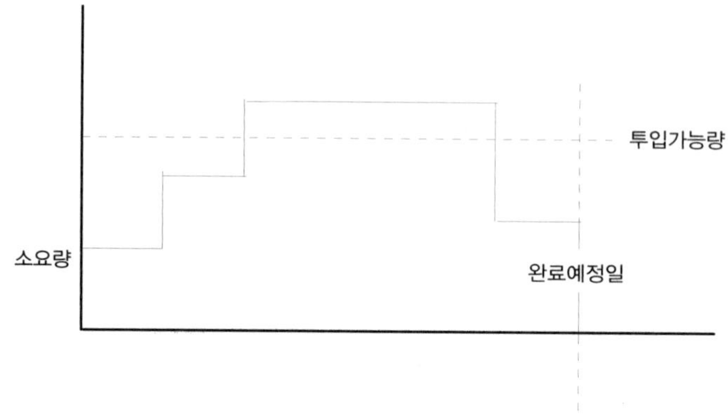

[그림 5-4] 공기를 고정하는 경우

(2) 투입자원을 제한시킨 경우(Fixed Resource)

작업에 필요한 자원의 투입을 제한하고, 그에 따른 공기를 조정하는 방법이다.

작업의 소요자원량이 투입 가능한 자원의 양을 초과하지 않도록 배당하면서 공기 지연이 최소가 되도록 한다. 자원의 투입가능량(Resource Availability)이 극히 제한된 경우는 자원부족이 발생했을 때, 여유가 없는 C.P상의 작업이라 하더라도 지연시킬 수밖에 없게 된다. 따라서 [그림 5-5]와 같이 전체 공기가 어느 정도 지연될 수 있는가를 고려하여 허용지연기간(Allowed Delay) 내에 일정을 조정한다.

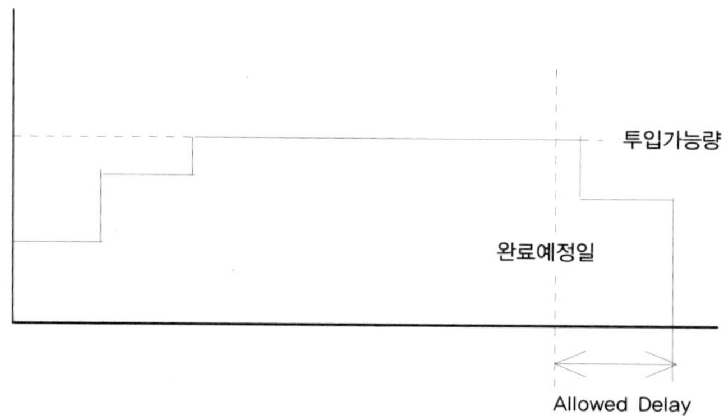

[그림 5-5] 투입자원을 제한하는 경우

문제 1

자원배당 및 평준화

다음과 같은 네트워크에 대한 자원배당(Resource Allocation)을 검토해 보기로 한다.

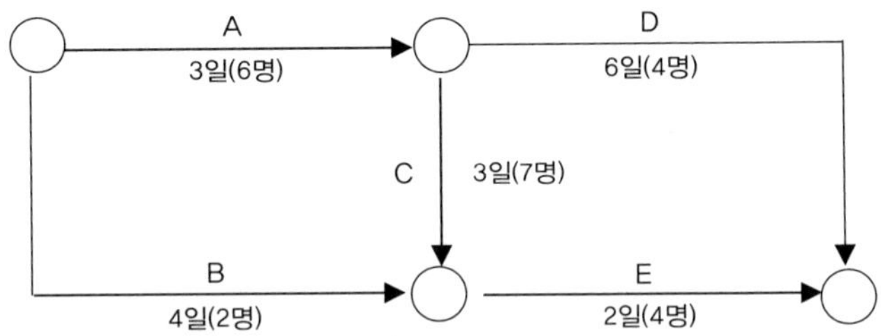

단위작업	소요기간	EST	EFT	LST	LFT	TF	FF	CP
A	3 일	0	3	0	3	0	0	*
B	4 일	0	4	3	7	3	2	
C	3 일	3	6	4	7	1	0	
D	6 일	3	9	3	9	0	0	*
E	2 일	6	8	7	9	1	1	

[풀이] ....

1. 주공정선(CP)를 산정한다.
2. 바 차트의 작성
   네트워크 공정표를 이용하여 바 차트를 작성한다.
3. EST에 의한 자원배당
   각 단위 작업의 가장 빠른 작업 시작시간인 EST를 기준으로 하여 투입되는 자원의 누적치를 그래프에 표시한다. 자원의 누적그래프의 하단에는 주공정선에 해당하는 자원을 표시한다.
4. LST에 의한 자원배당
   각 단위 작업의 가장 늦은 작업 시작시간인 LST를 기준으로 하여 투입되는 자원의 누적치를 그래프에 표시한다.
5. 자원의 평준화
   EST와 LST의 범위내에서 자원투입량을 조정하며 1일 투입 인원의 최대치를 낮추어 평준화 작업을 시행한다.

(1) EST에 의한 자원배당

단위작업	소요기간	EST	EFT	LST	LFT	TF	FF	CP
A	3 일	0	3	0	3	0	0	*
B	4 일	0	4	3	7	3	2	
C	3 일	3	6	4	7	1	0	
D	6 일	3	9	3	9	0	0	*
E	2 일	6	8	7	9	1	1	

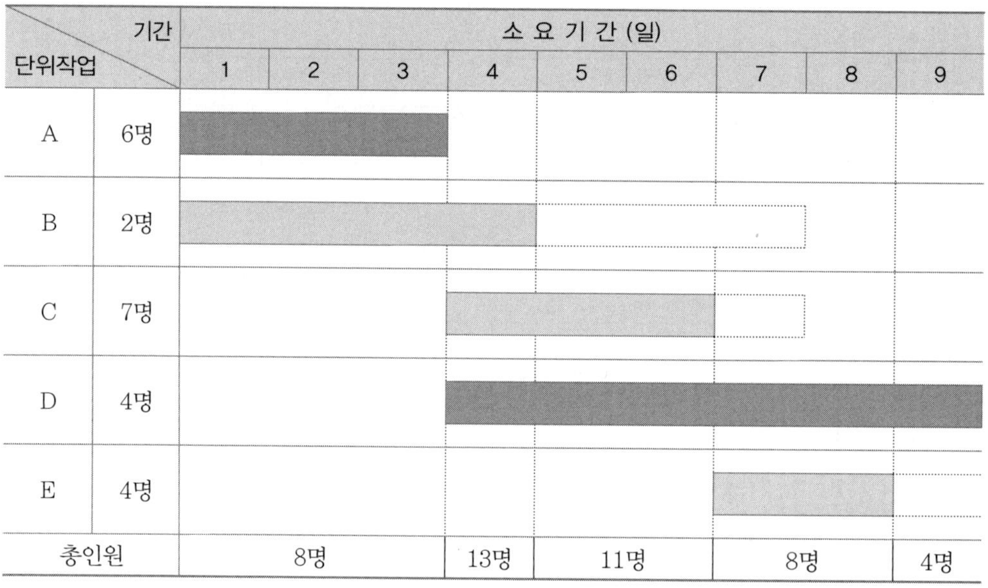

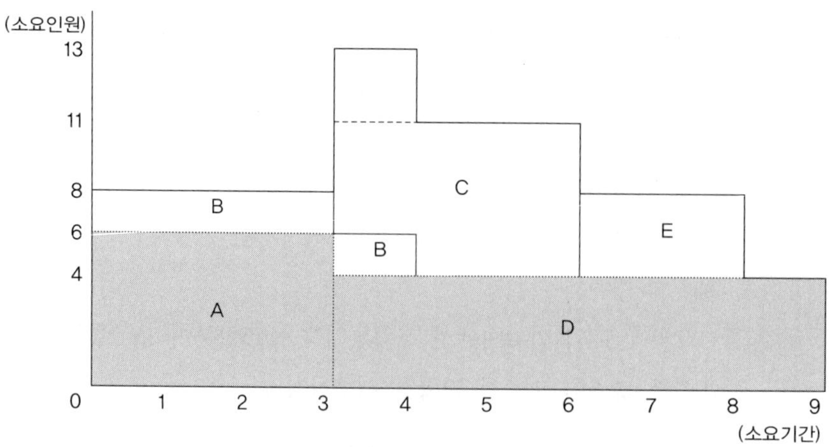

[그림 5-6] EST에 의한 자원 소요량(음영된 부분은 CP분)

(2) LST에 의한 자원배당

단위작업	소요기간	EST	EFT	LST	LFT	TF	FF	CP
A	3 일	0	3	0	3	0	0	*
B	4 일	0	4	3	7	3	2	
C	3 일	3	6	4	7	1	0	
D	6 일	3	9	3	9	0	0	*
E	2 일	6	8	7	9	1	1	

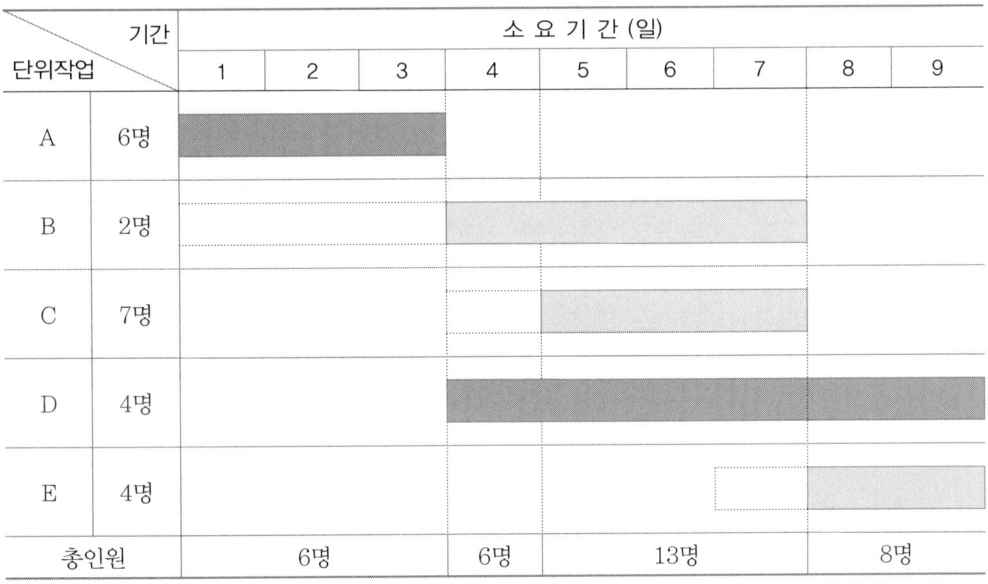

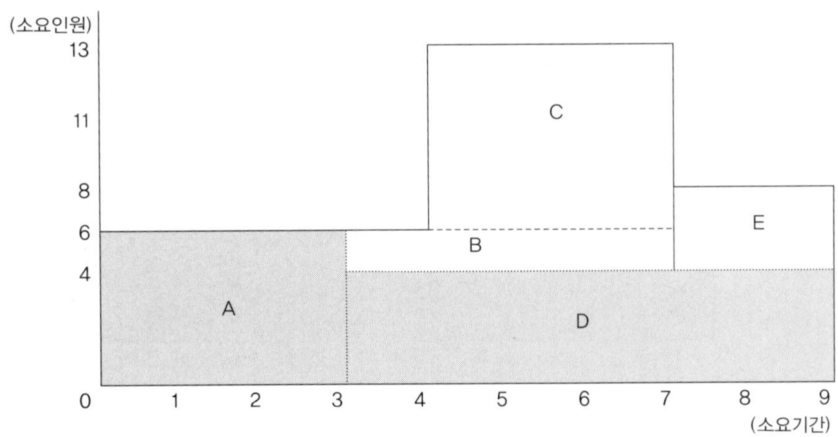

[그림 5-7] LST에 의한 자원소요량(음영된 부분은 CP분)

(3) 최적계획에 의한 자원 평준화

단위작업	소요기간	EST	EFT	LST	LFT	TF	FF	CP
A	3 일	0	3	0	3	0	0	*
B	4 일	0	4	3	7	3	2	
C	3 일	3	6	4	7	1	0	
D	6 일	3	9	3	9	0	0	*
E	2 일	6	8	7	9	1	1	

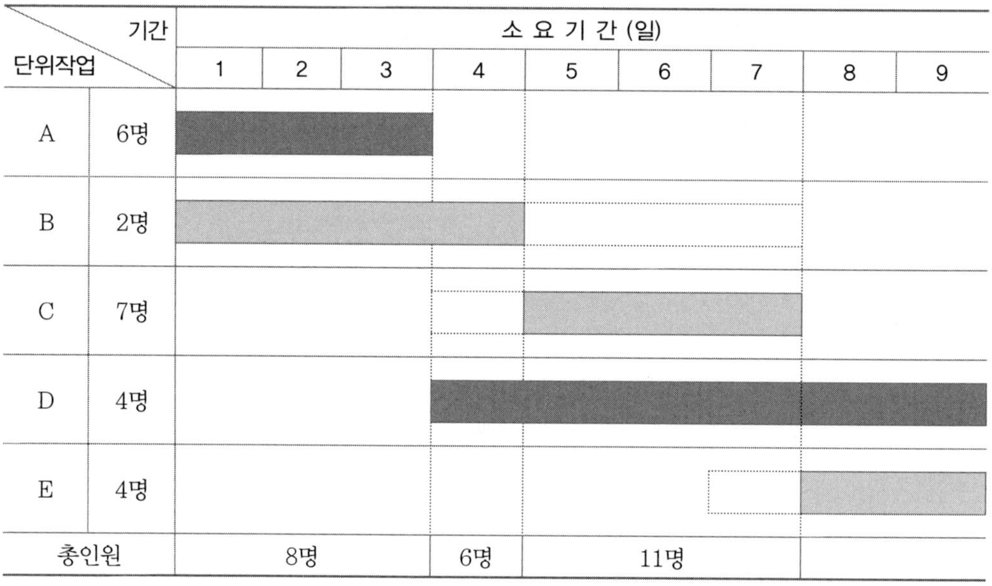

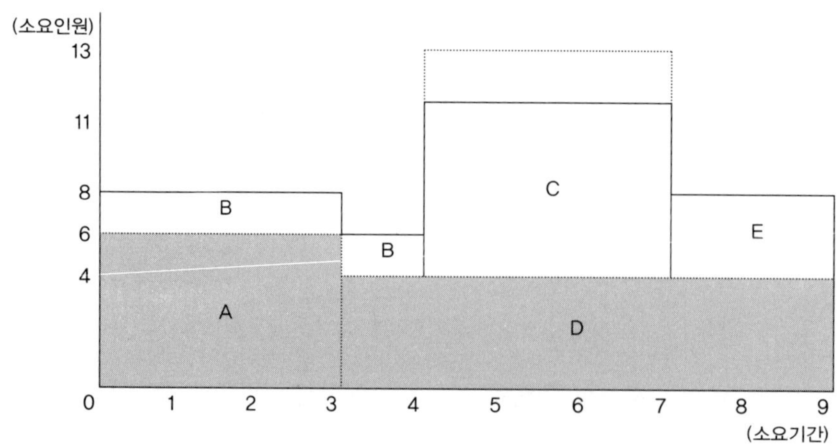

[그림 5-8] 최적계획에 의한 자원(음영된 부분은 CP분)

앞의 예는 총공기의 제한성(Time Limited or Fixed Time) 때문에 피크가 11명이 되었는데 그 이하로 피크점을 줄이려고 하면 공기를 연장하는 결과가 된다.

이상과 같이 여유(Float)를 가진 단위작업을 여유의 범위 내에서 이동하든가, 하나의 단위작업의 작업시간을 두 개 이상으로 분할하거나 또는 공기를 변경하거나 하여 바람직한 자원배분을 해나간다.

자원배분의 형태는 다양하게 있으며, 또 어떤 것이 가장 바람직한가 하는 것도 경우에 따라서 다르다. 이런 이유로 체계화된 자원배당 및 평준화 기법은 없으나 특정 규칙을 만들어서 컴퓨터를 이용하여 자원배당 및 평준화(Resource Allocation & Smoothing)를 실시할 수 있다.

CHAPTER 06

진도관리

현장작업은 공정계획에서 정해진 순서에 따라 시행되며, 공정관리는 공사가 진행됨에 따라 일정 주기로 현장 진도를 측정하여 보고하고, 작성된 공사일정으로부터 벗어난 작업이 발생하면 시정조치를 취하여 수정하면서 일정관리를 수행한다.

공정계획이 잘 작성되었는가 하는 것은 얼마나 실제와 잘 맞는가 하는 것도 중요하지만, 얼마나 관리하기 편하게 되어 있는가로 판단할 수 있을 것이다. 또한 관리하기 편하게 되었다는 것은 전 구성원이 참여하여 충분한 토의과정을 거쳐 작성되었는가 하는 점과 공정계획 수립의 근거자료가 충실하게 정리 및 보관되어 활용할 수 있는가로 판단할 수 있다.

6.1 진도관리의 개념

진도관리란 현재 기준일까지 진척상황을 점검하여 결정되는 잔여공사의 일정계획을 재조정하여 공정표를 최신으로 유지하는 작업을 말한다. 즉 현재의 시점에서 실적 및 제반 여건을 고려하여 로직의 변경, 작업의 병행화, 공기의 조정 등 계획을 재조정하는 작업을 말한다.

진도관리의 목적은 현재 기준일 이후의 실질적인 공사계획을 수립하기 위한 것으로 당초 계획을 수정하기 위한 것이 아니므로, 진도관리 시마다 네트워크를 다시 그릴 필요는 없다. 당초 계획이 수정되는 경우는 설계변경 등의 이유로 계획의 전반적인 내용이 크게 변화되는 경우를 제외하고는 발생하지 않는다.

잘 수립된 관리계획을 달성하기 위해서는 계획 수립 시에 작업이 정확하게 표현되어야 하고, 선정된 건설계획과 공사시방서와 일치할 수 있도록 이행되어야 한다. 다음으로 계획은 예상되는 일정계획부터 적절하게 수용되어야 하며, 잔여계획이 제시된 일정에 경제적으로 도달하기 위해 정기적인 수정활동이 제공되어야 한다. 이를 위해 진도관리와 계획에 대한 수정(Update)작업이 필요하다.

진도관리는 공사에서 무엇이 일어나고 공사가 지금 어디에 있는지, 어떻게 목표에 도달되고 있는지, 장래에 대한 예측까지를 반복하여 관리하는 것이며, 이를 위한 진도곡선에는 예정 진도곡선과 실시 진도곡선이 있으며 이러한 곡선은 S-Curve(Banana Curve)의 형태를 취하고 있다.

6.2 진도곡선

1) 진도곡선의 형태

진도곡선에는 예정 진도곡선과 실시 진도곡선이 있으며, 지금까지는 모두 S-Curve를 나타내는 것으로 생각해왔다. 그러나 실제로는 S-Curve를 나타내지 않는 것도 있고, 대개는 S-Curve 형태를 취하지만 S-Curve에도 여러 가지 형태가 있다. 이를 분류하여 명칭을 붙이면 [표 6-1]과 같다.

[표 6-1] 진도곡선 형태분류표

구 분		형 태
비S형		볼록(凸)형
		오목(凹)형
S형	부정S형	다 곡 형
		소 곡 형
	정S형	고 형
		중 형
		저 형

단, 이 분류에 해당하는 곡선의 형태를 그림으로 나타내면 다음 그림과 같다.

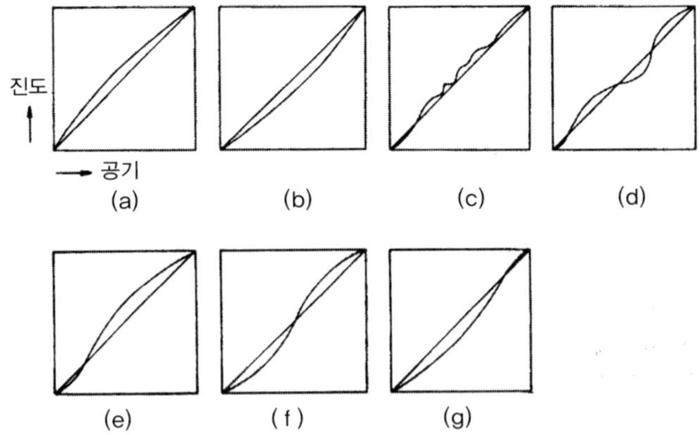

[그림 6-1] 진도곡선형태

먼저 진도곡선은 S형과 비S형으로 분류할 수 있다. 비S형은 다시 볼록(凸)형과 오목(凹형)으로 분류한다.

(1) 비S형

① 볼록(凸)형

볼록(凸)형은 [그림 6-1] (a)와 같은 형태로, 공사의 초기부터 진도를 빨리 하여 곡선 전체가 볼록형으로 되는 것이다.

이론적으로는 착공일의 기성고가 전 공기를 통하여 최대인 것을 나타내고, 이러한 것은 실제로는 거의 없는 것으로 생각되지만, 진도의 기입이 어떤 기간마다, 예를 들어 15일마다 행해지므로 공사 초기의 기성고의 평균치가 그 후 기간의 평균치보다 큰 경우 이러한 형태가 생긴다.

실제로 볼록형이 생기는 것은 돌관공사로 공사 초기에 재료를 다량으로 반입하여 각 부분공사를 일제히 착수한 때이다.

② 오목(凹)형

[그림 6-1] (b)와 같은 형으로, 공사의 초기에는 진도가 늦다가 말기에 진도를 증가시켜 곡선 전체가 오목형으로 되는 것이다.

실제로 예정진도 곡선에는 거의 없고 실시 진도곡선에는 종종 발생한다. 이것은 공사가 심하게 지연되는 경우 공사 말기에 돌관공사를 하기 때문에 실시 진도곡선이 같은 형태가 된다.

(2) S형

S형은 정S형과 부정S형으로 분류할 수 있다. 부정S형은 곡선의 초기와 말기는 정S형과 같지만 중간에는 굴곡이 있는 것으로, 굴곡이 많은 것을 다곡형, 굴곡이 하나인 것을 소곡형이라 부른다.

공사가 완만하게 진행되지 않고 진도가 급히 증가하거나, 또는 중지하거나 하면 중지된 곳에 굴곡이 생긴다.

정S형에는 곡선의 변곡점이 하나이지만, 부정S형에서는 변곡점이 3개인 것이 소곡형, 변곡점이 많은 것이 다곡형이다.

다음은 정S형을 다시 고형, 중형, 저형으로 분류할 수 있다. ([그림 6-1] (e), (f), (g) 이 분류방법은 곡선의 시점(진도가 0%인 점)과 종점(진도가 100%인 점)을 연결한 선(대각선)과 진도곡선과의 교점의 위치로 분류한다.

① 다곡형

다곡형은 재료의 반입 및 노무의 동원이 매일 어느 정도 변하므로 진도곡선에 다소 굴곡이 생기는 것은 어쩔 수 없다. 특히 소규모 공사일 경우 이러한 경향이 강하고 바람직한 형태는 아니다.

② 소곡형

소곡형은 어느 기간 중에 공사가 중지하는 것을 나타낸다. 이 중지의 이유가 한랭기에 들어서 콘크리트 타설을 할 수 없다면 어쩔 수 없지만, 시공자의 자금회전의 악화로 재료가 반입되지 않거나 노무자가 현장에 나오지 않기 때문이라면 심각한 문제이다.

③ 고형, 중형, 저형

고형은 전반기에 진도가 증가하는 것으로, 곡형이 대각선의 위에 많고 저형은 후반기에 진도가 증가하는 것으로 곡선이 대각선 위에 적은 것이다. 중형은 고 · 저형의 중간이다. 대각선을 3등분하고 왼쪽부터 1, 2, 3의 범위로 하면, 진도곡선과 대각선과의 교점은 대개 고형에서는 제1의 범위에, 중형에서는 제2의 범위에, 저형에서는 제3의 범위에 있다.

실제의 진도곡선은 지금까지 분류한 것 같은 단순한 곡선이 아니고 하나의 곡선이 오직 하나의 형으로 적용된다고 할 수도 없다. 예를 들면 곡선이 전체적으로는 볼록(凸)형이지만 중간부분에 굴곡이 생기는 경우도 발생할 수 있다.

고형은 공사 초기에 진도를 높인 것으로 바람직한 진도곡선이라 할 수 있고, 중형은 가장 바람직한 곡선이다. 저형은 일반적으로 고형과 중형보다 좋지 않지만 그렇지 않은 경우도 있다.

2) 공기지연 원인과 형태

공사를 진행하면서 모든 작업이 계획대로 정확히 시작하고 종료되는 경우는 많지 않기 때문에 진도를 관리하게 된다. 일반적으로 진도곡선에는 예정 진도곡선과 실시 진도곡선이 있으며, 이러한 곡선을 S커브, 일명 바나나곡선의 형태를 취하고 있다.

예정 진도곡선이 실시 진도곡선에 일치하게 진행되면 대체로 공사가 순조롭게 진행되는 것이고, 실시 진도곡선이 예정 진도곡선의 아래에 있으면 공사가 지연되는 경우이며, 실시 진도곡선이 예정 진도곡선의 위에 있으면 공사가 빨리 진행됨을 의미한다.

실제 공사에서의 관계를 조사해 보면 예정과 실시가 맞게 진행되는 경우는 적고 대부분 공사가 지연되는 경우가 많으며, 예정보다 실시가 빠른 경우도 극히 적다.

공사가 지연된 경우 예정 진도곡선과 실시 진도곡선과의 관계는 [그림 3-54]와 같이 4가지 형태로 분류할 수 있다. 각 형태의 특징과 발생원인은 다음과 같다.

① 열림형

초기부터 말기에 걸쳐 지연이 증가하는데 그 원인은 시공자의 규모가 공사에 대해 너무 작거나 경영 부진으로 노무자의 동원 부족 및 재료의 반입이 적기 때문에 발생한다.

이 형태에 속하는 지연은 말기에 상당한 돌관공사를 하지 않으면 공기에 맞출 수 없다. 따라서 공사관리자는 이와 같은 경향이 있을 때에는 조기에 근본적인 대책을 강구해야 한다.

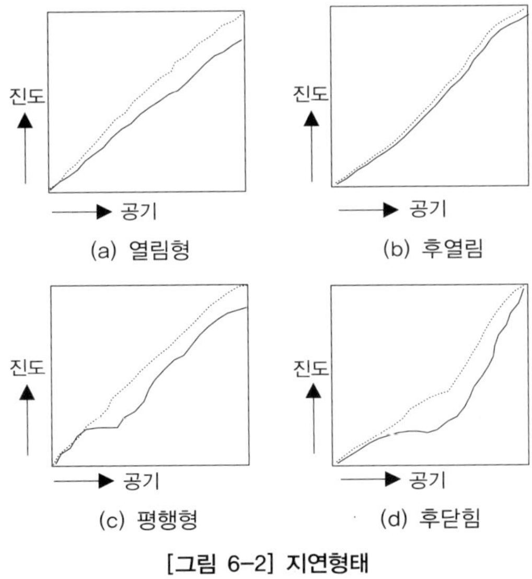

[그림 6-2] 지연형태

② 후열림형

공기의 전반에는 계획대로 진행되어 공사가 지연되지는 않지만 후반으로 갈수록 심하게 지연되는 경우이다. 원인은 앞에서 서술한 열림형의 원인이 후반에 생긴 경우, 즉 자원의 조달이나 관리상 작업의 미비나 지연과 후반에 기후적 요인에 의해 지연되는 경우에 발생한다. 예를 들면, 예정보다 빨리 혹한기가 내습하여 콘크리트공사의 시공이 곤란하게 되는 경우 등이다. 준공기일까지 남은 기간이 적을수록 지연을 만회하기가 매우 어렵다. 준공기일까지의 잔여시간이 적으므로 지연에 대한 회복이 어려우므로 돌관공사나 공기지연이 발생할 수 있다.

③ 평행형

공사의 전체기간에 걸쳐 지연의 폭이 거의 일정하게 유지되는 유형이다. 원인은 공사 초기에 예측하지 못한 상황이 발생하여 초기부터 지연된 것이 만회할 수 없게 된 경우이다. 예로서 공사용지 미확보로 인한 착공 지연이나 지반불량, 지하용수 부족 등에 의하거나 자원계획의 미비 및 작업자의 미숙련 등에 기인한다. 이러한 것을 방지를 위해 공사 초기의 지연일수만큼 준공기간의 지연을 초래할 수 있으므로 공사 전반부에서 만회대책을 완벽하게 수립하여 대응해야 한다.

④ 후닫힘형

전반에 생긴 지연을 서서히 만회하여 준공기일에 맞춘 것으로, 일반적인 건설현장의 형태와 유사하다. 시공자가 단기 내에 공기지연을 만회할 수 없을 경우, 지연을 조금씩 만회하여 준공일까지 점차적으로 만회해 가는 것이다. 이러한 유형으로 공사가 시행되는 이유는 발주처의 자금운용에 맞춰 최소자원투입으로 공사를 시행하여 최대의 효과를 볼 수 있기 때문이다.

3) 공사진도의 허용한계

진도관리의 가장 간단한 방법은 [그림 6-3]에 나타낸 바와 같이 일정 기간마다 검사일을 정하여 그 날짜의 예정진도와 실시진도를 비교하여, 실시가 늦어지면 다음 검사일까지 그 지연을 만회하도록 시공속도를 높이고, 실시가 지나치게 빠르면 시공속도를 늦추어 검사일의 결과를 기초로 시공속도를 조정하는 것이다.

예정진도와 실시진도가 완전히 일치하여 공사가 진행되는 경우는 실제로 거의 없으므로, 검사일을 한 번 걸러 예정과 실시를 거의 일치시키면서 공사를 진행하면 대체로 진도관리가 잘 되고 있다고 볼 수 있다.

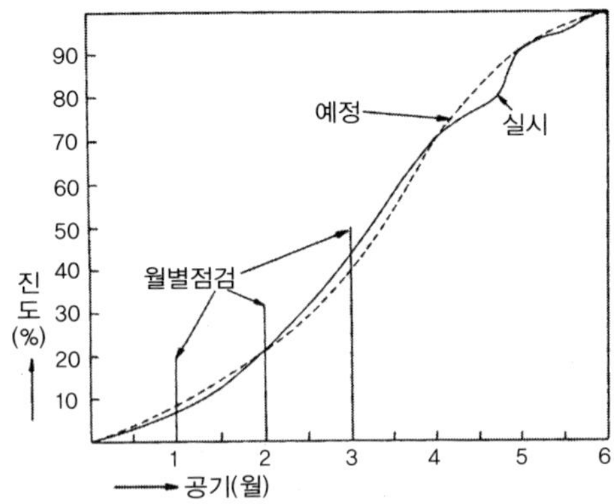

[그림 6-3] 진도곡선

진도곡선은 목표비용 대비 기간의 상관성을 나타내는 현상이 S자 모양을 가지므로 S 곡선이라 하며, 일명 바나나곡선이라 한다. 밀러(Miller)에 의해 제안되었으며 두 개의 Control Point를 이용하게 된다.

일반적으로 공사 초기에는 토공사 등 옥외공사로 예측불가능 상태의 돌출 및 가설준비 등으로 공기가 지연되어 공기단축이 어려운 구간이다. 공사가 중기로 가면서 기성고는 외주 가능한 부분 등으로 공기단축을 가져 올 공종이 많으므로 공기단축이 가능한 단계이다. 공사말기로 가면서 실내공사이지만 마무리 공정 등이 많으므로 공기단축이 불가능하고 기성고가 감소하게 되는 특성이 있다.

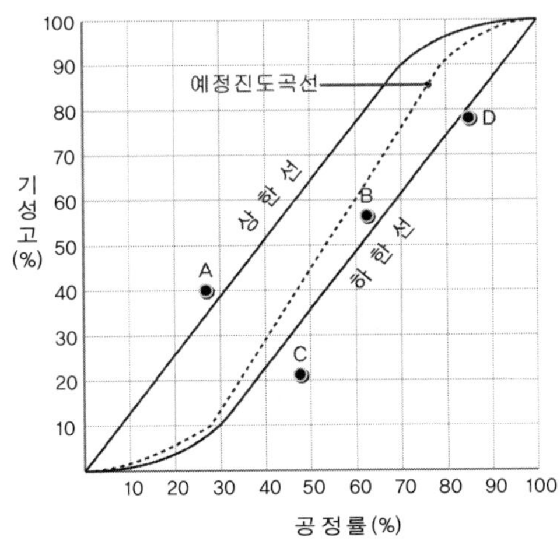

[그림 6-4] 공사진도의 허용한계

공사진도의 허용한계는 공사관리 기본조건인 공기, 품질, 경제성 등을 모두 대체적으로 만족시킬 수 있는 공정의 한계를 의미한다. 실시 진도곡선이 공정관리곡선의 허용한계에 들어가는지의 여부를 검토하고 균등분배가 되도록 초반과 후반의 공정을 합리적으로 조정할 필요가 있다.

실시 진도곡선이 하한허용한계에 접근 시에는 즉시 대책을 수립해야 하며(D), 하한 허용한계를 넘을 경우에는 공정 지연은 불가피하므로 돌관공사의 실시를 위한 가장 경제적이고 근본적인 대책을 검토해야 한다. (C)

실시 진도곡선이 예정 진도곡선을 상회할 경우에는 공기 준수에는 유리하지만 비용 투입이 커지므로 경제적인 공정 진행이 되지 못하게 된다. (A)

이상적인 공정진도관리는 돌관공사가 필요 없는 범위의 하한허용한계와 예정 진도곡선의 사이에 실시 진도곡선이 위치할 경우이다. (B)

어떤 기간의 시공량을 그 기간으로 나눈 것을 시공속도라 하는데, 공사가 일정한 시공속도로 진행하고 있을 때 진도곡선은 일직선을 나타내므로 이때의 시공속도는 그 직선의 구배로 나타낼 수 있다.

진도곡선이 일직선을 나타내는 경우는 드물고, 대체로 S-Curve를 나타낸다.

S-Curve상의 각 점에서 접선을 그으면 그 접선의 구배가 각 점에 대한 시공속도가 된다. 종축에는 전 공사량을, 횡축에는 진도를 백분율로 하여 각 점의 구배를 구한다.

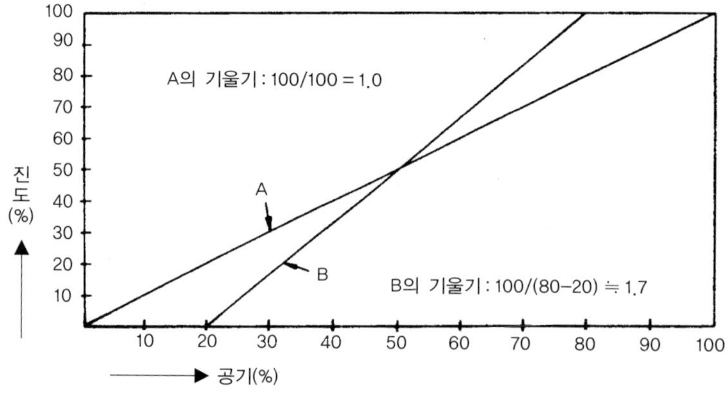

[그림 6-5] 구배표시방법

6.3 진도관리 절차

일반적으로 진도관리는 1, 2, 4주 단위로 진도관리를 시행하게 되며 진도관리 결과 공기지연이 예상될 경우에는 공기조정을 실시한다. 일반적인 진도관리 순서는 다음과 같다.

- 진도 측정일자를 기준으로 하여 계획공정표에 제시된 작업에 대해 완료작업량과 잔여작업량을 조사한다.
- 조사된 작업량을 기준으로 계획공정률과 실행공정률을 비교하며 실행공정률은 작업별 완료된 작업량의 합으로 계산한다.
- 실행공정률로 네트워크를 수정하고 계획공기와 비교하여 지연되고 있는 경로를 확인한다.
- 지연된 경로상의 작업에 대해 LFT를 계산하여 일정을 검토한다.
- 계획공기 이내에 공사를 완료할 수 없는 경우에는 잔여작업에 대해 최소의 비용으로 공기를 단축한다.
- 단축공정표를 작성하여 관리한다.

6.4 진도율 산정방법

건설공사의 진도율 산정방식은 크게 3종류로 나눌 수 있다.[1] 가장 흔하게 사용하는 방식은 "추정 진도측정방법(Estimated Percent Complete Method, EPC Method)"이며 객관적 계량측정방법인 "실 작업량 측정방법(Physical Progress Measurement Method, PPM Method)"과 미국 등 선진국에서 가장 흔하게 도입하고 있는 "달성진도 인정방법(Earned Value Method, EV Method)"이 있다. 3가지 진도율 산정방법은 각각에 대한 특성이 있으므로 사업의 특성과 공종의 종류에 따라 혼합하여 사용하는 경우가 대부분이다.

1) 추정 진도측정방법(Estimated Percent Complete Method, EPCM)

단위 공종이나 Activity별 관리책임자가 작업진행 상태를 파악한 후 주관적 판단에 따라 진도율 혹은 달성도(%)를 부여하는 방법이다.

---

1) An Analysis of the Methods for Measuring Construction Productivity, CII Document #13, H. Randolph Thomas, Jr.

■ 장점

• 진도 측정기준이 극히 단순함

• 진도 산정이 인력과 시간절감 등으로 저렴

• 규모가 비교적 작고 공사기간이 6개월 미만인 경우에 유리

• 단순 반복공사에 유리

■ 단점

• 작업 진도율(%)과 실 작업량(Quantity) 관계가 불균등하고 불일치함.

• 주관적 판단으로 객관성이 결여되어 신뢰도 저하

• 진도율(%) 판정이 개인의 능력에 크게 좌우됨.

• 설계나 작업량 변경 시 수정이 용이하지 못함.

• 담당 책임자의 이동시 기준이 흔들릴 수 있음.

2) 실 작업량 측정방법(Physical Progress Measurement Method, PPMM)

국내 건설공사에서 일반적으로 채택하고 있는 방식으로, 단위 공종이나 액티비티별 총 예상 작업물량 대비 실제 시공이나 설치물량의 비율로써 진척도(%)를 산정하는 방법이다. 건설공사에 소요되는 자재 중에서 대량 자재로서 수량측정을 위한 단위 매김이 가능한 공종에 도입하는 방법이다. 이 방법을 효과적으로 도입 적용하기 위해서는 다음의 조건들이 사전에 조치되어야 한다.

• 단위 공종이 세부적으로 정확하게 정의되어져야 한다.

• 단위 공종에 단일 계량 단위가 부여되어야 하고 물량이 대량이어야 한다.

• 대표 물량 선정이 비교적 정확해야 한다.

■ 장점

• 가장 정밀하고 정확함

• 주관적 요소가 배제된 객관성 확보로 신뢰도 증가

• 사업 수행과 측정 시 객관성 확보로 정확한 평가 가능

■ 단점

• 기준 수립에 시간과 인력 소모

• 적기에 작업물량 정보나 혹은 금액 정보를 확보하기가 어려움

3) 달성진도 인정방법(Earned Value Method, EVM)

단위 작업범위를 측정 가능한 규모로 세분화시켜 작업진행 단계별로 일정한 달성진도값(Earned Value)을 부여하거나 인정함으로써 작업진도를 산정하는 방법이다. 추정 진도 산정방법의 단순성과 편의성, 실 작업량 측정방법의 객관성을 혼합한 방법으로 미국 정부기관인 에너지성(DOE), 국방성(DOD) 및 교통성(DOT)에서 발주하는 주요 건설사업에 적용이 의무화되어 있다.[2)]

작업 단계별로 작업진도의 측정이 기준이 될 달성진도값(Earned Value) 인정이나 부여 수치는 개인이나 기관에 따라 크게 달라질 수 있다. 즉 주관적인 요소를 띨 수 있기 때문에 건설공사 착수 전이나, 특히 초기에 계약 당사자인 발주자와 계약자 사이에 사전협의 확정이 반드시 선행되어야 한다. 또 미확정 상태로 사업을 착수하거나 사업 중간에 기 협의 확정된 수치를 변경하고자 할 때는 그 책임소재에 대한 논쟁을 끊임없이 벌일 수 있는 소지가 있음을 고려해야 한다.

■ 장점

- 추정 진도 측정방법에 비해 훨씬 세부적이고 객관적인 진도 측정 가능
- 정확성에 비해 실 작업량 측정방법보다 개발에 시간과 인력이 덜 소모됨

■ 단점

- 계약자별 혹은 발주기관에 따라 작업 단계별로 달성진도값 인정방법이 상이할 수 있다.
- 단위 사업에서 계약 당사자인 발주자와 계약자 사이에 이견이 발생할 수 있다.
- 단위 Activity가 지나치게 세분화 될 수 있다.

---

2) Earned Value Project Management, P13, Quentin W. Fleming

CHAPTER 07

공정·공사비 통합관리(EVM)

1 EVM의 정의

1.1 개요

현재 건설현장의 공사관리는 공정관리와 원가관리가 분리 운영됨에 따라 실행예산은 원가투입과 실행대비 실적 비교에 그치고 있다. 이러한 현실로 인하여 향후의 공사비에 대한 예측이 곤란하며, 원가관리의 전산화에 대한 통합관리도 어려운 상황이다.

대부분의 건설회사들은 실행 물량을 기준으로 한 원가관리보다는 보할에 의한 개략적인 원가관리를 시행하고 있다. 실행예산내역과 도급내역의 불일치 및 실행예산과 공정관리 액티비티의 불일치로 다른 기능들 간의 원활한 자료 공유가 이루어지기 어려우며, 건설정보 통합관리 시스템(CIC : Computer Integrated Construction)과 같은 건설정보 통합화 전산화 작업에 많은 어려움이 있다.

공정과 공사비를 통합관리하는 EVM은 프로젝트를 구성하는 작업, 비용, 일정을 통합함으로써 주기적으로 사전분석과 예측이 가능하며, 공기지연과 예산초과 등 불확실한 요인을 사전에 발굴하여 문제해결을 위한 실마리를 제공한다.

공정과 공사비에 대한 통합관리의 필요성을 위하여 다음의 작업에 대한 진도율에 대한 예제를 들어본다.

문제 1

어느 설계사무소에서 작성해야 할 도면이 100장이며, 예산은 1장을 그리는데 10,000원씩 하여 1,000,000원이 책정되었다. 예상되는 작업량이 하루에 5장의 도면을 작성한다고 가정하였다.

10일째 진도관리를 해보니, 계획상으로는 실적이 5장×10일 = 50장이 예상된다. 그러나 실제 투입된 비용은 550,000원이었으며, 실제 작성된 도면은 40장이 완성되었다. 진도율은 어떻게 되는가?

[풀이] ………………………………………………………………………………

이 경우 진도율을 산정하여 보면

- 비용 측면의 진도율 : 550,000 / 1,000,000원×100 = 55 %
- 작업 측면의 진도율 : 40 / 100장×100 = 40 %

진도율 측면에서도 비용과 작업 중 어느 것을 기준으로 하느냐에 따라 차이가 있을 수 있다. 또한 향후 100장의 도면의 작성이 완료될 시점에서의 투입되는 예상 비용과 예상 완료기간 등에 대한 예측이 필요하다.

1.2 EVM의 발전 배경

1950년대 초 미국 국방성은 경제적 인플레이션과 기술적인 복잡성의 증대, 일정 지연, 방위산업 부문의 불확실성 증대와 같은 프로젝트 환경의 변화에 직면하여 비용의 통제와 계약의 지도관리에 대한 개선 필요성을 느끼고 있었다. 이러한 시기에 등장한 것이 PERT와 CPM이며 PERT/CPM은 초기에 주로 시간 측면을 강조하였으나 1963년 프로젝트 비용에 대한 예산편성, 통제, 보고능력이 포함된 PERT-COST가 개발되고 여기에 EV개념이 추가되면서 이후 개발되는 모든 실적측정 시스템의 기본이 되었다.

1967년 미국 국방성은 선택된 조달물자에 대한 공정 진척도를 측정하기 위하여 DODI 7000.2 규칙인 씨스팩(C-Spec)을 제정하였다. 씨스팩(C/SCSC : Cost and Schedule Control System Criteria)은 건설공사와 같은 프로젝트의 원가집행 현황을 관리하기 위한 절차를 의미한다,

또한 씨스팩은 Earned Value의 개념을 바탕으로 프로젝트 분류체계와 CPM을 근간

으로 하며, 자료분석(Data Analysis), 분산(Variance), 지수(Index)관련 용어로 구분하고 있다. 1980년대 들어 미 에너지성, 우주항공국, 교통성에서 적용하게 되며, 1998년 미국 예산관리처에서 모든 사업에 EVMS를 적용하도록 규정함으로써 활용이 확대되었다.

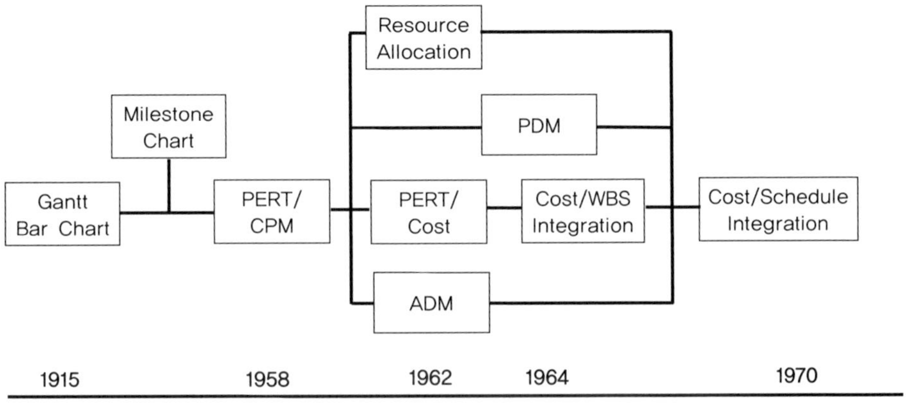

[그림 7-1] 공정관리기법의 변천

1.3 EVM의 개념

1967년 미국 국방성의 프로젝트 성과 측정을 위해 C/SCSC(Cost and Schedule Control Ssystem Criteria)를 개발 운영하면서 35개 Criteria를 32개로 줄이고, 다양한 관리기준을 민간사업에 맞도록 단순화한 개념이 EVM(Earned Value Management)이다. EV(Earned value)는 실행기성으로, 어떠한 노력을 통해 획득된 가치를 말하는 것으로 사업의 특정 시점에서 실제 수행된 작업량 또는 진도율과 유사한 개념으로 이를 관리하는 기법을 EVM이라 한다.

미국 프로젝트관리협회인 PMI의 PMBOK에서는 EVM을 "프로젝트의 시작에서 종료시점까지 프로젝트의 범위, 일정, 자원을 통합하여 프로젝트의 성과를 측정하고 보고하는데 이용되는 기법"으로 정의하고 있다. 또한 미국 국방부(DoD)에서는 "진도를 객관적으로 측정하기 위하여 달성진도값(Earned Value)를 이용하는 통합된 관리시스템"으로 정의하고 있다.

EVM은 건설프로젝트의 계획대비 성과측정기법으로 프로젝트의 비용, 일정, 수행 목표의 기준 선정 및 실제 진도측정을 위한 "성과 위주의 관리체계"를 의미한다. 또한 EVM은 사업비용 및 일정의 계획대비 실적을 통합된 기준으로 관리함으로써 이에 따라 작업계획과 대비하여 실제의 작업상황을 지속적으로 측정하여 최종 사업비용 및 예산 증액 등을 미리 예측하고 공정 전체를 효율적으로 관리하는 시스템이다.

공정관리와 공사비관리를 통합 관리하는 EVM을 활용하는 목적은 다음과 같다.

- 공사 관리의 통합화를 통한 최적화
- 시간(공기)과 비용(원가)의 통합화
- 전산화를 통한 시간, 노력의 최소화
- 최적공기와 시공속도 관리
- 투입 및 지출의 비교분석 가능
- 향후 공사 진척에 따른 향후 예측이 가능

EVM 활용에 따른 기대효과는 다음과 같다.

- 단일화된 관리기법의 활용을 통한 공사관리의 정확성, 일관성 유지
- 일정, 비용, 업무범위의 통합된 성과 측정
- 축적된 실적자료의 활용을 통한 프로젝트 성과 예측
- 사업비의 효율적 관리
- 예상공정과 실제 작업공정의 비교관리
- 비용지수를 활용한 프로젝트 총사업비의 예측관리
- 비용지수와 일정지수를 함께 고려한 총사업비의 예측과 통계적 관리
- 잔여 사업관리의 체계적 목표 설정
- 계획된 사업비 목표 달성을 위한 주간, 정기적 비용관리
- 중점관리 항목의 설정과 조치

2 EVM이론 및 적용

2.1 EVM관련 용어

1) 자료분석 관련 용어

EVM기법을 구성하는 요소는 프로젝트 성과 측정의 기준설정을 위한 계획요소, 성과측정 및 경영분석을 위한 측정요소, 분석요소로 구분할 수 있으며 관련된 용어는 다음과 같다.

(1) 실행예산(BCWS, PV)

실행예산은 BCWS(Budgeted Cost of Work Scheduled) 또는 PV(Planned Value)로 표현된다. 특정기간 동안 수행하기로 계획된 일의 양이나, 이 일의 양에 할당된 예산으로 공사 진도를 측정하기 위한 기본지표이며, 금액이나 물량으로 표시할 수 있다.

실행예산인 BCWS 또는 PV는 공사관리의 기준인 S커브(Baseline)라고도 하며, 공사착수 전 승인된 공정표를 바탕으로 산출된다. 공정표상에 주어진 현재 시점을 기준으로 완료된 작업항목이나 진행 중인 작업항목들의 실행금액이다.

실행예산(BCWS, PV) = 실행물량 × 실행단가

(2) 실행기성(BCWP, EV)

실행기성은 BCWP(Budgeted Cost of Work Performed) 또는 EV(Earned Value)로 표현된다. 실행기성은 어느 기간 동안에 실제 수행되거나 완료된 일의 양이나 이 일의 양에 할당된 예산으로 실제 측정된 공사의 진도를 의미한다. 또한 승인된 총예산 중 실제 수행된 활동의 예산비율을 나타낸다. 실행기성은 공사에 투입된 실제 물량에 실행단가를 곱하여 얻어진다.

실행기성(BCWP, EV) = 실투입 물량 × 실행단가

(3) 실투입 비용(ACWP : Actual Cost of Work Performed)

실투입 비용은 ACWP 또는 AC(Actual Cost)로 표현된다. 특정 기간 동안 수행된 활동에 소요된 직 · 간접 비용을 의미하며, 공사수행에 투입된 실제 물량에 실투입 단가를 곱하여 산정한다.

실투입 비용(ACWP, AC) = 실투입 물량 × 실투입 단가

(4) 총실행예산(BAC : Budget at Completion)

총실행예산은 BAC로 표현하며 프로젝트의 시작단계에서 승인된 전체 물량에 대한 예산의 총합계를 의미한다. 즉 각 작업항목들의 실행예산의 합계이며 공사관리의 기준이 된다.

(5) 변경실행예산(EAC : Estimated at Completion)

변경실행예산은 EAC로 표현된다. 변경실행예산은 프로젝트를 시작하여 현재까지 작업을 수행한 실적에 근거하여 현재 시점에서 추정한 프로젝트 완료시까지 예상되는 투입비용

을 의미한다. 즉 변경실행예산은 현재까지 완료된 작업항목들의 수행물량을 실투입 단가와 곱하여 산출한 실투입비에 잔여작업 항목들의 잔여물량을 예측단가와 곱하여 산출한 예측원가를 합산한 금액이다.

변경실행예산(EAC) = (실투입 비용 / 실행기성) × 총실행예산
= (ACWP / BCWP) × BAC
= 총실행예산 / 원가수행지수
= BAC / CPI

(6) 실행예산 차이(VAC : Variance At Completion)

변경실행예산 EAC와 당초 설정된 총실행예산 BAC와의 차이를 의미한다.

실행예산차이(VAC) = 변경실행예산 – 총실행예산
= EAC – BAC

2) 분산관련 용어

(1) 원가차이(CV : Cost Variance)

원가차이 CV는 실행기성(BCWP)을 근거로 실투입 비용(ACWP)이 원가범위 내에 있는지 원가범위를 초과했는지를 구분하는 척도로 작업의 효율성을 나타내는 지수이다.

원가 차이(CV) = 실행기성 – 실투입 비용
= BCWP – ACWP
= EV – AC

- CV > 0 (+) : 실제 투입된 비용보다 작업의 성과가 크다는 의미로 원가미달
- CV < 0 (–) : 투입된 비용에 비해 작업의 성과가 적은 것으로 원가를 초과하는 것으로 이에 대한 원인규명이 반드시 필요(–)
- CV = 0 : 투입 원가대비 작업의 성과가 일치

(2) 공기차이(SV : Schedule Variance)

공기차이 SV는 건설공사가 공정계획보다 앞서 있는지를 구분하는 척도로 계획대비 공정의 진척도를 측정하기 위한 지수이다.

공기차이(SV) = 실행기성 – 실행예산

= BCWP − BCWS

= EV − PV

- SV > 0 (+) : 실행예산보다 작업의 성과가 큰 것을 의미하며, 작업의 진도가 계획보다 앞서 있음
- SV < 0 (−) : 작업의 진도가 계획보다 지연되고 있음
- SV = 0 : 계획대비 작업의 진도가 일치

3) 지수관련 용어

(1) 원가수행지수(CPI : Cost Performance Index)

원가수행지수는 CPI로 표현되며, 수행된 작업의 비용 측면에서의 효율성을 측정하기 위한 지수로, 실행기성(BCWP)을 기준으로 공사완료된 부분이 이미 산정된 예산을 초과했는지 여부를 나타내는 공사수행의 척도이다. 누계 실행기성을 누계 실투입비용으로 나누어 산출한다.

원가차이(CV)가 현재까지 공사 진척도에 대한 정보를 절대적인 금액으로 나타내는 반면에 원가수행지수(CPI)는 상대적인 지수로 나타낸다.

원가수행지수(CPI) = 실행기성 / 실투입 비용

= BCWP / ACWP

= EV / AC

- CPI > 1 : 원가절감
- CPI < 1 : 원가초과
- CPI = 1 : 원가일치

예를 들어, 원가수행지수 CPI가 0.9라면 이는 실제로 100을 투입하고 기성으로 90을 받은 것으로 바람직하지 않은 경우가 된다.

(2) 공기수행지수(SPI : Schedule Performance Index)

공기수행지수는 SPI로 표현되며, 실행기성을 기준으로 공정이 계획보다 앞서 있는지 아니면 뒤쳐져 있는지를 판단하는 척도이다. 완료된 공정관리의 효율성을 나타내며, 누계 실행기성을 실행예산으로 나누어 산출한다.

$$공기수행지수(SPI) = 실행기성 / 실행예산$$
$$= BCWP / BCWS$$
$$= EV / PV$$

- SPI > 1 : 작업의 진도가 계획보다 앞서 있음
- SPI < 1 : 작업의 진도가 계획보다 지연되고 있음
- SPI = 1 : 계획대비 작업의 진도가 일치

예를 들어, 공기수행지수 SPI가 1.1이라면 이는 기준시점에서 100만큼의 작업이 수행되어야 하는데 실제로는 110만큼을 수행한 것이므로 바람직한 경우가 된다.

[표 7-1] EVM관련 구성요소

구 분	용 어	국문 용어	표현식
자료분석 관련	BCWS, PV	실행예산	실행물량 × 실행단가
	BCWP, EV	실행기성	실투입물량 × 실행단가
	ACWP, AC	실투입 비용	실투입물량 × 실투입단가
	BAC	총실행예산	
	EAC	변경실행예산	(실투입비용 / 실행기성) × 총실행예산 = (ACWP / BCWP) × BAC = 실행예산 / 원가수행지수 = BAC / CPI
분산관련	CV	원가차이	실행기성 – 실투입 비용 = BCWP – ACWP = EV – AC
	SV	공기차이	실행기성 – 실행예산 = BCWP – BCWS = EV – PV
지수관련	CPI	원가수행지수	실행기성 / 실투입 비용 = BCWP / ACWP = EV / AC
	SPI	공기수행지수	실행기성 / 실행예산 = BCWP / BCWS = EV / PV

EVM 의 각종 지수 및 분산지수를 하나의 그래프로 표현하면 다음 그림과 같다.

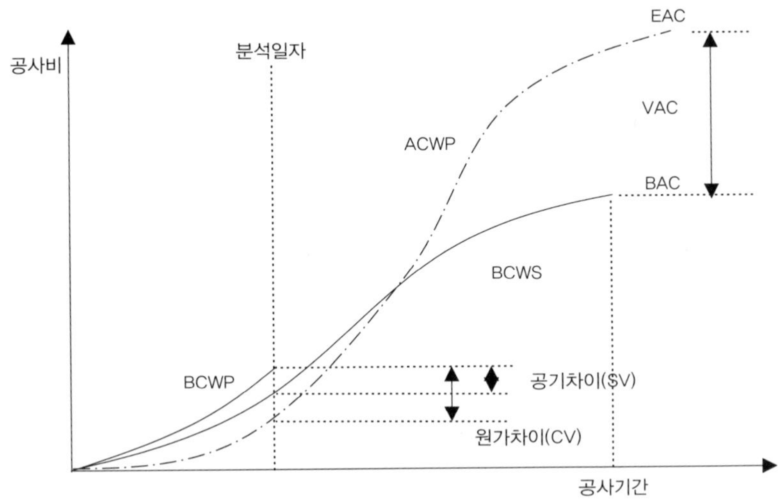

[그림 7-2] EVM 그래프

2.2 EVM의 적용

[그림 7-3]과 같이 세로축에는 지수를 나타내고 가로축에는 시간을 표시하여 공사의 진행에 따라 원가수행지수와 공기수행지수를 1을 기준으로 월별로 표시함으로써 작업의 진행상황을 한눈에 일목요연하게 파악할 수 있다.

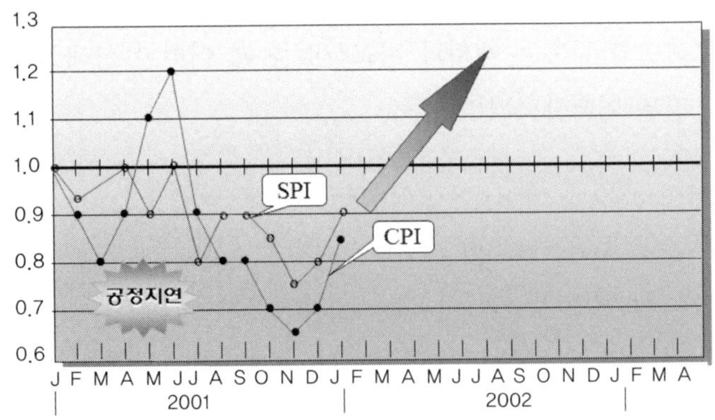

[그림 7-3] 원가수행지수와 공기수행지수의 트렌드 분석

또 다른 표현방법은 가로축에는 원가수행지수인 CPI를 표시하고 세로축에는 공기수행지수 SPI를 표시하여 각각 1을 기준으로 하여 4개의 사분면으로 분할한다. 공사의 진행상황을 월별로 SPI와 CPI의 수치를 이용하여 표시함으로써 전체적인 공사의 진행상황을 파악할 수 있다.

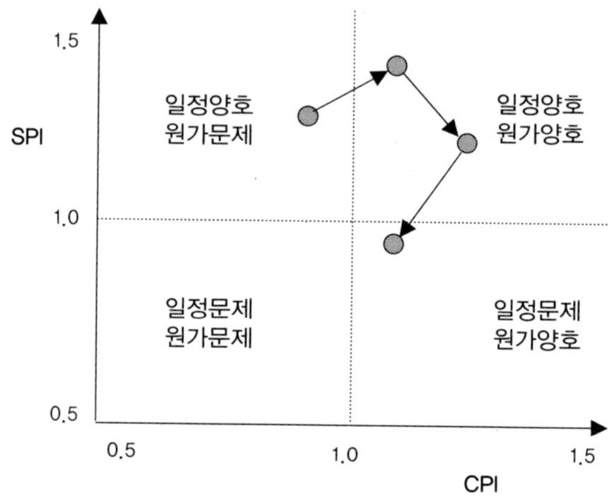

[그림 7-4] 원가수행지수/공기수행지수 도표

문제 1

A 프로젝트의 공정보고서에서 요약한 지표는 다음과 같다.

BCWP = 350 ACWP = 400 BCWS = 325

① CV, SV, CPI, SPI를 구하시오.

② 이 프로젝트의 진도는 계획과 비교하였을 때 어떠한 상태인가? 예산과 비교했을 경우 어떠한 상황인가?

[풀이]

① CV = BCWP − ACWP = 350 − 400 = − 50

SV = BCWP − BCWS = 350 − 325 = 25

CPI = BCWP / ACWP = 350 / 400 = 0.875

SPI = BCWP / BCWS = 350 / 325 = 1.08

② CPI는 1보다 작고, SPI는 1보다 크므로 비용은 예산을 초과하고 있고 작업진도는 계획보다 앞서 진행이 되고 있다.

문제 2

그림과 같은 가설펜스를 설치하는 프로젝트에 대하여 다음 문제에 답하시오. 펜스는 4면으로 구성되어 있고, 각 면은 각각 1일의 작업이 예상되고, 각 면당 10,000원의 예산이 책정되었다. 금일은 3일차 작업이 완료된 시점이다.

작업면	1일차	2일차	3일차	4일차	3일차 작업현황
1	———				완료, 10,000원 지출
2		———			완료, 12,000원 지출
3			———		50% 완료, 6,000원 지출
4				———	작업 미착수

① BCWS ② BCWP ③ ACWP ④ BAC ⑤ CV
⑥ CPI ⑦ SV ⑧ SPI ⑨ EAC

[풀이]

① BCWS : 10,000 × 3 = 30,000원

② BCWP : 10,000 + 10,000 + 5,000 = 25,000원

③ ACWP : 10,000 + 12,000 + 6,000 = 28,000원

④ BAC : 10,000 × 4 = 40,000원

⑤ CV : 25,000 − 28,000 = −3,000원

⑥ CPI : 25,000 / 28,000 = 0.893 (공사비 초과상태)

⑦ SV : 25,000 − 30,000 = −5,000원

⑧ SPI : 25,000 / 30,000 = 0.833 (작업진도 지연상태)

⑨ EAC : BAC / CPI = 40,000 / 0.893 = 44,793원

건축공정관리 _ 建築工程管理

CHAPTER 08

건축공정관리 실무

1 공정관리의 개요

건설공사에서 공정계획은 공사를 완성하는데 필요한 여러 작업에 대하여 현장에서 실제로 수행되는 순서와 일정을 설정하는 작업계획이다. 그러므로 공정계획은 필요한 작업에 대하여 시공방법에 따라 설정되는 이들 작업의 상호관계를 시각적으로 알기 쉬운 형식으로 나타낼 수 있어야 한다. 공정계획은 현장경험이 풍부한 사람에게는 특별히 어려운 일이 아니겠지만, 연관되는 작업을 보면 다양한 제약조건이 따르기도 하고 서로 복잡한 관련성을 가지고 있으며, 노무 · 자재 · 장비 등의 동원 한도가 작업 실시에 제약을 주는 경우에는 매우 어렵게 된다.

공사도급계약에서는 시공자에게 공사가 준공되어야 하는 시한을 부과하고 있으며 이것이 주어진 공사기간이 된다. 경우에 따라서는 1개 공사의 어느 부분 또는 어느 단계 작업이 지시된 시점까지 완공되어야 한다는 이정표(Milestones)로서 중간관리일이 명시되어 있다.

시공자가 계약에 명시된 공기 내에 공사를 시공하지 못하면 계약위반이 되며, 시공자는 이 경우에 발주자에게 정해진 지체보상금을 위약금으로 지불해야 한다. 시공자가 공사를 공기 내에 준공하는 것은 시공회사의 신용평가에 영향을 미치므로 무형자산이라 할 수 있다. 또한 공사비 중 간접비가 시간에 정비례해서 변동한다고 보면, 조기공사 준공은 간접비의 상당한 절감을 의미하며, 공사에 종사하는 노무와 장비를 다른 공사에 전용할 수 있게 되므로 공사의 조기준공은 공사관리에 있어서 중요한 목표가 된다.

공정계획은 공사관리 체계에서 가장 중요한 업무기능이므로 시공자는 공정계획을 작성함에 있어 작업조건을 상세하게 검토하고, 요소작업을 진행해 가는 방법과 순서를 결정하며, 그 결과를 공사공정표로 나타내고 개개 작업활동의 일정을 분석해서 결정해야 한다.

공정계획의 수립과 관리업무에 대한 전체 흐름도는 다음의 그림과 같다.

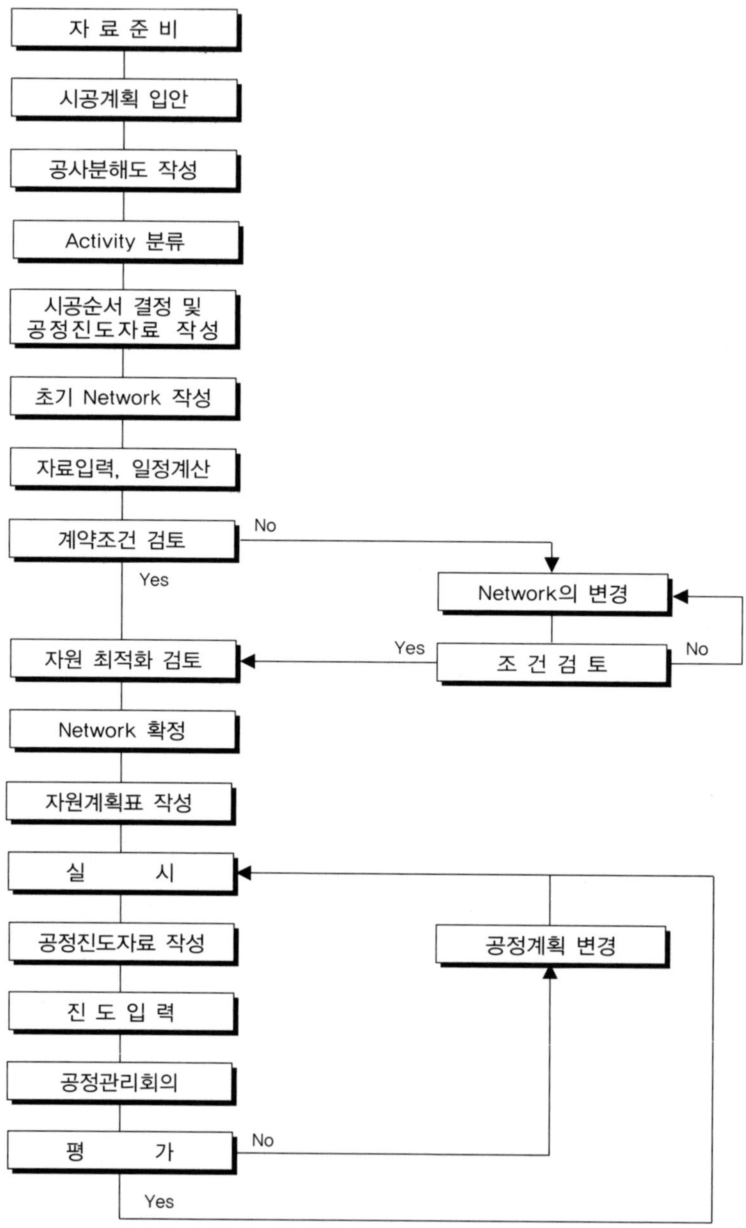

[그림 8-1] 공정계획 및 관리업무의 흐름도

2 시공계획의 수립

2.1 시공계획의 종류

시공계획의 목적은 시공에 관한 기본적인 방침을 정하는 것이다. 시공계획은 사용목적에 따라 기본계획과 실시계획의 2가지로 나눌 수 있고 종합시공계획과 공종별 시공계획으로도 구분된다.

기본계획은 공사착공 전 공사 전체를 파악하면서 공사의 시공방법을 정하는 것으로 견적 시 첨부자료 또는 입찰 시 제출용 및 현장 설명회 등에 사용된다. 가급적 기본계획도 구체적이고 세부적인 검토가 필요하지만 시간적 제약으로 충분한 검토는 어렵다.

일반적인 기본계획의 내용은 다음과 같다.

- 공사개요
- 요약공정계획
- 종합가설계획
- 주요 공법 및 선정사유
- 주요 문제점 및 대책

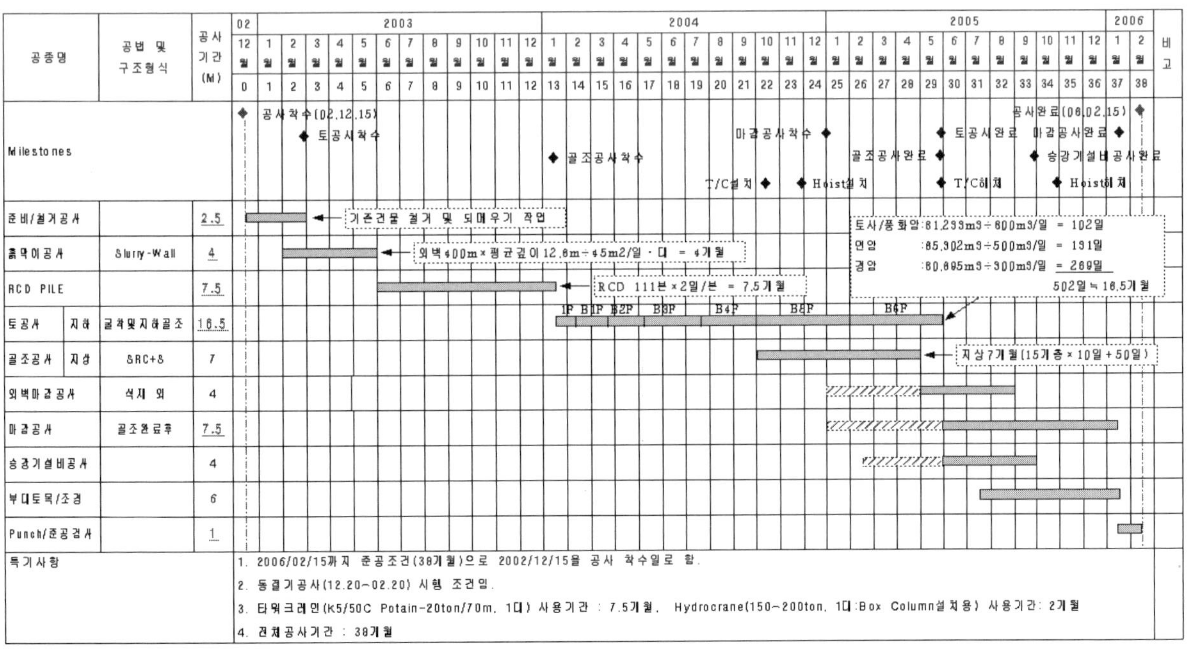

[그림 8-2] 요약공정표의 예

실시계획이란 공사의 시공방법을 보다 구체적으로 세부까지 검토하는 것이다. 공사의 원활한 진행을 위한 상세공정표 및 자재, 인력, 장비, 가설계획 작성하는 것으로 구체적인 대책이 필요하며 충분한 시간을 가지고 작성한다. 부지현황조사, 일반가설계획, 지하공사계획, 구체공사계획, 마감공사계획의 범위로 나눌 수 있다.

① **부지현황조사** : 부지측량도, 장애물 조사도, 매설물 조사도, 부지주위 상황도

② 일반가설계획

- 종합가설계획 : 가설건물의 규모나 사양, 가설설비배관, 동선계획
- 가설펜스계획 : 설치위치, 사용자재 등의 사양, 문, 출입구의 위치, 임대지 등을 표시
- 공사용 동력설비계획 : 인입위치, 간선계획 등 표현, 동력공정 소요 전력량, 계약전력 등을 기입
- 공사용 급배수설비계획 : 급수, 배수의 위치 등을 표현
- 가설건물계획 : 가설물의 규모, 배치, Layout, 사양 등을 표현

③ 지하공사계획

- 항타공사계획 : 공사방법, 순서, 시공기계, 부대설비 배치 등을 표현, 지반상황 표시
- 굴착공사계획 : 굴삭기의 배치, 기종, 굴착순서
- 흙막이공사계획 : 흙막이벽, 버팀대의 배치, 부재단면, 주변의 영향 대책
- 차량구대계획 : 차량구대의 배치, 평 · 단면의 조립도
- 배수계획 : 배수설비의 배치, 상세도

④ 골조공사계획

- 철골세우기계획 : 양중기 종류, 배치, 작업동선, 철골세우기 방법 및 순서
- 콘크리트 타설계획 : Pump Car의 배치/사양, 배관, 레미콘의 동선
- 형틀공사계획 : 형틀 지보공의 설치, 전용계획
- 양중설비계획 : 양중설비의 기종, 배치, 설치방법
- 외부비계계획 : 비계배치, 사양, 낙하물방지망, 보도 방호구대

⑤ 마감공사계획

- 마감발판계획
- 자재양중계획 : 양중기 종류, 배치, Stock Yard의 위치, 자재의 운반경로

⑥ 설비공사계획

- 장비반입, 설치계획 : 설비용 장비 등의 반입, 설치방법

2.2 시공계획의 표현방법

시공계획의 표현방법은 공정표, 시공계획서 및 시공요령서 등이 있다. 전체 공사를 예정공기 내에 완료하기 위해서는 각 작업을 어떤 순서로, 각각 언제까지 완료하지 않으면 안 되는지를 표시한 공정표가 있고, 시공계획을 도면으로 표시한 시공계획도가 있다. 시공계획서에는 가설, 장비, 자재, 인력투입계획 및 시공순서에 대한 내용이 포함된다. 시공요령서는 각 공사의 시공계획을 충분히 파악한 후 문장으로 설명하며 문장으로 곤란한 부분은 그림 및 도면 등으로 보충설명이 된다.

도면의 기능을 크게 구분하면 "사고고정의 수단"과 "의사전달의 수단"으로 분할되며 이러한 관점으로 시공계획도의 기능을 분류하면 다음과 같다.

① 사고고정의 수단

② 기본계획의 경우

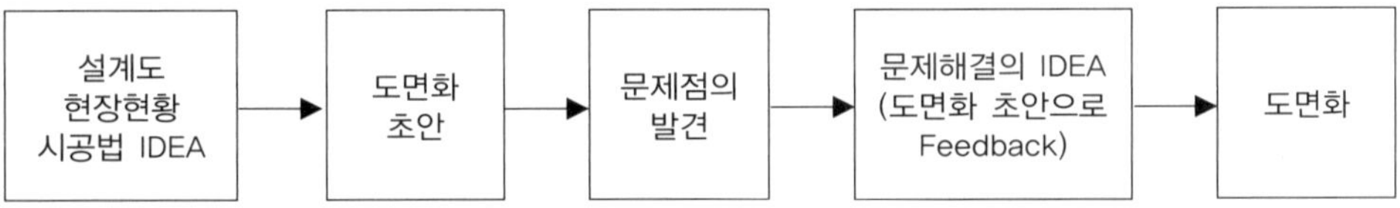

③ 상세계획의 경우

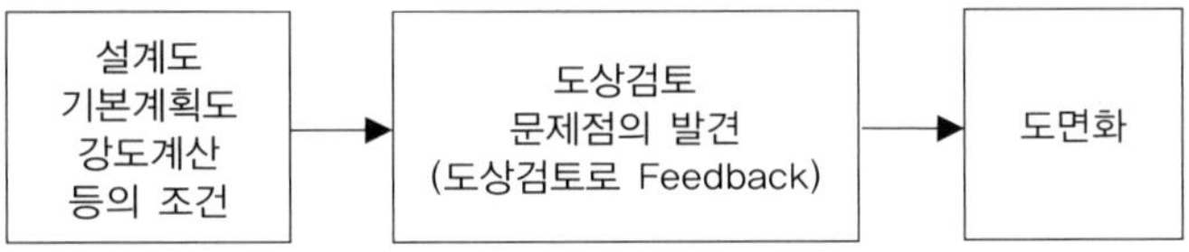

④ 의사전달의 수단

- 발주자로서의 의사전달 : 시공법의 설명, 시공법의 승인
- 건설회사로서의 의사전달 : 상호의 이해, 공사비 산출, 인원 / 자재 / 장비계획
- 협력회사로서의 의사전달 : 계약의 조건, 시공방법의 설명, 작업자 지시
- 기타 의사전달 : 대 관청 허가서류, 대민 현장설명

2.3 시공계획의 순서

시공계획은 안전시공의 확보와 공사현장 주변의 환경과 조화의 유지를 전제로 품질, 공정, 경제성의 3조건을 만족하도록 공사를 수행하는 방침과 방법을 계획하는 것이다.

시공계획의 내용과 입안순서는 다음과 같이 4가지 단계로 분류된다.

1) 사전조사

시공계획은 입안하기에 앞서 계약조건, 현장조건 등을 충분히 검토하기 위해 사전조사를 행한다.

2) 기본계획

사전조사의 결과를 근거로 하여 주요 공종의 시공법, 개략 공정, 시공의 안전성, 환경에 대한 영향 등을 비교 · 검토하고, 그 결과 가장 경제적인 것을 상세히 검토하여 선정한다. 이러한 일련의 순서가 기본계획의 작업이다.

3) 상세계획

상기의 순서에 따라 선정된 시공법과 함께 조달계획, 가설공사계획을 포함하여 각 공종마다 상세한 검토와 조정을 행한 뒤, 실현 가능한 구체적인 시공계획을 결정한다. 이들의 순서를 총칭하여 상세계획의 작성이라 한다.

만약 상세계획의 검토 결과 미흡한 점이 있다면 기본계획 단계로 되돌아가 재검토할 필요가 있다.

4) 관리계획

이상과 같이 사전조사, 기본계획, 상세계획의 과정을 통해 입안된 계획을 시공 측면에서 확실하게 실행하기 위해서는 현장조직, 자재수급, 안전계획, 통제계획 등 공사관리를 위한 모든 계획을 작성해 둘 필요가 있다. 이들을 총칭하여 관리계획이라 한다. 참고로 앞서 예로 든 시공계획의 작성순서는 설명을 위해 모델화한 것이며, 각 단계에 명확한 선을 그으려고 한 것은 아니다. 또한 각각 독립된 형태의 완성된 것이 아니라 상호 중복되기도 하고 피드백(Feedback)을 반복하여 작업이 진행되고 최종적으로 시공계획이 완성된다.

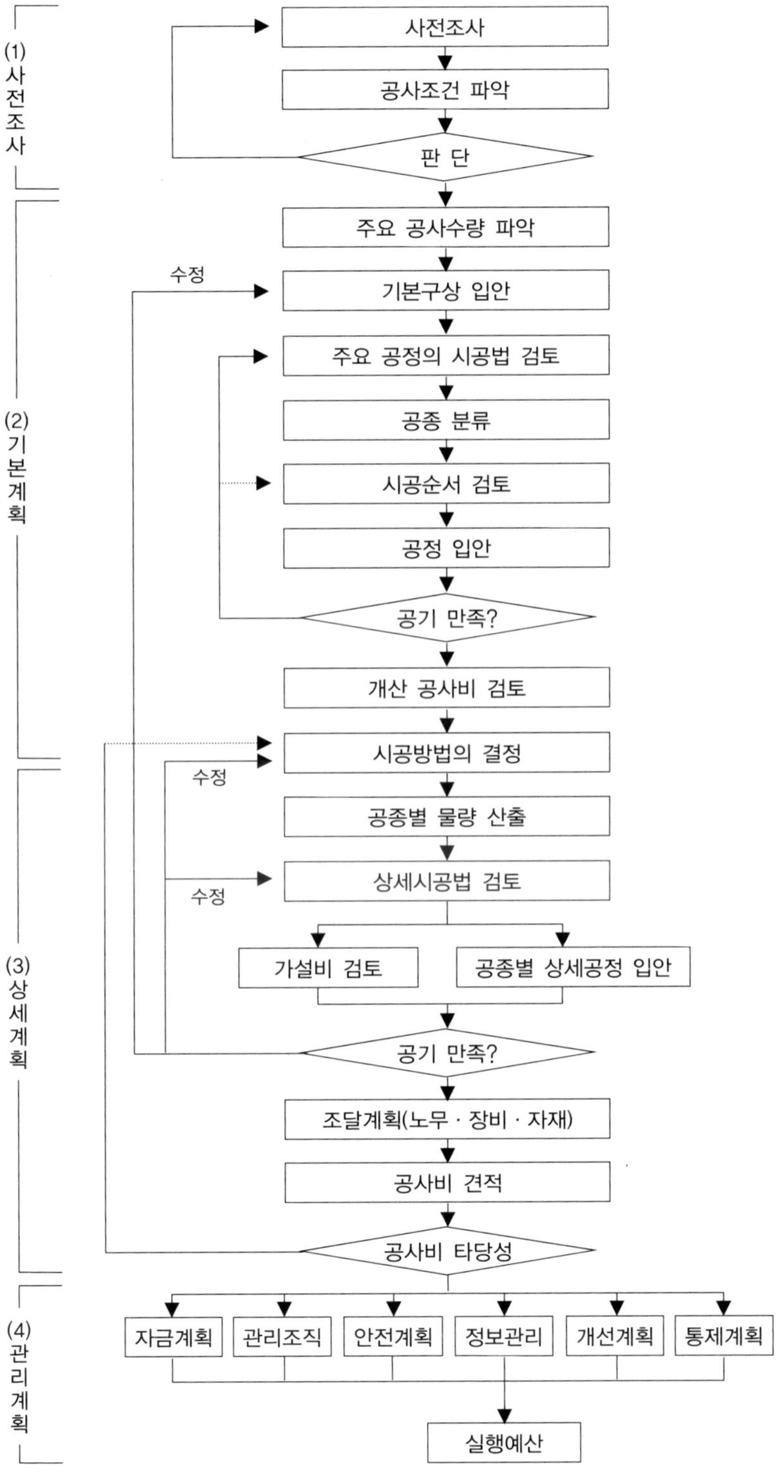

[그림 8-3] 시공계획의 내용과 순서

2.4 자료준비

공정관리담당자, 현장담당자, 관리자들은 공사계획과 시방에 관련된 다음 자료를 검토하고 숙지하여야 한다.

(1) 시공조건 파악

① 설계도서(설계계획, 시방서, 물량 산출근거)

- 설계도면 : 전체적으로 도면을 이해하고 마감의 종류 및 주요 접점의 상세를 파악하여 공사순서를 염두에 둔다.
- 시방서 : 전체를 숙독하여 공기 산정에 감안해야 할 사항과 Engineering작업 및 자재 반입에 문제가 되는 항목을 점검
- 물량 산출근거 : 층별, 기간대별 또는 장소별로 물량을 배분
- 도급계약서 : 제출하여야 할 공정관련 보고서의 종류 및 시기 파악

② 시공장소의 입지조건 조사

- 지형, 지질, 기상조건, 도로사정, 민원발생 가능성

③ 투입 기능공의 생산성 및 작업 능률

④ 기능공 및 자재조달계획

(2) 발주처, 감리자 등 공사 관계자와의 회의자료 조사

(3) 과거 유사 공사에 대한 자료 조사

(4) 기타

① 부분준공 여부 및 일시, 해당 공종 및 지역

② 미계약분과 계약 공사분과의 관계

③ 양중장비의 종류 및 설치위치

④ 자재의 수급동향

2.5 공사구간 분할

각 부분공사를 적절한 공사구간으로 분할하는데, 목적은 공사의 순서를 정하는 것이다. 공사구간은 그 공사 인원계획의 기초가 된다. 이 공사구간 분할에는 중요한 포인트가 있다.

- 끊임없이 진행되는 동일한 작업단위가 되도록 한다.
- 다음 부분공사가 원활하게 추진되며 작업중단이 없도록 한다.
- 한 공사구간의 시공물량이 적정한 크기가 되도록 분할한다.

이와 같은 공사구간 분할에 대한 예를 구체적으로 들면 다음과 같다.

- 흙막이공사의 경우는 1대의 T4장비 등이 어느 범위를 시공하면 다음 공사에 착수할 수 있는가?
- 굴착공사의 경우는 1대의 굴삭기가 어느 범위를 파면 다음 공사를 착수할 수 있는가?
- 철근콘크리트공사의 경우는 하루의 콘크리트 타설량이 적절하게 되는 것은 어느 범위인가?
- 철골공사의 경우는 어느 정도 범위를 한 번에 설치할 것인가?
- 마감공사의 경우는 설비배관의 주 경로가 어디에 있고, 어디부터 진행할 것인가?
- 마감사양이 다른 곳은 어느 부분인가?
- 마감공사 작업반 편성과 그 최적 분담면적을 어느 정도로 할 것인가?

공사구간 분할을 잘하기 위해서는 공사에서 가장 서두르고 있는 부분이 어디인지를 파악하여 그 공사범위가 빨리 진척될 수 있도록 하는 것이 중요하다. 예를 들면, 내부마감공사의 경우 설비배관의 주경로를 어디에서 진행할 것인가가 기본이 되므로 최초의 공사구간 분할은 설비로 하고 그 후 건축에 따라 공사구간 분할이 적절한지 여부를 판단하는 것이 중요하다.

공사구간 분할에는 각 부분공사의 시공물량 파악이 필요하다. 그렇지 않으면 공사구간을 분할하더라도 그것이 적절한 공사구간으로 분할되어 있는가를 알 수 없다.

공사구간 분할 시에는 다음과 같은 사항에 유의하여 작성한다.

- Activity가 기능상 단일화 되도록 작성할 것
- 시공 및 감리 시 책임소재가 분명하고 단일화 될 수 있도록 할 것

• 공기설정이 용이하도록 할 것
• 공기는 3 ~ 20일 정도가 적당
• 자원, 투자액, 기성고 등의 자료 입력이 가능하도록 분할할 것

이러한 공사구간 분할 실행한 것을 도면에 남긴다. 이러한 도면을 "공사구간 분할도면"이라고 부른다. 공사구간 분할도면은 공정계획상 중요한 자료가 되므로 구조도면과 마감도면 등을 이용하여 반드시 작성한다. 공사구간을 분할할 시에 유의할 점은 반드시 관련 협력사의 현장소장이 참여하여 이들의 의견을 되도록 많이 반영하여야 한다.

3 공정계획의 수립

3.1 공정계획의 입안순서

공정계획은 채택된 시공방법에 따라 시공을 착수해서 완공할 때까지 각 공종에 대한 일정계획을 세우는데 그치지 않고, 시공 중 시공현황을 평가하고 통제하는 공정관리의 지침과 척도를 제공한다.

공정계획은 다음과 같은 순서에 따라 수립할 수 있다.

① 공종에 따라 작업을 분류하고 각 작업의 진행순서(공정)를 결정한다.
② 각 작업의 시공에 소요되는 작업기간을 결정한다.
③ 전체공사가 예정된 공기 내에 완료될 수 있도록 모든 작업을 진행순서(공정)에 따라 배열하고 시간축척 위에서 조정한다.
④ 공사기간을 통해서 노무, 자재, 장비, 자금 등의 소요량이 과도하게 집중하거나 필요 없는 대기시간이 발생하지 않도록 일정을 조정한다.
⑤ 이렇게 작성된 공사공정표를 기초로 공사에 관련되는 노무, 자재, 장비, 자금 등 모든 작업에 대한 공정표를 작성한다.

공정계획을 검토하는 데는 시공의 원활한 진행에 지장을 줄 수 있는 시공이 어려운 공종, 물량이 큰 공종, 특수한 기술을 요하는 공종 등이 원활하게 시공될 수 있도록 특별히

유의해야 한다.

공사공정표가 작성되고 여러 작업에 대한 일정이 결정되면 자원의 시간적인 분포가 나타나게 된다. 유사한 공종이 같은 시간에 필요 없이 중첩되는 경우에는 노무, 자재, 장비, 자금 등의 자원이 과도하게 집중될 수 있으므로, 자원할당 및 평준화 기법에 따라 관련되는 공종의 공정을 조정하여 집중을 완화시킬 수 있다. 공정계획은 여러 번의 시행착오 과정을 거치면서 조정해 나갈 때 현실적이고 합리적인 결과를 얻을 수 있다.

3.2 공정계획과 관리의 추진방법

효과적인 공정계획과 관리의 추진방법은 다음과 같다.

현장 기본방침의 책정	제약조건과 환경 및 공사내용을 잘 파악하여 공사 추진방법의 방침을 책정한다.
↓	
전체공정계획	어떻게 시공을 할 것인가인 『공사추진방법』에 대한 계획과 전체공사를 주어진 공기 내에 잘 배분하여 『인원 · 장비 · 재료의 투입』을 계획한다.
↓ ↑	
상세공정계획	각 부분공사에 대하여 상세한 계획을 작성하고 전체공정계획과의 조정을 하면서 전체와 상세공정계획을 완성시킨다.
↓	
품질확보 · 안전계획	상기의 상세공정계획에 품질 · 안전요소를 넣는다. 구체적인 순서와 그 시설계획, 품질확보방법과 품질 확보를 위한 방법 등을 계획한다.
↓	
일상관리계획	작업중단과 불완전한 부문의 수정이 없도록 일정 · 품질 · 안전 등에 대하여 어떻게 관리해 가면 좋을지를 생각한다.

[그림 8-4] 효과적인 공정계획과 관리의 추진

전체공정계획과 상세공정계획의 관계는 우선 전체계획에 의한 큰 테두리를 상세계획에 반영시키고 상세계획으로 전체계획의 수정을 실행한다. 또한 필요에 따라 다시 상세공정의 수정도 실행한다. 이와 같이 상호 영향을 주면서 계획을 수립해가는 것이 중요하다.

계획의 수립에 있어서는 무리한 계획과 실적과 맞지 않는 계획은 빨리 조정한다. 탁상공론으로는 현장은 움직이지 않는다. 현장을 함께 계획함으로써 상호의 커뮤니케이션이 구축되어 문제점을 사전에 공유할 수 있다.

3.3 현장 기본방침의 책정

공정계획을 하기 전에 발주자와 설계자의 요구를 잘 이해하고 제약조건과 환경을 파악한다. 또한 설계도서를 잘 파악하여 공사계획에 반영시킨다. 요구, 제약조건과 환경조건 파악이 부족하거나 잘못 이해되고 있는 경우도 있으므로 주의한다.

시공 측면에서 여러 가지 제약조건을 고려할 수 있다. 기능공의 수급사정과 인근 상황, 물가와 단가의 변동 등에 의한 사항, 공법 변경과 이에 따른 설계 변경 등도 검토해야 한다. 사전공사에 필요한 사항과 기간을 확인하는 일도 잊지 않는다.

[표 8-1] 현장 기본방침의 수립

항 목	기본방침 내용
건축주 요구사항	건물기능, 비용, 공기
설계자 요구사항	마감요소, 구조요소, 전기/설비요소, 감리방침(품질 · 공기 · 승인 등)
	설계도의 완성도 : 불명확한 사항, 기술적 부적합, 시공 불가능
설계도 내용	시공장소 : 경사지, 매설물, 장해물, 바다 · 호수 · 강
	인근상황 : 근린협정, 교통, 도로, 인근현황, 관계법규
시공조건	작업 가동일 : 기후, 행사, 풍우, 적설
시공시기	품질보증 항목 : 기능, 정밀도, 강도, 외관
품질보증	시공의 어려움 : 마감, 시기, 환경, 노무, 자재, 양중, 운반
시공난이도	기술인력, 장비상황 : 노무 · 투입 기계의 확보
조달구매	발주가격은 : 시세, 단가, 사회정세
관리방침과 실시항목을 책정	품질 보증상 중요한 항목과 그것을 실현하기 위한 관리항목
	공기 내에 완성시키기 위한 기준(Milestone) 설정과 공법 선정
	위험을 예측하는 공사내용과 그 안전대책방침
	적정한 이익을 확보하기 위한 방책
	현장의 사기를 고양하기 위한 방책
	생산성을 향상시키기 위한 관리방법

품질(Q), 비용(C), 공기(D), 안전(S), 생산성(P), 인화(M)와 같은 관리요소의 중점 포인트와 자원절약, 에너지절약, 환경보호 등에 대한 대응 등을 명확히 하여 현장의 기본방침을 책정한다.

3.4 공기에 영향을 미치는 요소들

공사기간에 영향을 미치는 요소들은 다음과 같다.

(1) 시공달력 / 기상조건의 조사 및 검토

각 공종별 및 작업조별 작업불능일 및 휴무일을 예측해서 작성한다.

이를 Activity의 휴일로 설정하는 것보다는 연간 공종별 작업가동률을 산정하여 이 비율만큼 Activity별 작업기간을 늘려서 적용하는 것이 좋다.

(2) 대관업무 관계

신청서류의 인허가 사항을 확인하여 제출 및 승인 일정이 착공시점과 맞물리게 하는 것이 좋다.

(3) 설계도서의 기재내용과 현지 상황과의 차이 확인

설계 시 국내에서는 지반조사가 대부분 형식적으로 이루어진다. 비용을 많이 들이지 않고 지반조사를 실시해서 설계에 반영하기 때문에 실제 토공사를 할 때 많은 차이점이 발생될 수 있다.

(4) 조달(Procurement)업무

외산자재 및 특별 주문생산의 경우 납기 소요기간 등을 파악해야 한다. 주요 자재 조달방법(철골, 철근, 콘크리트, 시멘트 등) 및 시장상황도 파악한다. 제작기간이 장기간인 외산자재의 경우도 중요하다. 또한 제작을 위한 Shop Drawing 제출 및 승인일정도 검토되어야 한다.

(5) 지중 장애물 검토

현장 지하를 관통하는 지중 장애물에 대한 파악을 하고 이를 공기에 반영해야 하는데 국내에서는 현실적으로 매우 어려운 일이다. 지중 장애물에 대한 현황도가 정확하지 않거나 없는 경우가 대부분이다.

(6) 관공서, 설계사무소, 감리회사, 발주자의 검사일정 확인

협의내용을 공정계획에 반영해야 한다.

(7) 산업폐기물의 처리방법 검토

현장의 야적장소계획 시 함께 검토해서 반영하고 공정속도와도 관계가 있다.

3.5 공정표의 종류

1) 단계별 공정표

공정계획은 기획→설계→계약→착공과 같은 각각의 단계를 밟아가면서 가격 및 품질과 함께 검토한다. 그리고 단계별로 얻어진 조건에 따라, 또한 정보의 많고 적음에 따라 그 단계에서의 사용목적에 맞게 표현된 공정표가 작성되어진다.

공정계획은 단계에 따라 주어진 조건과 구해지는 내용이 크게 다르다. 예를 들면, 기획단계에서는 개략적인 건물규모, 용도, 레이아웃이 부여된 조건이 되고 표현된 내용도 소요전체기간 정도지만, 착공 후에는 소요수량이나 구체적인 시공방법, 부지환경 등의 상세한 정보가 조건으로 있고, 검토될 내용도 하루 단위의 상세한 것이 된다.

공정은 검토되는 단계는 이용목적에 따라 일반적으로는 다음의 4종류로 분류된다.

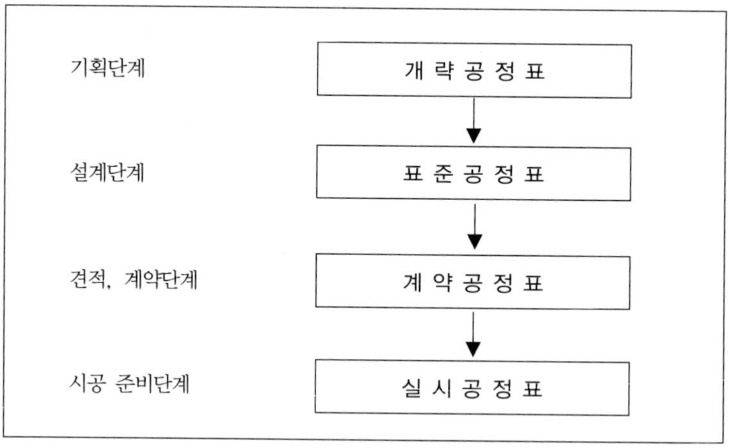

[그림 8-5] 건설단계별 공정표의 종류

2) 개략 공정표

프로젝트의 기획단계에서 어느 정도의 비용과 일수가 가능한가, 대략 그 기준을 세우는 것이 우선 요구된다. 이 목적에 따라 구해지는 것이 「개산 견적서」나 「개략 공정표」다. 이 단계에서의 입력자료는 극히 한정되어 있고, 세세한 조건이 불분명한 채 공정계획을 입안해야 한다. 따라서 여기서 구할 수 있는 공정표는 상세한 조건이 제시된 시점에서 작성된 「실시공정표」와는 다르다는 것을 염두에 두고 이용하는 것이 필요하다.

기획단계의 공정계획이라고는 해도, 기술적 근거를 토대로 공정표를 작성하기 위해서는 최저 이하의 정보가 입력자료로 필요하다. 이 조건이 누락되어 있는 경우는 기획 스태프에게 구해야겠지만, 불가능한 경우는 공정 계획자가 스스로 조건을 설정하고, 명기하여 「개략 공정표」를 작성하는 것으로 한다. 「개략 공정표」에서 구해진 내용은 필요한 건설기간을 월 단위로 총 몇 개월로 하는 것이 일반적이다.

[표 8-2] 개략 공정표의 입력자료

항목	내용
» 해체 ························	유 · 무
» 구조 ························	RC · SRC · S조
» 규모 ························	기준층 바닥 면적 또는 연면적
» 지하층수 ················	지하 n층
» 지상층수 ················	지상 n층
» 말뚝 ························	유 · 무
» 흙막이 ····················	필요 · 불필요
» 마감 ························	정도가 높다 · 중간 · 낮다

3) 표준 공정표

건물의 기본설계가 완료된 시점에서 해당 건물의 시공에서 필요로 하는 표준적인 공기를 산정하고 공정표로 나타낸 것이 「표준 공정표」이다. 이 단계에서는 주어진(도면에서 얻은) 시공수량과 일반적인 시공방법 및 표준적인 기자재나 인원투입량에 의해 산출된 소요일수를 쌓아올려 공정표를 작성한다. 따라서 구해진 공기에는 사용자의 요구(OWNER NEEDS)가 포함되어 있지 않고, 계약 공정표와는 다르다.

입력자료는 「개략 공정표」에 비교하면 대략의 정보를 입수할 수 있고 구해진 내용도 상세해서 상당한 정밀도가 요구된다. 「표준 공정표」 작성이 요구되는 경우는 가격의 산출도 병행하여 요구되는 경우가 많고, 수량에 관한 정보도 거의 사내 적산부분에서 얻을 수 있다고 생각해도 좋다. 물론 가격 산출을 위해 중요 공사계획이나 가설 계획도 실시해야 하고, 골조공법의 검토도 개략은 실시된다.

4) 계약 공정표

「계약 공정표」는 문자 그대로 계약 시 제출하는 공정표로, 건축주의 지정공기에 맞도록 작성된 것이다. 일반적으로는 표준공기보다 건축주의 지정공기 쪽이 짧은 경우가 많다. 따라서 「표준 공정표」를 원인으로 하여 공기단축을 위해 골조공법의 검토나 인원, 기자재 투입량을 조정하고, 건축주 지정공기에 맞게 작성하는 것이 「계약 공정표」라고 생각해도 좋다.

입수 가능한 정보량, 구할 수 있는 내용, 정밀도는 「표준 공정표」 작성 시와 완전히 같다고 생각해도 좋다. 단, 여기서 제시한 공기는 응찰과 동시에 계약서의 일부가 되고 이 시기보다 늦어지는 일은 없으므로 주요 자재의 발주, 노무, 기자재의 투입량에 대해서는 확실한 뒷받침이 되는 증거를 취해야만 한다. 또 표현해야 하는 내용에 대해서는 「표준 공정표」를 따른다.

관공사의 경우, 물가변동으로 인한 계약금액 조정 시 당초 계약체결 시 제출하여 승인을 얻은 "공사공정 예정표"를 기준으로 하며, 물가변동일 전에 설계변경, 기타 계약내용의 변경으로 계약이행기간이 변경된 경우에 변경된 공정표를 기준으로 한다. 또한 지수 조정률에 의한 조정금액 산정 시 『관련법규 : 회계예규 2200.04-137-5('93.5.20)』 공정예정표상 조정기준일 전에 이행 완료되어야 할 부분은 물가변동 적용대상에서 제외(단, 발주자의 책임 있는 사유 또는 천재지변 등 불가항력적인 요인으로 공정이 지연된 경우에는 적용 가능)되므로 이 점에 유의하여 계약 공정표를 작성하여야 한다.

5) 실시공정표

건물을 실제 시공하는 것을 염두에 두고 작성하는 공정표가 「실시공정표」이다. 표준기간이 길고 상세하게 검토할 여유가 있으면, 「실시공정표」를 우선 검토하고 그것을 토대로 「계약 공정표」를 작성하는 경우도 있지만, 보통은 공사수주 후, 「계약 공정표」를 토대로 「실시공정표」를 작성한다고 생각해도 좋다.

실제 시공을 염두에 두고 작성하는 공정표이기 때문에, 거기에서 구해진 내용은 구체적인 내용을 자세히 나타낼 필요가 있다. 따라서 그것을 작성하는데 필요한 정보량도 매우 많고 높은 정밀도를 요구한다. 재료나 제품 제조업자를 구체적으로 찾아내어 제조능력, 납기 등을 정해야 하며, 주요 시공업자도 그 동원력에 대해서도 실제 조달 가능한 기종에 한정하여 구체적인 공사계획을 입안하고 그에 기초하여 공정표를 작성해야 한다. 즉, 「실시공정표」 작성에는 공사계획이 필요 불가결하고 평행작업으로 항상 실시된다.

[표 8-3] 실시공정표의 입력자료

항목	내용
» 부지환경	인근환경, 주변도로, 매설물 등
» 수량	공법, 부위, 부재별 수량
» 사양	공법, 시공순서 외
» 가설	장비 종류와 배치, 비계계획, 흙막이 · 구대계획 등
» 재료	납기 등
» 노무	동원능력 등
» 기계	기종, 배치계획 등

공정표의 작성방법은 주 공정상의 공사 종목에 대해 계약 공기에 맞도록 분할하는 방식을 취한다. 분할방법으로는 우선 최초로 현장 고유의 조건에 따라 움직이는 것이 곤란한 기일을 고정시켜 생각하고, 다음으로 여유가 있는 마감일수를 확보한다.

그 후에 공사 착공부터 순서대로 표준적인 공기를 쌓아올린다. 이 경우 표준적인 공기에서 맞지 않는 경우는 자원의 투입량을 조정하지만, 이 투입량에 무리가 없다면 그대로 정서하면 된다. 자원 투입량에 무리가 발생한 경우는 공법의 변경이나 경우에 따라서는 구법의 변경이 부득이하게 된다.

그러나 이 시점에서의 구법 변경은 시간적으로 불가능한 경우가 대부분이고, 이런 수법에 의지하면 단축할 수 없는 공정계획에는 훨씬 더 이전에 이미 문제가 있었다고 할 수 있다. 이런 문제는 기획 또는 계획단계에서 해결해두어야 하는 중요한 문제이다. 그에 비해 공법 변경은 가격을 별도로 하면 비교적 쉽게 할 수 있다.

이렇게 주 공정선상의 공사 종목에 관한 공정을 작성한 후에, 그에 부수되는 주요 공사공정을 결정하고 작성을 마친다. 공정표는 1일 단위로 표현하고 공사시공 공정에 그치지 말고 제작물의 도면승인부터 제조, 납품까지의 공정이나 관공서 신청 제 서류의 기일, 구체의 상세한 사이클 공정, 마감덕트 공정도 병행하여 표현해 두어야 한다. 경우에 따라서는 노무, 자재, 임시전력 등의 투입량의 산적을 표현하는 경우가 있다. 가능한 일은 가능한 시간에 하도록 먼저 작성한 공정 표현을 기본으로 생각하고 여유 있는 공사에 대해서는 여유시간이 뒤에 오도록 한다.

[표 8-4] 공정검토 순서

① 이동 곤란한 기일의 고정 » 인근 설명 » 확인 신청 » 관공서 신청과 허가 » 도면승인과 제품의 납기 » 상량, 부분 준공 등의 기일 » 설비, 기계, 별도 공사의 기간 » 각종 검사, 기기 조정 등의 기간 ② 여유 있는 마감기간의 확보 ③ CRITICAL PATH공사의 표준일수 산출 ④ 자원 투입량의 산정 ⑤ 공법 변경 ⑥ NON-CRITICAL공사의 공정 분할

3.6 공정관리 체계(Scheduling Hierarchy)

공정관리는 사업에 참여하는 모든 주체를 위한 것으로, 주체별로 관리 포인트가 다르다. 모든 주체라 함은 발주자, 시공자, 협력회사, 설계회사, 자재회사 등이다. 주체별로 관리 포인트가 다르고 이를 모두 만족시키기 위해서 공정관리에도 체계가 있어야 한다.

발주자는 목적물 중심의 이정표(Milestones) 관리가 중요하고 또한 상당히 높은 레벨이고 시공자 / 하도자는 다시 현장소장, 공사과장, 현장기사 / 조장별로 관리 포인트가 다르게 된다. 현장소장은 월간단위(Monthly), 공사과장은 주간단위(Weekly), 현장기사 / 조장은 공종별로 상세한 수준의 공정계획이 필요하고 관리를 하게 된다.

- 마스터 공정표(Master Schedule) :전체공정표, 사업의 기본일정
- 마일스톤 공정표(Milestone Schedule) : 발주자를 위한 주요일정
- 관리기준 공정표(Baseline Schedule) : 시공자를 위한 일정계획 및 관리
- 월간/주간공정표(Monthly/Weekly Schedule) : 시공자 / 하도업체를 위한 상세 일정계획 및 관리

결국 이렇게 다양한 주체별로 알아보기 쉽고 이용하기 쉬운 공정계획 및 관리가 가장 중요한 점이 된다.

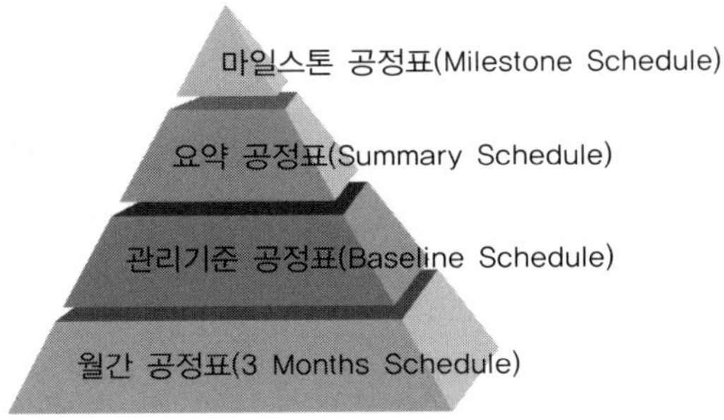

[그림 8-6] 공정관리체계

3.7 공정관리의 범위

CPM 공정관리를 하는 업무범위를 3단계를 고려해볼 수 있다.

- 1단계 : 일정관리, 기본적인 공정관리
- 2단계 : 일정관리 및 도급금액관리
- 3단계 : 일정관리, 도급금액관리 및 주요 자원관리로 분류된다.

공정관리가 활성화되어 있는 미국 건설시장에서 공정관리의 범위는 주로 1단계 아니면 2단계이고 한국도 비슷한 상황이다. 3단계의 주요 자원관리는 모든 자원을 CPM관리하는 것이 불가능하므로 주요자원(예를 들면, 콘크리트, 철골, 토사 반출량 등)을 어떻게 관리하겠다는 것을 설정하는 것이다. 1단계의 일정에는 건설현장에서의 일정은 물론 도면, 자재 선정 / 발주 / 제작, 인허가 관계 등의 사업에 필요한 모든 일정이 포함되어야 한다.

자원관리를 위해서는 일반적인 자원의 특징을 이해해야 한다.

- 창고에 저장이 가능한 자원과 불가능한 자원으로 구분한다. 저장이 불가능한 자원이 더 Critical하고 주요 자원의 목록으로 관리한다. 대표적인 것이 콘크리트이며 저장을 할 수 없는 자원이다.
- 자원의 집중, 비균등(non-uniform), 균등(uniform) 등의 패턴이 자원의 특징에 따라서 다르다.(예 : 콘크리트 – 집중, 타일 – 균등) 사다리형 집중이 가장 바람직하며, 실적 진도율 산정에 영향을 준다.
- 자원공급에는 한계가 있으므로 이를 공정계획에 반영한다.(예 : 도심지 공사에서의 1일 콘크리트 공급물량 / 토사반출량은 교통사정에 따라 한정된다)

3.8 WBS 개념

1) WBS의 정의

WBS(Work Breakdown Structure)는 프로젝트의 작업분할체계를 지칭하며, 공사의 유형 단위 이하에서 공간, 부위, 설비나 계통, 지역 등을 공정작업을 중심으로 상부에서부터 하부로까지 상세하게 세분화시켜 체계적으로 분류하는 수단이나 체계를 의미한다.

일반적으로 WBS의 최하위 분류는 단일기능을 할 수 있는 최소한의 작업이나 부위 Work Package)로 표시되며, 작업관리계획 및 실적분석, 부분별 정보통합, 의사소통의 수단으로 사용한다. 어떤 프로젝트에 대한 네트워크의 구성은 프로젝트를 구성하고 있는 모든 요소작업을 빠짐없이 추출하는 것으로부터 시작된다.

이러한 WBS의 분류목적은 다음과 같다.

① 공사에 필요한 작업에 대하여 최하단 작업까지 명확하게 한다.

② 각 단계에서의 작업단위와 공사 전체와의 관계를 잘 알 수 있다.

③ 각 최종 단위작업과 전체 공사와의 관계를 명백히 하고 요소작업이 중복되거나 누락되지 않도록 한다.

④ 공사일정 및 공사비용별 계획관리의 구조 및 정도를 설정한다.

⑤ 공사의 진척상황을 파악할 때에 하위단계로부터 상위단계로 순차적으로 일정, 원가를 집계, 요약 및 보고할 수 있는 체제의 기초가 된다.

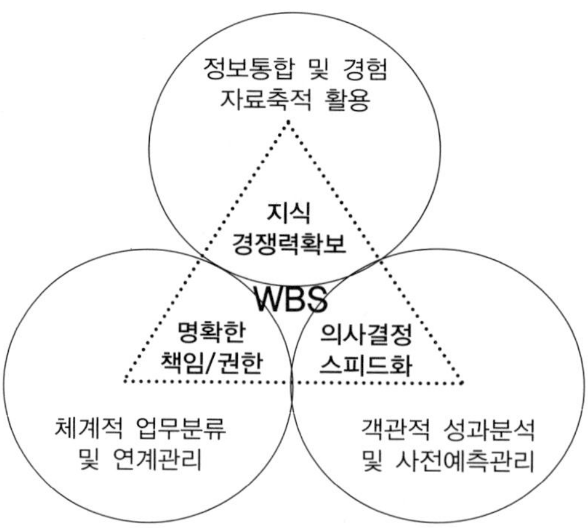

[그림 8-7] WBS의 목표

2) WBS 구조

프로젝트 최종 목표물과 그 목표물을 이루는 세부항목들과의 연계를 피라미드 형태의 계층적 구조로서 표현하고, 최하위 단계인 세부작업 활동까지 규명하여 그 활동의 단계별 상위요소와 연계시켜 형성하며, 계획과 관리를 위한 계층적 구조체계를 제공한다. WBS 개개의 작업군은 범위가 명확히 정의되어야 하며 수행될 작업의 측정과 통제가 가능한 단위로 분류되어야 한다.

공정계획을 위해서는 공사를 여러 개의 요소작업으로 분할하게 되는데 이를 작업(Job, Activity) 또는 활동이라 한다. 하나의 작업은 하나의 작업단계로 식별할 수 있어야 하며, 시작점과 종료시점을 분별할 수 있고, 완성하는 데 걸리는 시간은 지속적인 시간으로 추정이 가능해야 한다.

한 공사를 여러 개의 작업으로 분할하는 데는 실제적인 사항들을 고려해야 하며, 몇 가지 기준 및 위계를 예시하면 다음과 같다.

① **시설별 분할**: 시설물의 종류에 따라 구성부분으로 분할

② **구역별 분할**: 같은 종류의 시설물에 대한 위치에 따라 분할

③ **공사별 분할**: 시설물의 완성에 요구되는 공사의 종류에 따라 분할

④ **공종별 분할**: 공사에 종사하는 근로자의 주요기능에 따라 분할

⑤ **단위작업별 분할**: 공종을 구성하고 있는 요소작업별로 분할

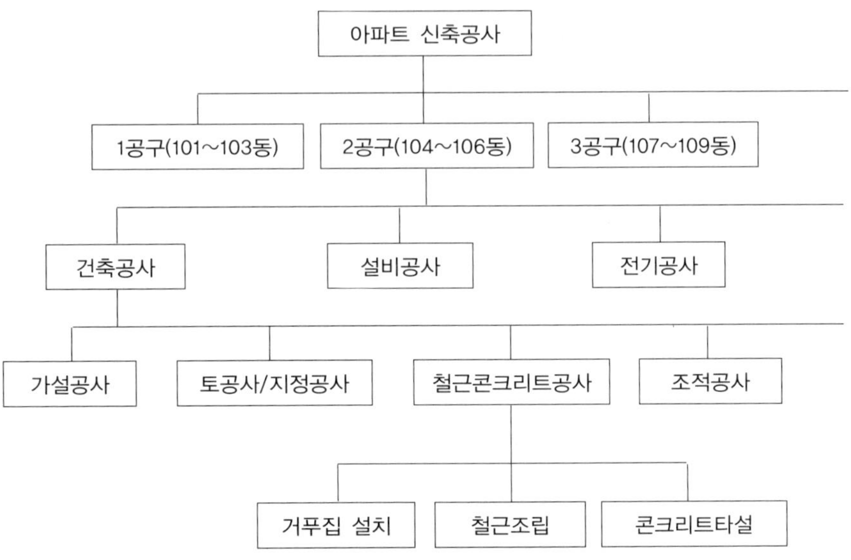

[그림 8-8] 아파트공사의 작업분할체계

작업을 분할하는 방법은 공사에 따라 다르게 하지만 공사비를 계산하고, 공정을 계획하며 관리하는 과정에서 특별한 배려를 필요로 하는 상세 수준이 기준이 된다. 어떤 작업은 한 공사에서는 상당히 큰 부분일지라도 다른 공사에서는 아주 작은 작업단계에 불과할 수도 있다. 상세가 너무 세분되면 자료를 다루는 데 번거롭게 되며, 관리체계를 운영하는 데 비용을 증대시키게 된다.

3.9 Activity 세분화

각각의 Activity(activity) 작업일수는 순수 작업일수(Working Day)를 기준으로 한다. 여기에 달력(Calendar) 및 로직에 의해서 Early Dates, Late Dates, 여유시간(Float) 등이 산정되는데, 작업일수는 경험상으로 20일 이내가 적당하다고 본다.

해외 CM사들의 관련 시방서를 보면 관리 가능한 수준이란 용어로 표현되는데, 구체적인 일수는 지적이 안 되어 있는 경우가 대부분이지만, 한 달에 한 번 정도 진척도를 측정하고 관리가 가능하려면 20일 이내가 적당하다.

1) Activity의 개념

- 시공작업 단위(Construction Activity)
- 장기간이나 시급을 요하는 자재나 장비의 구매활동
- 외부 조립을 요하는 특수자재나 장비
- 관급자재 설치 항목
- 허가 및 승인사항
- 기기 도입에 따른 교육계획 관련사항
- 시험 가동, 시험 요청 관련사항
- 작업에 영향을 주는 발주처, 설계사, 감리자의 업무협조 관련사항

2) Activity 설정방법

- Activity는 일정계획 수립에 가장 기본요소이므로 분류 및 설정에 상당한 주의를 요한다.
- 시공 성격상 기능이 단일화되도록 설정

• 작업이 가능한 단절되지 않게 한다.
• 공사기간을 예측하기가 쉽도록 한다.(일반적으로 3 ~ 30일 정도가 적당)
• 공사기간은 경험치를 주며, 이상적인 방법은 금한다.
• 천재지변은 고려하지 않는다.
• 공사기간을 정할 때 사용하는 장비, 인력은 일반적인 범위에서 고려하며 이에 대한 자료는 기록, 보관하고 있도록 한다.
• 수립하는 모든 계획 및 공기는 공사를 수행할 사람이 직접 참여하여 수립하도록 한다.
• 예산관리 및 기성고 산출이 쉽도록 한다.
• ADM방식(또는 I-J방식)에서는 지연시간(Lag)의 표현이 힘들 경우가 많으며, PDM방식보다 이런 점에서 불편하다.
• 더미 Activity는 가능한 많이 발생시키지 않도록 한다.
• 더미 Activity를 잘못 사용하면 일정계산이 계획보다 아주 다르게 발생하게 되는 경우가 많으므로, 사용 시 주의를 요한다.

3) Activity 번호 매기기(Activity Numbering)

• 일반적으로 Activity Code는 +10 단위씩 증가하여 번호 매김을 한다.
• 일반적으로 번호를 부여할 때 기능별로 분류하여 번호 매김을 하는 것이 편리하며, 컴퓨터를 이용하여 공정관리를 하는 경우, Activity의 번호에 의하여 Activity의 조회순서가 결정되므로 같은 공종일 경우는 같은 계열의 코드를 사용한다.

3.10 작업기간의 산정(Estimated Duration)

1) 시공속도

한 작업에서 단위자원, 즉 작업원 1명 또는 시공장비 1대의 1일 평균 시공물량으로 나타낸 시공속도는 다음 식으로 구할 수 있다.

$$Q_u = E_n \cdot E_t \cdot E_q \cdot q_R \cdot t$$

여기서, Q_u : 단위자원의 1일 시공물량

E_n : 가동일수율(가동일수 / 사용일수)

E_t : 작업시간효율(실작업시간 / 가동시간)

E_q : 작업능률(실시공량 / 표준시공량)

q_R : 표준시공속도(시간작업능력, 시간시공물량)

t : 1일 작업시간

앞 식에서 표준시공속도 q_R은 표준작업능력으로, 표준작업조건에서 실시한 시공 장비의 성능시험 결과를 기준으로 한 1시간 시공물량이 되며 간행 자료나 시공장비의 제품설명서에 나타낸 작업능력이다.

① 최대시공속도, q_p

이상적인 작업조건에서 기대할 수 있는 1시간 최대시공물량으로 작업시간효율 $E=1.0$일 때 표준시공속도 q_R에 작업능률 E_q를 곱해서 구한다.

$$q_P = E_q \cdot q_R$$

② 정상시공속도, q_n

최대시공속도에 일상의 작업에서 제거할 수 없는 시간손실을 고려한 정상 시공물량이다. 시공장비의 경우 조정, 일상정비, 연료보급, 현장왕복 등에 소요되는 불가피한 시간손실을 정상손실이라 하며, 작업에 따라 일정한 백분율로 나타낸다. 1일 작업시간 중 실작업시간을 t_n, 정상손실시간을 t_R이라고 하면 정상작업시간효율 EW는 다음과 같다.

$$EW = t_n / (t_n + t_R)$$

정상작업시간 효율은 작업시간 효율 E_t의 일부분이며, 일반적으로 50/60 또는 0.8을 취하고 있다.

정상시공속도 q_n은 최대시공속도 q_p에 정상작업시간 효율 EW를 곱해서 다음 식으로 구해진다.

$$q_n = EW \cdot q_p = EW \cdot E_p \cdot q_R$$

③ 평균시공속도, q_a

정상시공속도에 우발적인 장애에 의한 시간손실을 가산한 1일 평균시공물량을 말한다.

장비의 경우 착수 시나 종료 시의 불가피한 지체, 장비고장, 작업준비, 재료부족에 의한 대기, 노동쟁의, 잘못된 작업지시, 토질불량, 공사변경, 재해사고, 악천후 등에 의한 우발적인 시간손실을 우발손실시간이라고 한다. 1일 중 실작업시간을 t_n, 정상손실시간을 t_R, 우발손실시간을 t_c라고 하면 우발작업시간효율 E_c는 다음 식으로 계산한다.

$$E_c = (t_n + t_R) / (t_n + t_R + t_c)$$

우발작업시간 효율도 작업시간 효율 E_t의 일부분이며, 정상작업시간 효율 EW와 우발작업시간 효율 E_c의 곱을 평균작업시간 효율 E_a로 하고 일반적으로 0.6~0.8을 취하고 있다. 앞에서 제시한 식의 작업시간 효율 E_t는 평균작업시간 효율을 말한다.

평균시공속도 q_a는 정상시간속도 q_n에 우발작업시간 효율 E_c를 곱해서 다음 식으로 구해진다.

$$q_a = E_c \cdot q_n = E_c \cdot EW \cdot E_q \cdot q_R = E_a \cdot E_q \cdot q_R$$

공정계획과 적산의 기초로 사용하는 시공속도에는 평균작업시간 효율을 적용한 평균시공속도 q_a를 사용한다.

앞의 여러 식에 적용한 E_n, E_t, E_q, EW, t_c, t_a 등의 값은 토질, 지형, 일기, 공사규모, 기타 기술적, 사회적 조건 등의 통제가 어려운 공사조건과 조직, 감독, 장비의 유지관리, 운전원, 작업환경, 안전사고, 시공관리 등의 통제가 가능한 관리조건에 따라 달리하므로 과거의 시공실적으로부터 추정하거나 시험시공을 실시해서 결정할 수 있다.

2) 작업일수 추정

작업에 필요한 소요시간을 결정하는데 영향을 미치는 요소는 다음과 같다.

(1) 소요시간의 결정

- 일의 종류, 양과 상태
- 작업인원, 사용기계의 종류와 수, 능률의 저하도
- 가동률
- 날씨 및 기후의 영향
- 1일당 가동시간

• 재료조달 등의 상황
• 토질, 수량의 상태, 공법
• 소요기간의 결정

$$\text{소요기간} = \frac{\text{총작업(투입)물량}}{\text{단위시간당 작업물량}}$$

(2) 공사기간 결정 시 유의사항

• 일정계획에 의한 총공기의 신뢰성은 개별 공종 소요시간 산정의 정확도에 달려 있다.
• Activity별 독립적인 공기를 산정한다.
• 상기 소요시간의 산출 시 자원의 투입은 정상작업 시의 수치로 한다.
• 가설재의 이동, 양생, 마무리 작업 등을 고려하여 여유시간을 부여한다.
• 공사기간 산정 시 휴일은 고려하지 않는다.
• 한 사람의 기술자에 의해서는 오차가 크게 발생할 수 있으므로, 여러 명이 의논하여 결정하는 것이 바람직하다.
• 소요기간이 긴 공종일수록 불확실의 정도가 커지므로 오차를 줄이기 위해서는 작은 공종으로 세분화하는 것이 바람직하다.
• 공기견적 근거자료는 정리, 보관하여 진도관리 시 참고로 할 수 있도록 한다.

(3) 소요시간의 산정

공정계획에서 각 작업의 소요일수는 각 작업의 시공물량과 시공속도, 즉 단위자원이 1일 평균시공물량으로부터 다음의 순서에 따라 구할 수 있다.

① 각 작업의 시공물량 Q_t를 파악한다.

② 단위자원의 1일 시공물량 Q_u를 결정한다.

③ 동원할 수 있는 1일 작업원 또는 장비의 규모 N을 결정한다.

④ 1일 평균시공물량 Q_d를 다음 식으로 구한다.

$$Q_d = Q_u \cdot N$$

⑤ 각 작업의 소요작업일수 T는 작업의 시공물량 Q_t를 1일 평균시공물량 Q_d로 나누어 구할 수 있다.

$$T = Q_t \,/\, Q_d$$

앞에서 자원의 수 N과 작업일수 T는 서로 연관관계를 가지므로 활용할 수 있는 자원의 한도에 따라 같은 자원을 사용하는 여러 작업 사이의 전용을 고려한 조정이 필요하며, 이에 따라 작업일수도 영향을 받게 된다. 결국 작업일수는 시행착오 과정을 통해 공기뿐만 아니라 시공의 안전, 품질, 비용을 종합적으로 검토해서 결정하게 된다.

3.11 전체공정계획

전체공정계획은 특히 중요한 계획으로 면밀함과 융통성이 필요하다. 어떤 공사구간을 착수하고 싶어도 그것이 인근 공사구간의 주요 동선이기 때문에 할 수 없었거나 『아직 선행부분의 공사가 완료되지 않았다』 라는 일이 실제로 발생하고 있다. 복잡한 공사와 많은 동(棟)이 인접하고 있는 경우 작업과 반출입 차량의 동선, 그 공사와 관계있는 것은 무엇인가를 확실히 해둘 필요가 있다.

공사착수 시에 공사 전체의 각종 공사의 관계와 언제 · 어디서 · 어떠한 위험이 발생할 것인가. 또 그것을 위하여 어떠한 가설설비와 안전대책이 필요한가 하는 것이 명확하면 위험작업을 피할 수 있을 것이다. 또한 『전체공정계획』을 수립하고 다시 『상세공정계획』을 수립함으로써 상호 연관되면서 임기웅변으로 대응할 수 있는 융통성도 필요하다.

이렇게 복잡하게 연관되는 각종 요인을 정리할 수 있고 보다 세련된 계획을 수립할 수 있는지의 순서는 다음과 같다.

① **시공달력의 설정** : 휴일, 명절, 우천, 강설, 강풍, 동절기에 의한 작업 불가능일을 설정한다.

② **공사분할** : 공사 전체를 공사종류마다(부분공사로) WBS 또는 Activity Code로 분할한다.

③ **공사구간 분할** : 상기의 부분공사를 합리적으로 추진할 수 있도록 몇 개의 공사구간(Master Schedule 상의 Activity)으로 분할한다. 공구는 층, 절과 같은 수직적 분할과 평면을 몇 개로 나누는 평면적 분할이 있다.

④ **전체공정 플로 차트(Flow Chart)의 작성** : 공사구간으로 분할된 부분공사를 플로 차트로 나타내고 여기서 각 부분공사의 관계와 장비, 작업자 Flow를 분석한다.

⑤ **일정계획과 전체의 조정** : 이정표를 설정하고 소유일수를 산출한다. 산출된 소요일수를 근거로 전체적인 일정 균형과 각종 공사간의 관계를 조정한다.

⑥ **전체공정표의 작성** : 상기의 내용을 공정 소프트웨어에 입력하며 전체 공정표를 작성한다.

3.12 전체공정 플로 차트(Flow Chart)의 작성

다음으로 순서계획을 실시한다. 부분공사 분할과 공사구간 분할은 전체공정을 조립하는 데 필요한 활동성을 분명히 하기 위한 것이다. 그리고 그 활동성을 포스트잇에 기입하여 플로 차트를 작성한다. 지금부터 이러한 기입된 포스트잇을 카드라고 부르기로 한다. 카드의 이점은 붙였다가 떼는 것이 자유롭고 색깔별로 할 수 있으므로 시각적으로 알기 쉬운 것이 장점이다.

① 부분공사를 공사구간 분할한 것마다 카드화한다. 공사 및 공사구간 분할한 카드를 모두 작성한다. 부분공사마다 색을 나누면 알기 쉽고 또한 계획하기 쉽게 된다. 처음에 협력사에 의뢰하여 이 카드를 작성토록 하고 모아진 카드를 전체 공기와 비교해서 작업일수(Duration)를 Sequential Schedule이 되도록 조정해 준다.

② 카드를 위에서 아래로 시공순서에 따라 차례로 붙이고 동시에 실행하는 공사에 대해서는 횡으로 붙인다. 이때 지하공사, 골조공사, 마감공사와 같은 큰 공사 그룹마다 플로 차트를 처음부터 만들어 그러한 것을 관련지어 가면 작성하기 쉬워진다.
이러한 일련의 작업은 특히 협력사가 주체적으로 참여토록 하는 것이 바람직하다. 협력사의 현장소장들이 함께 참여해서 협의를 해나가면 자신의 공종뿐만 아니라 전체 공종과의 연관성(선 후행 관계)에 대한 이해가 되어서 좋다.

③ 작업조(Crew)와 시공장비의 흐름생산을 생각하며 또한 "이 공사 전에는 무엇이 끝나지 않으면 안 되는가"와 같이 생각하면서 카드를 바꾸어 붙인다.

④ 선후행 공정관계(Relationship)를 설정하면서 카드를 화살표선으로 연결한다. 공사 순서를 결정하는 데는 기술적인 순서와 작업조와 시공장비의 시공순서가 있다. 작업조의 흐름은 노무계획과 밀접하게 관련되므로 이 시점에서 어떤 조가 들어가는지 예정이 있으면 이것을 고려하여 순서를 붙여 나간다. 공사순서는 실선으로, 작업반과 기계의 흐름은 점선으로 연결할 수 있다. 즉 물리적 순서는 실선, 인간 / 장비의 흐름은 점선으로 한다.

⑤ 순서를 정하는 것을 다시 점검한다. 점검방법은 밑에서 위로 향하여 다시 한 번 "이 공사 전에는 무엇이 끝나지 않으면 안 되는가"를 확인한다. 이러한 점검에 의해 순서를 정하거나 관계 부여가 잘못 되었다거나 중요한 공사를 잊어버린 것을 인지하는 경우도 있다. 또한 크레인의 클라이밍(Climbing) / 텔레스코핑(Telescoping)과 스톡 야드(Stock Yard)의 설치 여부가 공정에 크게 영향을 주는 경우도 있으므로 유

의한다.

전체공정 플로 차트로 공사의 선후행 공정관계를 명확히 한 후 일정계획을 한다.

3.13 선후행 공정관계 부여(Relationship)

다음으로 앞에서 작업한 전체 공정순서에 대하여 ADM방식이나 PDM방식을 활용하여 각각의 작업에 대한 선후행 공정관계를 표시한다.

① FS(Finish to Start) : 선행공정이 끝나고 후행공정이 시작하는 관계(가장 일반적인 관계이며 대부분의 경우에 해당)

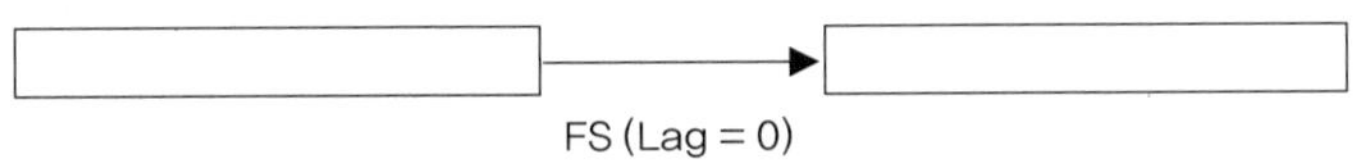

[그림 8-9] FS관계

② SS(Start to Start) : 선행공정이 시작하고 후행공정이 시작하는 관계

[그림 8-10] SS관계

③ FF(Finish to Finish) : 선행공정이 끝나고 후행공정이 끝나는 관계

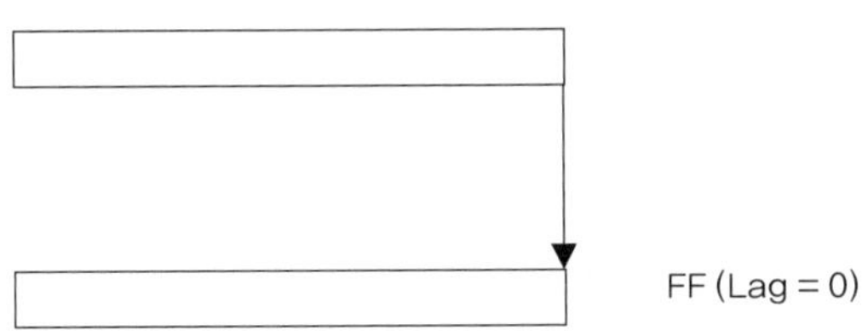

[그림 8-11] FF관계

④ SF(Start to Finish) : 선행공정이 시작하고 후행공정이 끝나는 관계

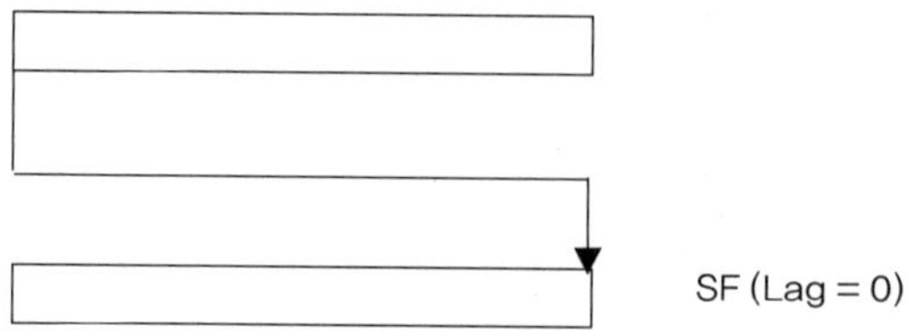

[그림 8-12] SF관계

⑤ LAG TIME(지연일수) : 각 Activity 사이의 지연된 일수 또는 시간을 말한다.
예) SS, Lag = 7일 : 선행공정이 시작하고 7일 후에 후행공정이 시작하는 관계

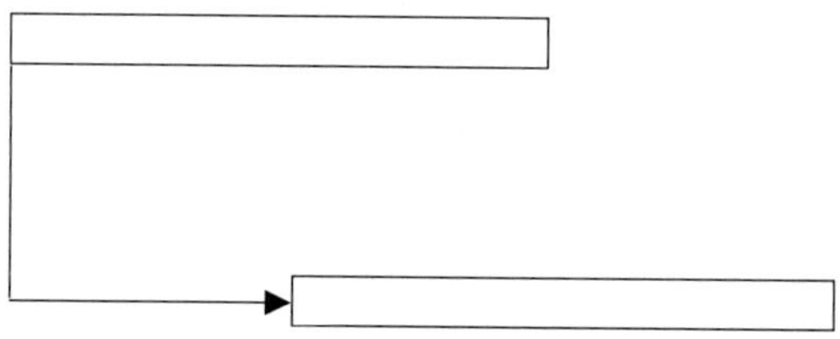

[그림 8-13] 지연일수

⑥ 주의사항 : 루프(loop)가 형성되어서는 안 된다.(루프가 형성되면 CPM 일정계산 불가능)

3.14 일정계획 및 전체공정과의 상호조정

1) 일정계획은 전체공정계획의 순서와 방법이 같다.

- 카드마다의 시공수량을 산출한다.
- 예정하고 있는 작업조와 시공장비 수를 확인한다. 이때 수배할 수 있는 작업조의 인수와 일일 표준작업량을 협력회사와 잘 협의한다.
- 표준작업량을 설정한다. "공정계획용 표준작업량"으로부터 추정하거나 협력회사로부터 청취하여 설정한다.
- 카드별 소요일수를 산출한다.
- 분할한 Activity 내의 소요일수를 결정한다.
- 상기의 내용을 공정소프트웨어에 입력하여 주공정선(Critical Path)을 발견한다.
- 전체공정계획에서 설정한 일수와 누계 소요일수를 비교하여 조정한다.

2) 전체공정과 상세공정과의 상호조정

전체공정계획에서 설정한 일수에 각 부분공사가 완료되도록 시공 플로 차트를 조정한다. 그러나 전체공정계획에서 설정된 일수로 수습되지 않을 때는 전체공정과 상세공정과의 상호조정을 꾀한다.

- 전체공정계획을 변경할 수 있는 경우 : 상세공정계획의 소요일수를 전체공정에 반영시킨다.
- 전체공정계획을 변경할 수 없는 경우 : 상세공정을 재검토하여 전체공정계획에 의해 할당된 소요일수로 조정한다.

이에 대한 상세공정계획의 재검토 항목은 다음과 같다.

① 작업조 및 시공장비 수의 증가
② 일일 작업량의 수정
③ 가설설비, 양중설비의 증설
④ 작업순서의 수정
⑤ 가동예정일, 잔업 / 야간작업시간의 수정
⑥ 공법 변경에 의한 시공수량의 수정
⑦ 사양 변경에 의한 시공수량의 수정
⑧ 유닛화, 공업화, 기성품화
⑨ 기타 소요일수 단축에 필요한 방법

3.15 상세공정표의 작성

1) 골조공사의 상세공정표

시공 플로 차트로부터 공사구간마다의 공정표를 작성하여 공사구간과 층과의 작업관계 및 작업조의 흐름을 정리한다. 상세공정표는 각 작업의 노무평준화를 검토하는데 유효하다. 그 사이클 내에서 뿐만 아니라, 공사구간마다 1사이클의 소요일수를 바꾸거나 Lap일수를 바꿈으로써 노무평준화가 꾀해지는 일도 있다. 그와 같은 때에는 전체공정으로 돌아가 소요일수를 변경할 수 있는지를 확인한다.

2) 마감공사의 상세공정표

건축마감공사는 크게 건축마감, 설비, 전기 및 기타 공사로 구분될 수 있다. 여러 공종이 같은 공사구간과 층에서 작업이 이루어지는 특성이 있어서 이를 감안한 시공 플로 차트의 활용이 중요하다. 공사구간은 건축물의 특성에 따라 다르지만 기준층과 비기준층, 공용부와 비공용부, 저층부와 고층부, 지하층과 지상층의 구분이 많이 사용된다.

3.16 작업불능일 및 가동률 산정

건설공사에서는 착공일과 준공일이 계약상의 제약조건으로 정해져 있으며, 계약서에 "2009년 1월 1일부터 2009년 12월 31일까지(총 365일 간)"와 같이 착공일, 준공일, 계약기간(공기) 등을 표시하게 된다. 그러나 이 365일이라는 기간 동안 실제로 공사를 진행할 수 있는 일수는 며칠이나 될까? 건설공사는 그 특성상 외기에 면한 환경에서 작업이 진행되기 때문에 주변 환경으로부터 끊임없이 영향을 받게 되고, 이에 의해 작업을 할 수 없게 되는 상황이 빈번하게 발생한다. 따라서 공사기간이 1년이라 하더라도 365일 모두를 실제 공사하는데 사용하는 경우는 없으며, 공정계획을 수립할 때는 이러한 불확실성을 사전에 반영하여 계획을 수립해야만 현실성 있는 공정을 수립할 수 있다. 그러나 공정계획을 수립하거나 건설공사를 수행할 때 발생할 가능성이 있는 모든 불확정적이고 통제 불가능한 요인들을 사전에 파악하는 것은 무리가 있으며, 예측 가능성을 기준으로 사전예측이 가능한 사항에 대해서는 공정계획 수립 시 반영하고, 사전 예측이 어려운 사항에 대해서는 리스크관리의 영역에서 관리하는 것이 타당할 것이다. 다음의 표에서는 이러한 불확정적이고 통제 불가능한 요인의 사례를 제시하였다.

[표 8-5] 통제가 불가능한 작업불가능 요인의 사례

요 인	요 소	예측 가능성	관리영역
공휴일	명절(설날, 추석) 일요일 국경일 기타(노동절)	예측가능	공정관리
기상조건	온도 강수량 강설량 풍속	통계적으로 예측가능	공정관리

[표 8-5] 통제가 불가능한 작업불가능 요인의 사례(계속)

요 인	요 소	예측 가능성	관리영역
현장조건	공정의 부조화 시공의 난이도 현장조건 상이	예측불가능	리스크관리
발주자 측 요인	지급자재 지연 잦은 설계변경 의사결정 지연 고위층 방문	예측불가능	리스크관리
수급자 측 요인	인력계획 미비 기능공 수준 미달 관리역량 미달 파업	예측불가능	리스크관리
기타	교통혼잡 소송 / 민원 환경보존문제 정치 / 경제 / 사회적 여건 입지조건	예측불가능	리스크관리

건설공사를 수행하는 과정에서는 각종 내 · 외부 요인에 의해서 작업을 할 수 없는 날이 발생하게 된다. 전체일수(Calendar Day) 중에서 작업을 할 수 없는 날을 작업불능일(Non-Working Day)이라고 하고, 작업을 할 수 있는 날을 작업가능일 혹은 작업일(Working Day)이라고 하며, 전체일수와 작업가능일의 비율을 작업가동률이라고 한다.

- 작업가능일 = 전체일수 − 작업불능일
- 작업가동률(%) = 작업가능일수 / 전체일수 × 100

작업가동률은 사전에 예측이 가능한 요인만을 고려하여 산출하는 것이 타당하며, 이런 예측 가능한 요인들로는 공휴일 및 기상조건 등이 있다. 공휴일 및 기상조건 등을 고려하여 해당 현장의 공사를 할 수 있는 날과 할 수 없는 날을 예측하여 표기한 것을 시공달력(Calendar)이라고 한다. 시공달력은 공사가 진행되는 지역여건에 의해 크게 달라지며, 한 현장 내에서도 공종별로 기후의 영향을 받는 정도가 다르기 때문에 공종별로 여러 개의 시공달력(Multi-Calendar)이 필요하게 된다. 시공달력은 관리직원에서부터 작업자까지 전원이 공유하는 것이 중요하기 때문에 시공달력을 출력하여 사무실 및 회의실에 게재하는 것이 바람직하다. 다음의 그림은 시공달력의 예이다.

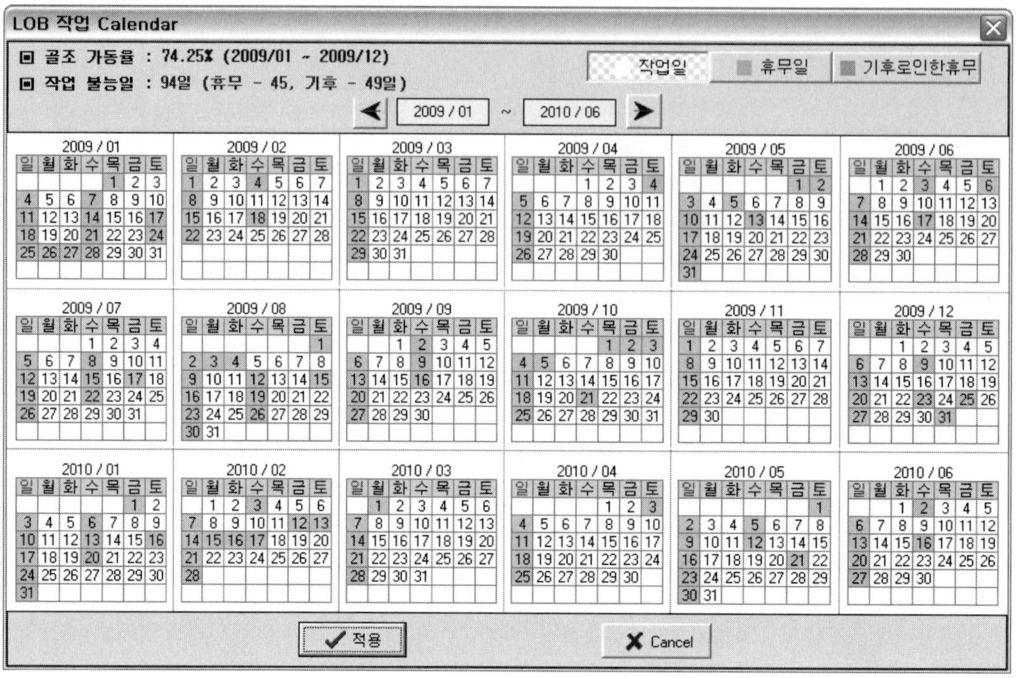

[그림 8-14] 골조공사용 시공달력 사례

현장에서 시공달력을 설정하는 절차는 다음과 같다.

① 현장의 공휴일 기준을 결정한다.

- 명절기간은 며칠간 쉴 것인가?
- 일요일은 매주 쉴 것인가? 격주로 쉴 것인가? 쉬지 않을 것인가?

② 기상조건에 의한 작업불능일 기준을 결정한다.

- 온도가 어느 정도일 때 작업을 중단할 것인가?
- 강수량이 어느 정도일 때 작업을 중단할 것인가?
- 적설량이 어느 정도일 때 작업을 중단할 것인가?
- 풍속이 어느 정도일 때 작업을 중단할 것인가?

③ 공휴일에 의한 작업불능과 기상조건에 의한 작업불능이 중복되는 날을 조정한다.

④ 이상의 절차를 각 공종별로 반복하여 공종별 시공달력을 작성한다.

기상조건에 의한 작업불능일을 산출하기 위해서는 월별 기후자료를 통계적으로 분석하여 예측하는 방법이 사용되고 있다. 기상청(www.kma.go.kr)에서 국내 각 지역별, 연도별, 기상조건별 기후자료를 제공하고 있으므로 이를 활용하여 분석하면 된다. 과거 자료를 통계적으로 분석함에 있어 과연 몇 년간의 정보를 분석하는 것이 타당한 것인가에 대해서는 정확한 지침은 없다. 그러나 실무적으로는 과거 10년간의 기상정보를 분석하는 것이 가장 일반적인 방식이다.

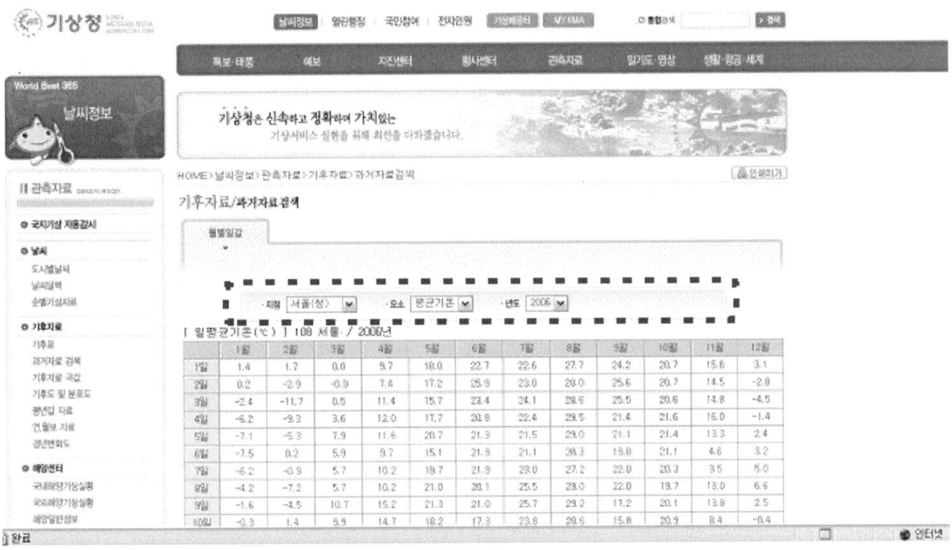

[그림 8-15] 기상청 홈페이지의 과거 기후자료

1) 공휴일에 의한 작업불능일의 종류 및 기준

① 일요일(매주 휴무 / 격주 휴무 / 휴무 없음)

- 골조공사 : 골조공사는 주공정(CP) 중 하나이며 휴무 없이 연속적으로 작업하는 것이 일반적이다. 특별한 경우를 제외하고는 일요일에도 대부분의 인원이 출력하여 작업을 하기 때문에 일요일을 작업불능일로 지정하지 않는 경우가 일반적이다. 다만 지역적 특성에 의해 일요일에 레미콘 배차가 불가능한 경우도 있으며, 이 경우에는 매주 휴무를 반영하여 작업불능일로 지정해야 한다.
- 마감공사 : 마감공사는 격주로 휴무를 하는 것이 일반적이나 공기 부족 등으로 인해 휴무 없이 진행하기도 한다. 그러나 이 경우 출력률이 현저히 떨어지며 생산성 또한 높지 않으므로 격주로 작업불능일을 지정해 주는 것이 타당하다.

② 명절(설날, 추석)

- 설날 : 음력 1월 1일. 법정휴일에 전1일, 후1일을 더해 총5일 정도의 휴무를 지정

하는 것이 일반적이다.(D-2 ~ D+2)

- 추석 : 음력 8월 15일. 법정휴일에 전1일, 후1일을 더해 총5일 정도의 휴무를 지정하는 것이 일반적이다.(D-2 ~ D+2)

③ 공휴일

- 신정 : 양력 1월 1일. 과거에는 명절로 취급되어 3일간의 휴무를 지정하였으나 최근에는 명절로서의 의미보다 단순 공휴일의 의미로 변화되어 1일만을 휴무일로 지정하는 것이 일반적이다.
- 국경일 : 국가 공휴일에는 삼일절, 석가탄신일, 어린이날, 현충일, 광복절, 개천절, 성탄절 등이 있으나, 이런 국경일에 휴무를 하는 현장은 거의 없는 것이 현실이며, 따라서 이런 국경일은 작업불능일로 지정하지 않는 것이 일반적이다.

④ 기타

- 여름휴가 : 생활수준의 향상과 더불어 현장근로자들도 여름휴가 기간을 갖게 된 것이 현실이지만 작업 전체를 중단하고 휴가를 가는 경우는 없으며 인력 순환계획을 세우기 때문에 휴가는 작업불능일로 지정하지 않는 것이 일반적이다.
- 노동절 : 노동절은 국가 공휴일은 아니나 현실적으로 노동절에 근무를 하는 근로자가 없기 때문에 작업불능일로 지정하는 것이 일반적이다.

2) 기상조건에 의한 작업불능일의 종류 및 기준

① 저온에 의한 작업불능 A

- 적용 기준 : 일최저기온 -10도 이하일 경우 작업불능이나 절대적인 기준은 아님. -10도 이하일 경우 외부에서 작업하는 대부분의 공종이 작업을 진행하는 것이 현실적으로 불가능하기 때문에 이를 작업불능일로 설정하는 것이 일반적이다.
- 적용 공종 : 토공사, 형틀공사, 철근공사, 외부창호공사 등

② 저온에 의한 작업불능 B

- 적용 기준 : 일최저기온 -5도 이하일 경우 작업불능이나 절대적인 기준은 아님. 온도가 0도 이하일 경우 시멘트 및 콘크리트 등은 응결되어 품질에 영향을 미치므로 관련 작업을 중단하여야 한다. 그러나 콘크리트 타설의 경우 자체 수화열이 발생하며 방풍천막 및 열풍기 등의 보온작업을 통해 어느 정도 보정이 가능하기 때문에 -5도

이상에서는 작업을 진행하는 것이 현실적이다. 따라서 콘크리트 타설작업 등은 −5도 이하에 대해 작업불능일로 설정하는 것이 일반적이다.

- 적용 공종 : 콘크리트공사

③ 저온에 의한 작업불능 C

- 적용 기준 : 일평균기온 0도 이하일 경우 작업불능이나 절대적인 기준은 아님. 온도가 0도 이하일 경우 모르타르 등은 응결되어 품질에 영향을 미치게 되므로 자체 수화열이 적은 대부분의 습식공사 0도 이하에 대해 작업불능일로 설정하는 것이 일반적이다.
- 적용 공종 : 조적공사, 미장공사, 방수공사, (습식)타일공사, 도장공사 등

④ 고온에 의한 작업불능

- 적용기준 : 일최고기온 35도 이상일 경우 작업불능이나 절대적인 기준은 아님. 우리나라의 기상청에서는 6월 ~ 9월에 일최고기온이 35℃ 이상이고, 일최고열지수(Heat Index)가 41℃ 이상인 상태가 2일 이상 지속될 것으로 예상될 때 폭염경보를 발표하며, 이 경우 야외 근무자의 외부활동을 가급적 피할 것을 권고하고 있다. 하지만 일최고기온 35도 이상을 모두 작업불능일로 지정할 경우 여름철의 강우 및 태풍(풍속) 등에 의한 작업불능 요소와 결합되어 해당 기간의 작업가동률이 현저하게 저하되게 되며, 현실적으로도 현장에서 공사를 강행하고 있는 상황을 반영하여 전체 혹서기간의 50% 정도만 작업불능일로 설정하는 것이 타당하다.
- 적용 공종 : 토공사, 형틀공사, 철근공사, 콘크리트공사, 외부창호공사 등
- 비적용 공종 : 모든 옥내작업

⑤ 강우에 의한 작업불능

- 적용 기준 : 일누계강수량 10mm 이상일 경우 작업불능이나 절대적인 기준은 아님. 강우는 옥외에서 수행되는 대부분의 작업에 큰 영향을 끼친다. 특히 출근시간 전 비가 오면 대다수의 근로자들이 출근을 하지 않아 작업을 할 수 없는 경우가 많으며, 출근시간 이후에 비가 오더라도 옥외공사의 수행에 큰 영향을 끼치는 경우가 많다. 또한 토공사나 방수공사 등은 우천 후 건조되기 전까지는 공사를 수행할 수 없기 때문에 이에 대한 고려도 필요한 경우가 있다. 그러나 옥내에서 수행되는 작업의 대부분은 강우의 영향을 받지 않는다.

• 적용 공종 : 토공사, 형틀공사, 철근공사, 콘크리트공사, 외부창호공사, 조경공사 등
• 비적용 공종 : 모든 옥내작업

⑥ 강설에 의한 작업불능

• 적용 기준 : 일누계적설량 10mm 이상일 경우 작업불능이나 절대적인 기준은 아님. 강설도 강우와 마찬가지로 옥외에서 수행되는 대부분의 작업에 큰 영향을 끼친다. 다만 강설은 온도가 영하일 경우에 나타나게 되므로 저온의 영향을 받는 습식공사의 작업불능일과 중복된다고 생각할 수 있으나 대부분의 습식공사는 옥내에서 진행되기 때문에 강설의 영향을 받지 않고 저온의 영향만을 받는 것으로 볼 수 있다. 옥외에서 진행되는 작업의 경우 눈 자체보다는 눈으로 인해 빙판이 형성되어 미끄럼 등으로 인한 안전사고 때문에 작업을 중단하는 경우가 많다.
• 적용 공종 : 토공사, 형틀공사, 철근공사, 콘크리트공사, 외부창호공사, 조경공사 등
• 비적용 공종 : 모든 옥내작업

⑦ 강풍에 의한 작업불능

• 적용 기준 : 일평균풍속 5m/s 이상일 경우 작업불능이나 절대적인 기준은 아님. 한국산업안전보건공단의 풍속별 작업범위에 의하면 10분간의 평균풍속이 10m/s 이상일 경우에는 고소작업 및 양중작업 등을 중지해야 한다. 그러나 기후자료는 일평균풍속의 형태로 제공되기 때문에 정확한 기준을 설정하는 것이 곤란하다. 따라서 현장에 따라 일평균풍속 5m/s ~ 10m/s 중 적절한 값으로 작업불능 기준을 설정하는 것이 일반적이다.
• 적용 공종 : 형틀공사, 철근공사, 콘크리트공사, 외부창호공사 등

[표 8-6] 한국산업안전보건공단의 풍속별 작업범위 기술자료

풍속(m/s)	종 별	작업범위
0 ~ 7	안전작업범위	전 작업 실시
7 ~ 10	주의경보	외부용접, 도장작업 중지
10 ~ 14	경고경보	건립작업 중지
14 이상	위험경고	고소작업자는 즉시 대피

3) 해외에서 기상에 의한 작업불능일 산정기준

해외에서 공사를 수행하는 경우 그 지역적 특성에 의해 작업불능일 산정방법 및 기준의 차이가 발생한다.

- 말레이시아 : 적도 부근에 위치해 있으며 강풍으로 인한 작업불능이 없다.
- 필리핀 : 태풍의 진원지로 태풍으로 인한 영향을 심각하게 고려해야 한다.
- 대만 : 태풍의 통과가 빈번한 지역으로 태풍으로 인한 영향을 고려해야 한다.
- 중동 : 고온 및 사막폭풍(Sharmal)으로 인한 영향을 고려해야 한다.
- 두바이 : 고온으로 인한 영향을 고려해야 한다.

4) 해외에서 공휴일에 의한 작업불능일 산정기준

해외에서 공사를 수행하는 경우 그 인종 및 종교적 특성에 의해 정기휴일 및 공휴일의 차이가 발생한다.

- 말레이시아 : 일요일 휴무, 신정 / 이슬람 설 / 중국 설 휴무
- 이집트 : 금요일 휴무(이슬람력 기준), 라마단 고려
- 두바이 및 아부다비 : 금요일 휴무(이슬람력 기준)

5) 사례 – 수도권 지역 최근 10년간 기상에 의한 작업불능일 검토

① 옥외공사용 작업불능일 검토

- 형틀공사, 철근공사 등

구분	월	작업불능유형 및 일수											중복일수	계	평균 가동률	작업일	휴일	합계
		동절기1	동절기2	동절기3	혹서기(50%)	강우	적설	강풍	식재불능	명절	격주	매주						
월평균 작업 불능일	1월	4.5				0.4	2.7	0.2		3.0	2.2		1.7	11.3	63.5%	20	11	31
	2월	1.0				0.5	1.2	0.4		3.0	2.0		0.8	7.3	73.9%	21	7	28
	3월					1.2	0.8	0.2			2.1		0.3	4.0	87.1%	27	4	31
	4월					2.9		0.4			2.2		0.1	5.4	82.0%	25	5	30
	5월					2.8		0.1		1.0	2.2		0.1	6.0	80.6%	25	6	31
	6월					4.1				0.1	2.2		0.2	6.2	79.3%	24	6	30
	7월					8.3		0.4			2.2		0.9	10.0	67.7%	21	10	31
	8월				0.4	8.6		0.1			2.2		0.5	10.8	64.2%	20	11	31
	9월					4.0		0.1		1.4	2.1		1.0	9.3	69.0%	21	9	30
	10월					1.6				0.9	2.3		0.4	4.4	85.8%	27	4	31
	11월					1.3	0.6	0.1			2.1		0.2	3.9	87.0%	26	4	30
	12월	1.3				0.2	1.6				2.3		0.1	5.3	82.9%	26	5	31
합 계		6.8			0.4	35.9	6.9	2.0		12.1	26.1		6.3	83.9	77.0%	283	82	365

[그림 8-16] 형틀공사의 작업불능일 사례

• 콘크리트공사

구분	월	작업불능유형 및 일수											중복일수	계	평균가동률	작업일	휴일	합계
		동절기1	동절기2	동절기3	혹서기(50%)	강우	적설	강풍	식재불능	명절	격주	매주						
월평균 작업 불능일	1월		14.5			0.4	2.7	0.2		3.0		4.4	6.0	19.2	38.1%	12	19	31
	2월		8.8			0.5	1.2	0.4		3.0		4.1	3.6	14.4	48.6%	14	14	28
	3월		1.4			1.2	0.8	0.2				4.3	1.0	6.9	77.7%	24	7	31
	4월					2.9		0.4				4.4	0.3	7.4	75.3%	23	7	30
	5월					2.8		0.1		1.0		4.4	0.2	8.1	73.9%	23	8	31
	6월					4.1				0.1		4.2	0.4	8.0	73.3%	22	8	30
	7월					8.3		0.4				4.5	1.6	11.6	62.6%	19	12	31
	8월				0.4	8.6		0.1				4.4	1.2	12.3	59.4%	19	12	31
	9월					4.0		0.1		4.1		4.3	1.7	10.8	64.0%	19	11	30
	10월					1.6				0.9		4.5	0.7	6.3	79.7%	25	6	31
	11월		0.4			1.3	0.6	0.1				4.2	0.5	6.1	79.7%	24	6	30
	12월		10.0			0.2	1.6					4.5	2.8	13.5	56.5%	17	14	31
합 계			35.1		0.4	35.9	6.9	2.0		12.1		52.2	20.0	124.6	65.9%	241	124	365

[그림 8-17] 콘크리트공사의 작업불능일 사례

② 옥내공사용 작업불능일 검토

• 습식공사 등

구분	월	작업불능유형 및 일수											중복일수	계	평균가동률	작업일	휴일	합계
		동절기1	동절기2	동절기3	혹서기(50%)	강우	적설	강풍	식재불능	명절	격주	매주						
월평균 작업 불능일	1월			17.8						3.0	2.2		3.1	19.9	35.8%	11	20	31
	2월			10.9						3.0	2.0		2.8	13.1	53.2%	15	13	28
	3월			2.7							2.1		0.1	4.7	84.8%	26	5	31
	4월										2.2			2.2	92.7%	28	2	30
	5월									1.0	2.2		0.1	3.1	90.0%	28	3	31
	6월									0.1	2.2			2.3	92.3%	28	2	30
	7월										2.2			2.2	92.9%	29	2	31
	8월										2.2			2.2	92.9%	29	2	31
	9월									4.1	2.1		0.3	5.9	80.3%	24	6	30
	10월									0.9	2.3		0.2	3.0	90.3%	28	3	31
	11월			1.1							2.1			3.2	89.3%	27	3	30
	12월			12.6							2.3		1.0	13.9	55.2%	17	14	31
합 계				45.1						12.1	26.1		7.6	75.7	79.3%	290	75	365

[그림 8-18] 습식공사의 작업불능일 사례

• 건식공사 등

구분	월	작업불능유형 및 일수											중복일수	계	평균가동률	작업일	휴일	합계
		동절기1	동절기2	동절기3	혹서기(50%)	강우	적설	강풍	식재불능	명절	격주	매주						
월평균 작업 불능일	1월	4.5								3.0			0.3	7.2	76.8%	24	7	31
	2월	1.0								3.0			0.1	3.9	86.1%	24	4	28
	3월														100.0%	31		31
	4월														100.0%	30		30
	5월									1.0				1.0	96.8%	30	1	31
	6월									0.1				0.1	99.7%	30		30
	7월														100.0%	31		31
	8월														100.0%	31		31
	9월									4.1				4.1	86.3%	26	4	30
	10월									0.9				0.9	97.1%	30	1	31
	11월														100.0%	30		30
	12월	1.3												1.3	95.8%	30	1	31
합 계		6.8								12.1			0.4	18.5	94.9%	347	18	365

[그림 8-19] 건식공사의 작업불능일 사례

6) 엑셀(Excel)을 활용한 작업가동률 자동산정 시트(Sheet)

기상청의 해당 지역 기후정보를 입력하면 이를 분석하여 각 공종별 기준에 따른 작업불능일 및 작업가동률을 자동으로 산출해 준다.

CAL_ID	작업명	작업불능 조건											연간		
		동절기1	동절기2	동절기3	혹서	강우	적설	강풍	식재불능기	명절	격주	매주	가동률	작업일	휴무일
1	Calendar Day												100.0%	365	0
2	외부일반(골조, 외장, 지붕, 조경 등)	□			□	□	□	□		□	□		77.0%	283	82
3	반외부일반(토공, 파일공, T/D지하)	□				□	□			□	□		77.5%	284	81
4	외부특수(콘크리트타설)		□		□	□	□	□		□		□	65.9%	241	124
5	내부특수(콘크리트타설)		□							□		□	75.3%	276	89
6	내부습식(조적, 미장, 방수, 타일, 도장 등)			□						□	□		79.3%	290	75
7	내부건식(설비, 전기, 건식수장)	□								□			94.9%	347	18
8	식재					□		□	□	□			51.8%	189	176

REMARKS

조건	비고	기준	
동절기1	일 최저기온	-1.0	℃ 이하
동절기2	일 최저기온	-5	℃ 이하
동절기3	일 평균기온	-0.01	℃ 이하
혹서기	일 최고기온	35	℃ 이하일 때 50%
강우	일 강수량	10	㎜ 이상
적설	일 신적설	1	cm 이상
강풍	일 평균풍속	5	m/sec 이상
식재불능	12/16~3/15, 7/1~8/31		
명절	신정, 설날, 추석, 노동절		
일요일	공종별 별도 휴일기준		

[그림 8-20] 작업불능일 산정기준에 의한 작업가동률 자동산정

3.17 공기연장

대만에서 진도 6.8의 강진이 있었는데, 이로 인해서 공기가 지연된 것은 일반적으로 건설회사의 책임이 아닌 것으로 간주된다. 그만큼 공기가 늘어나게 되는 것이다. 천재지변에는 지진, 홍수, 전쟁 등이 포함되나 일반적으로 공사비는 보상을 받지 못한다. 보험도 보상을 받으려면 천재지변이 포함된 상품으로 들어야 하는데, 일반적으로 천재지변이 제외된 상품으로 공사보험을 들기 때문에 보상을 받지 못하는 것이 일반적이다.

국내의 "공사계약 일반조건" 제26조(계약기간의 연장)에서는 "지체일수를 산입하지 아니하는 사유"가 발생한 경우 지체 없이 수정공정표를 첨부하여 계약기간의 연장을 청구하도록 규정하고 있어, 예정공정표에 의한 공기연장을 의무화하고 있다.

3.18 Milestones과 Sectional Milestones

1) Milestones

프로젝트의 중요시점 또는 종점 등을 의미하며, 이를 기준으로 기성고를 지급하는 사례도 있다. 주로 착공, 토공사 착수 및 완료, 골조공사 착수 및 완료, 외벽공사 착수, 엘리베이터공사 완료, 장비 설치 및 해체 시점, 수전 및 준공관련 인허가 일정을 나타내고 계약서에 의거하여 특정한 시점을 나타내는 경우도 있다.

2) Sectional Milestones

동남아 해외공사 프로젝트의 경우는 대부분 미국 CM사 또는 현지의 CM사들이 프로젝트관리(Project Management)를 한다. 건축공사의 경우에 고층 오피스빌딩은 미국 터너사가 거의 독점을 하고 있다고 봐도 과언이 아니다. 이러한 프로젝트의 공정 관련 지침서에 보면 Sectional Milestones이 언급된다. 이것은 중간목표일정 또는 중간이정표라고 말할 수 있다.

주로 골조공사완료, Watertightness 일정, 발주처 공사분인 Tenant공사 착수 가능일(Early Completion Room and Area), 외장공사 완료일, IT Room, Wild Air 일정, 기계실 및 전기실 시공일정 등에 관련이 있는 경우가 많다. 이러한 Sectional Milestones는 프로젝트별로 개수가 다른데, 이러한 마일스톤도 건설회사가 일정을 지키지 못할 시에는 지체보상금을 내는 것이 일반적이다.

그래서 이런 경우에 발주처와 건설회사의 책임한계 규명을 위해서라도 공정계획에는 반드시 현장의 Activity뿐만 아니라 발주처 승인 관련 업무에 대한 Activity가 반영되어야 한다.

3.19 절대적 순서(Hard Logic)와 상대적 순서(Soft Logic)

선후행 연결관계는 PDM기법에서 4가지 관계가 있다.

- FS(Finish-to-Start)
- SS(Start-to-Start)
- FF(Finish-to-Finish)
- SF(Start-to-Finish)

대부분의 선후행 연결관계는 FS인 경우가 많다. SF는 현업에서 거의 사용하지 않는데, 로직 의미상의 관계로 사용한 적도 있다. 이러한 선후행 관계는 크게 절대적 순서인 하드 로직(Hard Logic)과 상대적 순서인 소프트 로직(Soft Logic)으로 분류할 수 있다.

하드 로직이란 물리적으로 선후행 관계를 바꿀 수 없는 관계를 의미한다. 건축공사에서 골조공사가 마무리되어야 후속 마감공사가 진행될 수 있는 것처럼, 또는 하층부 골조공사가 진행된 후에 상층부 골조공사가 진행되는 것처럼 인위적으로 선후행 관계를 바꿀 수 없는 관계를 의미한다.

소프트 로직(Soft Logic)은 마감공사에서 주로 많이 발생되는 선후행 관계인데, 선 후행 관계를 때에 따라서는 바꿀 수 있는 관계를 의미한다. 하층부 마감공사가 진행되고 상층부 마감공사가 진행되는 것이 일반적이지만 때로는 상층부 마감공사가 먼저 진행되는 경우도 있다. 이런 경우에 소프트 로직에 해당된다.

소프트 로직은 현장에서 융통성을 발휘할 수 있도록 여유를 가지고 연결하는 것이 건설회사에 유리하다. 이러한 로직의 개수는 Activity의 개수 대비해서 약 1.3 ~ 2.5배 정도의 범위가 된다. 보통의 경우 1.5 ~ 2.0 정도의 범위가 많다.

이러한 로직 개수는 너무 많아도 너무 적어도 좋지 않다. 로직의 개수가 적다는 것은 선후행 관계의 완성도가 낮다는 의미가 되고, 너무 많다는 것은 하드 로직이 많아져서 융통성이 줄어든다는 의미가 된다. 로직 개수야말로 중용의 논리가 필요한 부분이라 생각된다.

3.20 공정표 체크 리스트

NO.	점검사항	점검결과	
		적합	부적합
1.	작업분류체계(Work Breakdown Structure)		
1)	일정 검토 및 관리가 용이한가?		
2)	누락된 건물이나 공종은 없는가?		
3)	주요 Milestones을 포함하고 있는가?		
4)	Pre-Construction Activity를 포함하고 있는가?		
5)	전기, 기계, 특수 장비의 시운전 Activity를 포함하고 있는가?		
2.	Activity		
1)	Activity ID는 관리가 용이하도록 규칙적으로 부여되어 있는가?		
2)	Activity 명은 인식 및 사용이 용이하도록 되어 있는가?		
3)	Activity 분할은 공종별 특성을 반영하였는가?		
4)	작업일수가 지나치게 긴 Activity는 없는가?		
5)	전체 Activity 개수 및 Critical Activity 비율은 적당한가?		
3.	선후행 관계(Logic)		
1)	선후행 관계는 공사 특성을 반영하고 있는가?		
2)	Hard Logic을 지나치게 사용하고 있지는 않은가?		
3)	Critical Path가 공사 특성에 맞게 설정되어 있는가?		
4)	Total Float가 표현되어 있고 적합한가?		
5)	Calendar 설정은 적합한가?		
6)	Open-ended Activity가 있는가?		
7)	Lag가 지나치게 많은 Activity가 있는가?		
8)	Mandatory Constraints 사용을 지양하였는가?		
9)	Constraints 사용은 적합한가?		

조치사항		
점 검 자	검 사 자	승 인 자
성 명: Sign. DATE:	성 명: Sign. DATE:	성 명: Sign. DATE:

CHAPTER 09

공정관리 프로그램의 운영

1 프리마베라(Primavera) P6

1.1 EPS의 구성

1) EPS란?

① Enterprise Project Structure의 약자로 '기업의 프로젝트 구조'를 의미함.

② 여러 개의 프로젝트를 운영하는 사업자(기업)가 프로젝트들을 체계적으로 집계하거나 분류하는 등의 관리를 용이하게 해주는 구조체계

③ 프로젝트들을 그루핑(Grouping)하여 구성한 상위단계 개념으로 볼 수 있음.

④ P6은 최상위 수준의 사업관리(Program Management) 기능도 제공하며, 사업주체의 입장에서 수많은 프로젝트들의 간섭 여부, 예산 수립, 일정관리 등을 통합하여 관리하는 것이 용이하도록 지원함.

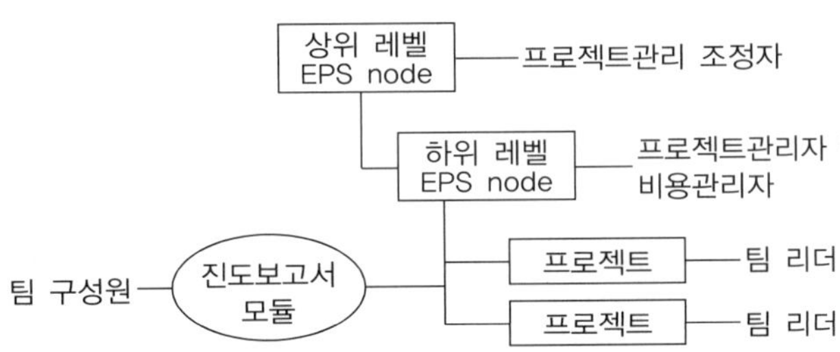

2) P6에서의 EPS

① EPS구조는 프로젝트 화면에서 Layout 혹은 Group & Sort를 조정해서 확인할 수 있음

② Admin Preference / Data Limit의 EPS/WBS tree maximum levels에서 최대 Level 조절 가능

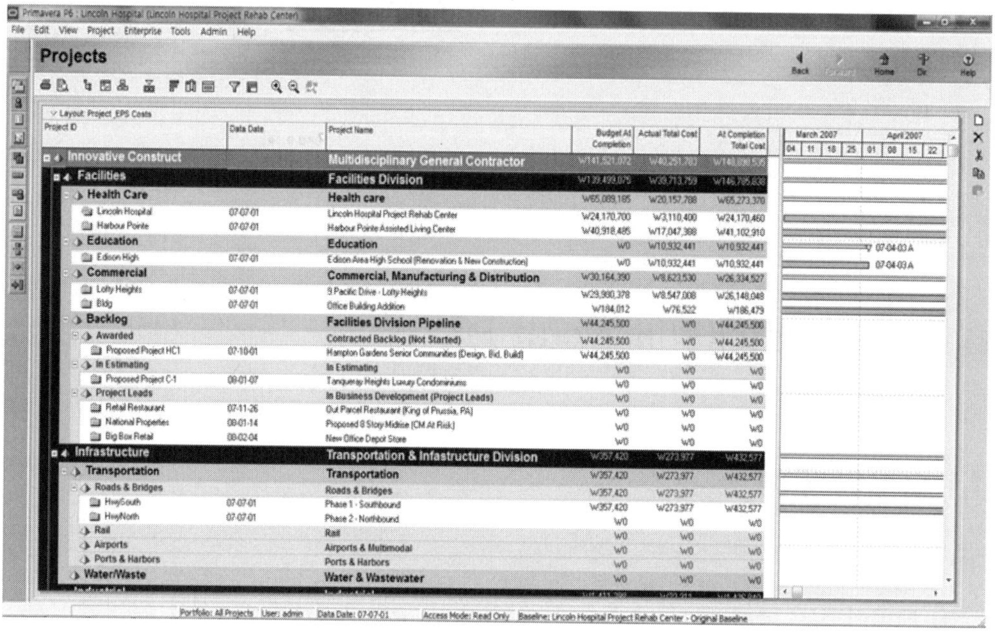

3) 기타 공정관리 요소들과의 상관관계

① EPS, Project, WBS, Activity

구분	범위	의미	Edit 위치	Display 항목	비고
EPS	회사	Grouping	EPS Window	EPS	
Project	개별프로젝트들	Data	Project Window	EPS & Project	EPS는 컬러 표현
WBS	현장	Grouping	WBS Window	WBS	WBS Lv. 1= Project
activity	개별작업들	Data	Activity window	WBS & Activity	WBS는 컬러 표현

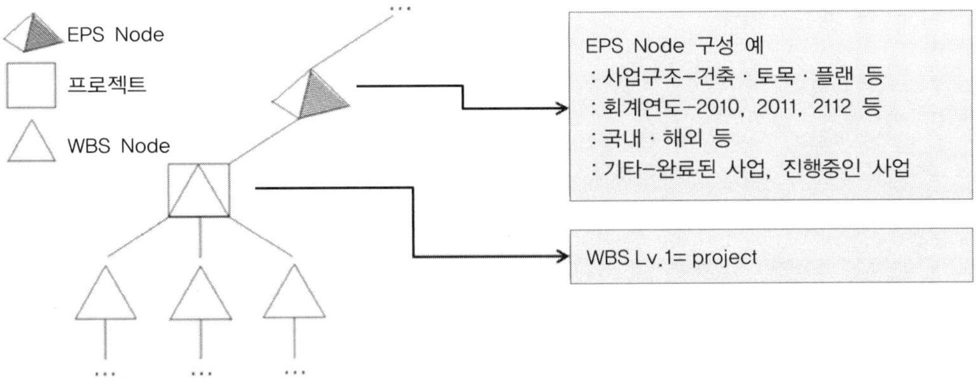

4) P6에서 EPS 생성, 삭제, 변경

① Enterprise / Enterprise Project Structure에서 생성, 삭제, 변경

② 상하 화살표 아이콘을 통해 위치 조절, 좌우 화살표 아이콘을 통해 위계 조절

③ 새로운 Node는 커서가 위치한 Node의 하위 레벨에 생성되며, EPS 변경사항은 즉시 Project 화면에 반영됨.

④ EPS 삭제 시 해당 EPS Node의 하위에 있는 모든 Project, WBS, Activity들이 삭제되며 되돌릴 수 없음.

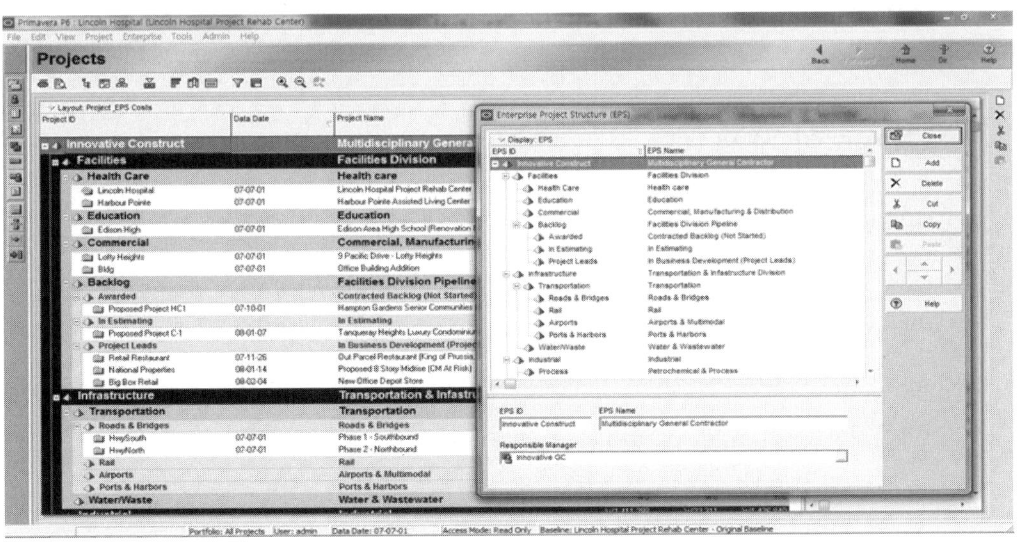

5) EPS 생성 실습

① 아래 그림을 참고하여 교육을 위해 별도의 Root를 가진 EPS를 생성

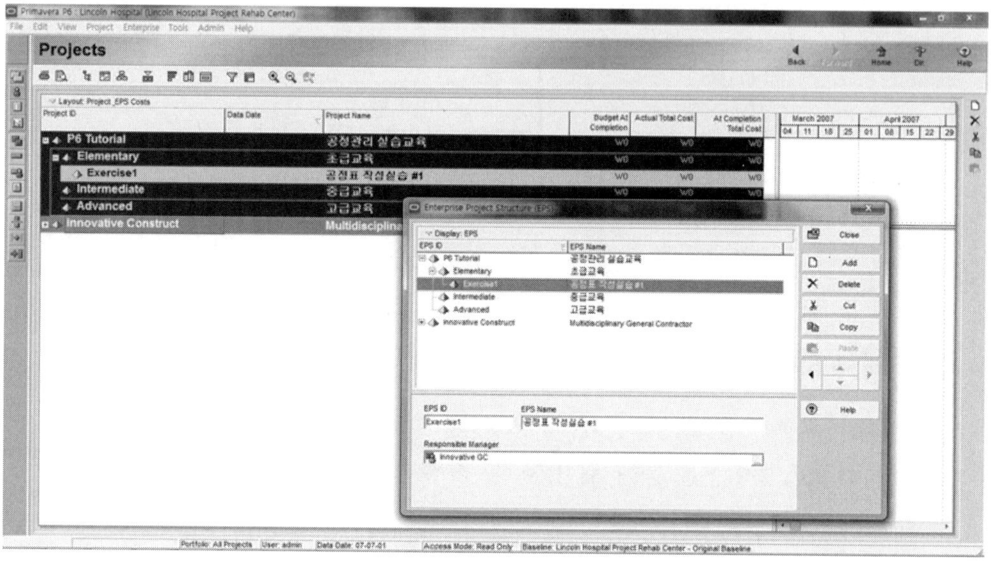

② ID 중복제한 : DB의 Primary Key 및 Unique 제약조건으로 인해 P6내 각종 ID는 중복 불가, Null 불가

③ 위에서 본 것처럼 필요에 의해 EPS는 여러 개의 Root를 가질 수도 있음.

1.2 프로젝트의 생성

1) 프로젝트 생성

① 프로젝트의 생성, 삭제, 변경은 프로젝트 화면에서 이루어짐

② 프로젝트를 생성하고자 하는 해당 EPS에 커서를 놓고 생성

③ File 'New... 선택, 프로젝트 화면에서 마우스 우 클릭 후 'Add' 선택, 화면 오른쪽 아이콘에서 'Add' 선택, 단축키

④ 프로젝트의 하위에 신규 프로젝트를 생성할 수는 없음.

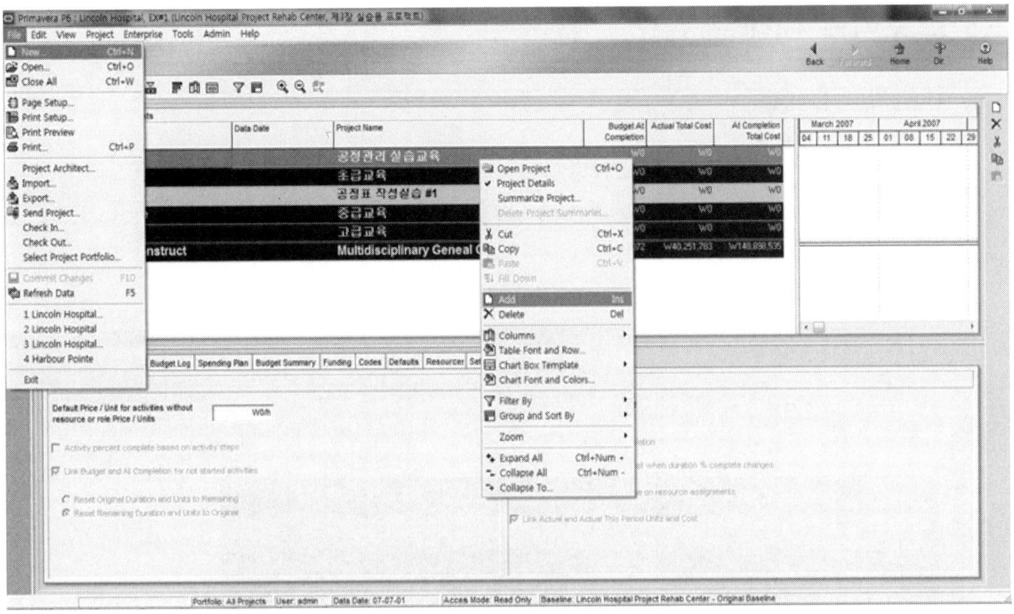

2) 프로젝트 생성 실습

① 앞에서 생성한 EPS 하위에 연습용 프로젝트를 하나 생성

② 기존에 열려 있던 프로젝트는 Close하고 작업(Ctrl + W)

③ ID : EX#1, Name : 제3장 프로젝트, 착수일 : 교육 당일 , 종료일 : 공란

④ 이후 나오는 'Responsible Manager', 'Assignment Rate Type', 'Project Architect' 등은 고려하지 않고 Finish 버튼

⑤ ID 중복 제한을 고려해 Project ID는 영문+숫자 등의 형태로 인식하기 쉽게 설정할 것을 권장함.

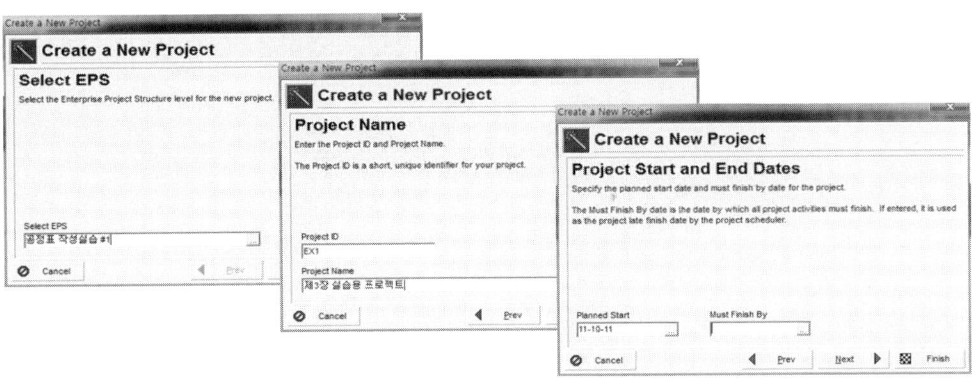

1.3 프로젝트 디테일 검토

1) 프로젝트 Detail

① 반드시 해당 Project를 선택해야만 Detail을 검토하거나 수정할 수 있음.

② View > Show on Bottom > Project Detail 선택, 단축아이콘에서 Show Bottom Layout 선택

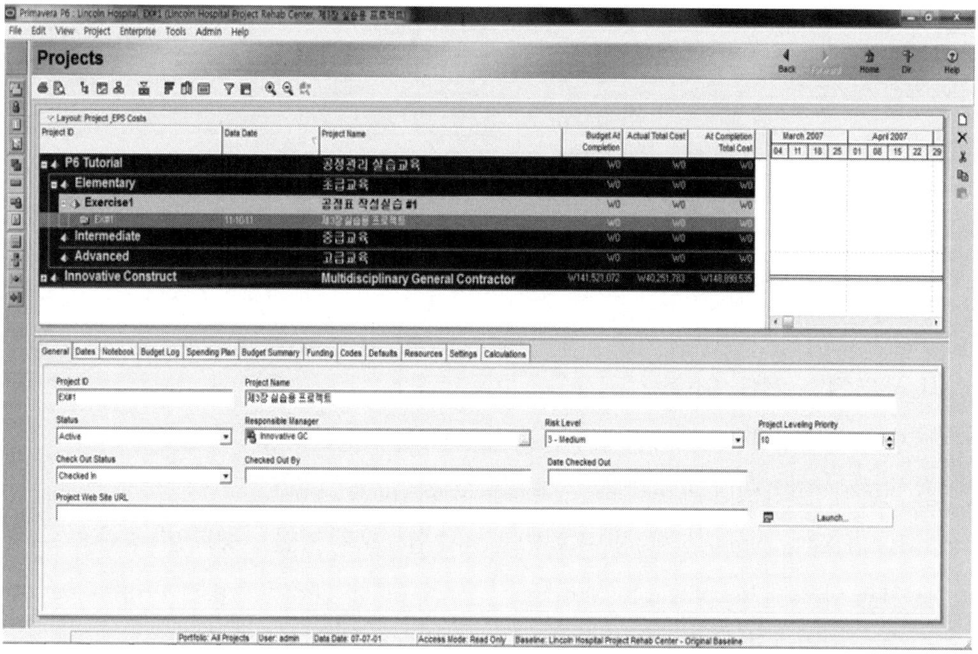

2) General Tab

원칙적으로 공정표 개발단계에서는 Planned, 공정표 승인 후에는 Active, 만회대책 공정표는 What-if, 공사종료 후에는 Inactive 등으로 구분하는 것이 맞으나 현실적으로 Active만 사용하는 상황이다.

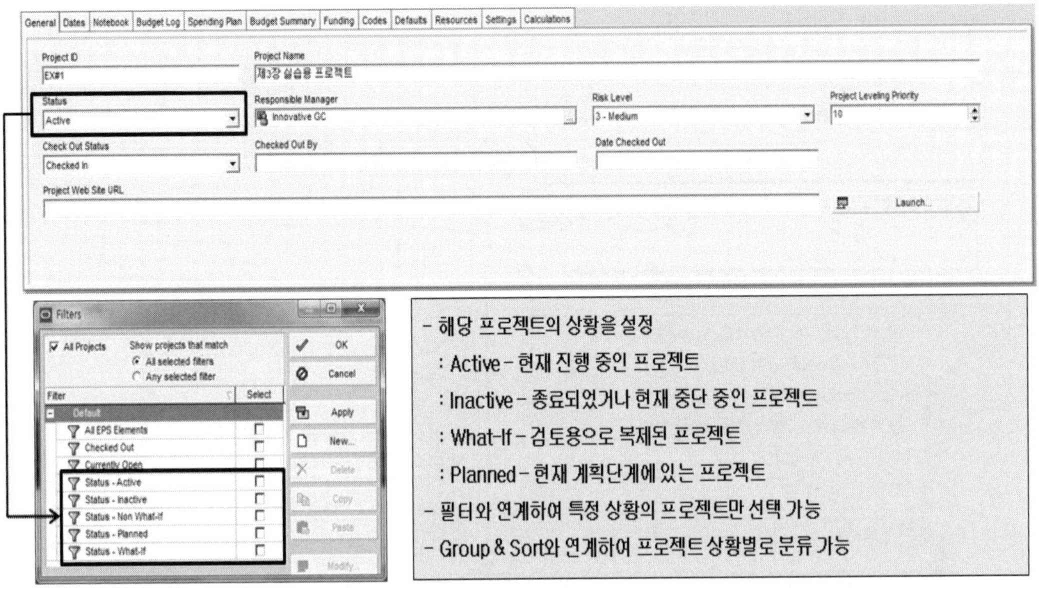
General Dates Notebook Budget Log Spending Plan Budget Summary Funding Codes Defaults Resources Settings Calculations
Project ID
EX#1
Project Name
제3장 실습용 프로젝트
Status
Active
Responsible Manager
Innovative GC
Risk Level
3 - Medium
Project Leveling Priority
10
Check Out Status
Checked In
Checked Out By
Date Checked Out
Project Web Site URL
Launch...
Filters
All Projects
Show projects that match
All selected filters
Any selected filter
OK
Cancel
Apply
New...
Delete
Copy
Paste
Modify...
Filter
Select
Default
All EPS Elements
Checked Out
Currently Open
Status - Active
Status - Inactive
Status - Non What-If
Status - Planned
Status - What-If
- 해당 프로젝트의 상황을 설정
: Active - 현재 진행 중인 프로젝트
: Inactive - 종료되었거나 현재 중단 중인 프로젝트
: What-If - 검토용으로 복제된 프로젝트
: Planned - 현재 계획단계에 있는 프로젝트
- 필터와 연계하여 특정 상황의 프로젝트만 선택 가능
- Group & Sort와 연계하여 프로젝트 상황별로 분류 가능

3) Date Tab

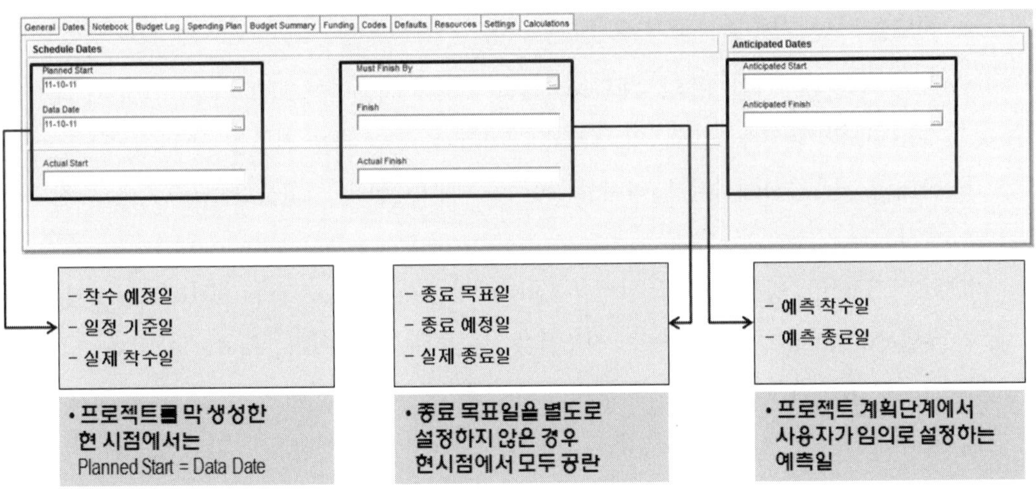
General Dates Notebook Budget Log Spending Plan Budget Summary Funding Codes Defaults Resources Settings Calculations
Schedule Dates
Planned Start
11-10-11
Data Date
11-10-11
Actual Start
Must Finish By
Finish
Actual Finish
Anticipated Dates
Anticipated Start
Anticipated Finish
- 착수 예정일
- 일정 기준일
- 실제 착수일
- 종료 목표일
- 종료 예정일
- 실제 종료일
- 예측 착수일
- 예측 종료일
• 프로젝트를 막 생성한 현 시점에서는 Planned Start = Data Date
• 종료 목표일을 별도로 설정하지 않은 경우 현시점에서 모두 공란
• 프로젝트 계획단계에서 사용자가 임의로 설정하는 예측일

4) Default Tab

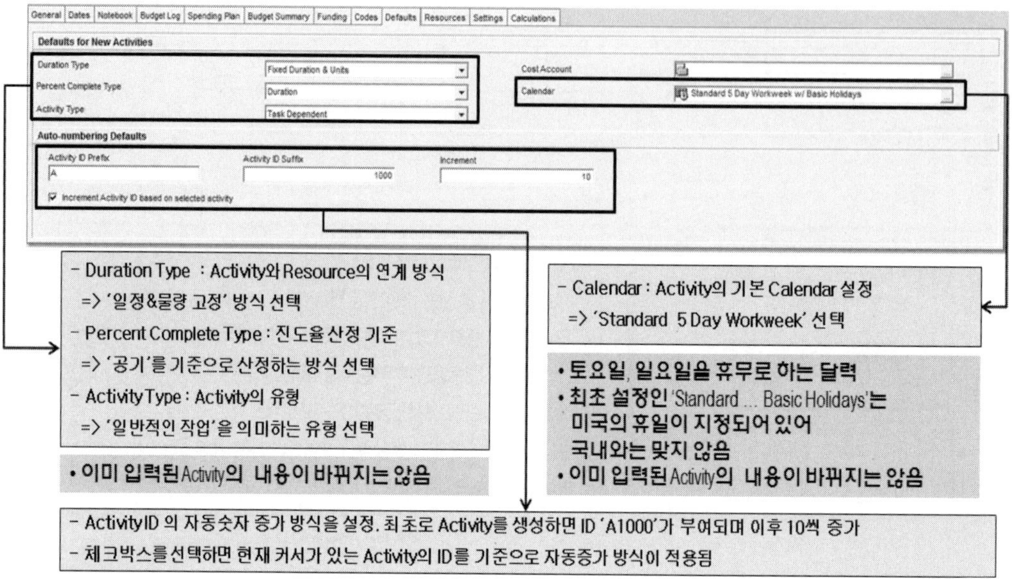

※ 진도율 산정기준을 '공기'로 하는 이유

① 보통 플랜트 사업 등의 해외공사에서 P6을 이용하여 진도율을 산정할 때에는 'Physical' 방식과 'STEP'의 Weight Value를 활용하여 진도율 산정

② 국내의 건축공사에서는 내역서상 '총물량' 대비 '실제 소화물량'을 기준으로 진도율 산정

③ P6의 'Units' 방식 진도율 산정은 Labor 및 Non Labor Type의 Resource에 대해 투입 Manhours를 기준으로 진도율을 산정하는 방식이며, Material Type Resource를 Activity와 연계한 상황에서는 적용할 수 없음

④ 따라서 P6에서 실제 소화물량을 기준으로 진도율을 산정하고자 한다면, 별도의 프로세스(월별 협력업체 기성산출 등)로 실투입물량을 산출한 후 해당 수치를 Activity와 연계된 Resource 각각에 손수 입력해야 하며(actual units), 진도율 또한 자동으로 계산되지 않고 수많은 Activity별로 '실투입물량/총투입물량'을 손수 계산하여 입력해야('Physical' 방식의 사용자 직접 입력 유형) 하므로 비효율적임.

⑤ 따라서 OD<25로 제한되는 관리기준공정표에서는 '실제 소화물량을 일정 완료 %에 기반하여 자동으로 산정'하는 옵션을 선택한 후 진도율을 '공기' 기준으로 보는 방식이 업데이트 작업을 용이하게 할 수 있는 방식임.

⑥ 물량을 기준으로 전체 진도율을 산정하고자 할 경우에는 P6의 Assignment 화면을 활용하여 공종별 실투입물량을 산출하고 이를 엑셀로 옮겨 계산하는 방식을 사용하는 것이 일반적임.

5) Settings Tab

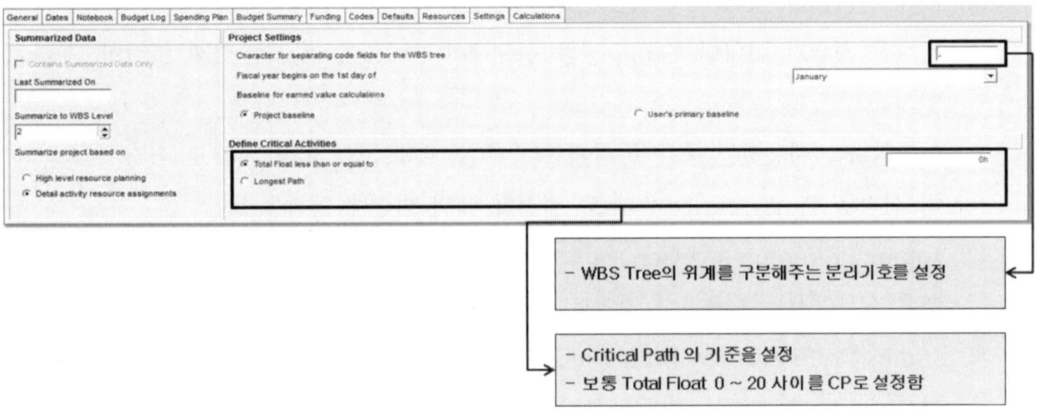

6) Calculations Tab

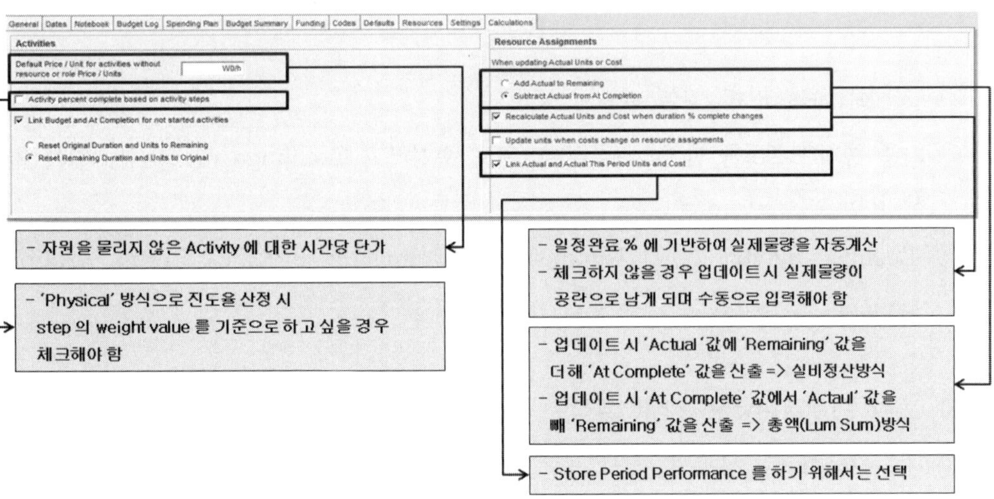

1.4 주요 Preference 검토

1) Admin Preferences 관련 설정

① Admin Preferences > General > Code Separator

- 특별한 이유가 없는 한 기본 값인 ' . ' 을 그대로 활용

② Admin Preferences > General > Starting Day of Week

- 특수한 경우가 아니면 'Sunday'를 선택해야 P6 Calendar와 실제 달력의 View가 일치함.
- 이슬람력을 사용하는 중동 등지에서는 주간 시작일을 'Thursday'로 설정
- 이 설정은 Timescale을 Week로 설정할 때의 화면에 영향을 줌.

③ Admin Preferences > General > Activity Duration

- 추후 실무에서는 사용자가 임의로 설정하면 됨.

④ Admin Preferences > Data Limits

- 기본적으로 제공하는 수치만으로 충분하나 대규모 복합 프로젝트의 경우 수치를 늘려줌.

⑤ Admin Preferences > ID Lengths

- ID에 한글 등을 사용하고 싶을 경우 수치를 늘려주어야 하는데 DB용량이 커질 수 있음.

2) Currencies 관련 설정

① 기준 통화(Base)를 한국의 원(₩) 단위로 수정하고 Exchange rate = 1.0임을 확인해야 함

② Decimal symbol : ' . ', Number of Decimal places : ' 0 ', Digit grouping symbol : ' , '

3) User Preferences 관련 설정

① User Preferences > Time Units > Units Format

- Unit of Time은 'Day'로 설정, Decimals은 ' 0 '으로 설정, 'Show Unit label'에 체크

② User Preferences > Time Units > Durations Format

- Unit of Time은 'Day'로 설정, Decimals은 '0'으로 설정, 'Show Duration label'에 체크

③ User Preferences > Time Units > Units/Time Format

- 'Show as units/duration' 선택

④ User Preferences > Assistance > Wizard

- Wizard를 활용하는 것이 비효율적일 수 있으므로 실무에서는 모두 해제

⑤ User Preferences > Dates > Date Format

- 국내 프로젝트의 경우 'Year, Month, Day' 선택
- 해외 프로젝트의 경우 'Day, Month, Year' 선택

⑥ User Preferences > Dates > Options

- 사용자가 취향에 따라 적절하게 구성
- 국내의 경우 주로 'YY-MM-DD' 형태로 구성(Leading Zeroes만 체크, 구분기호 ' - '선택)
- 해외의 경우 주로 'DD-Month name-YY'로 구성(Month name 체크)

⑦ User Preferences > ates > Time

- 'Do not show time'을 선택

⑧ User Preferences > Currency > Currency Option

- 화면에 표시될 View Currency는 Admin Preference에서 설정한 '한국의 원(₩)'을 선택
- 'Show currency symbol'에 체크, 'Show Decimal Digits'에 체크
- 해외 프로젝트에 기타 통화를 활용해야 할 경우, Base 통화와 환율 차이가 클 경우에는 가치가 낮은 통화를 Base로 하고 가치가 높은 통화에 Exchange Rate를 적용

2 MS Project 프로그램

2.1 프로젝트 생성 및 달력 설정

1) 프로젝트 정보

① 메뉴 : 프로젝트 > 프로젝트 정보

② 시작 날짜 : 공사 착수일

③ 현재 날짜 : Updating 기준일

④ 달력 : 프로젝트 달력

⑤ Scheduling 개념

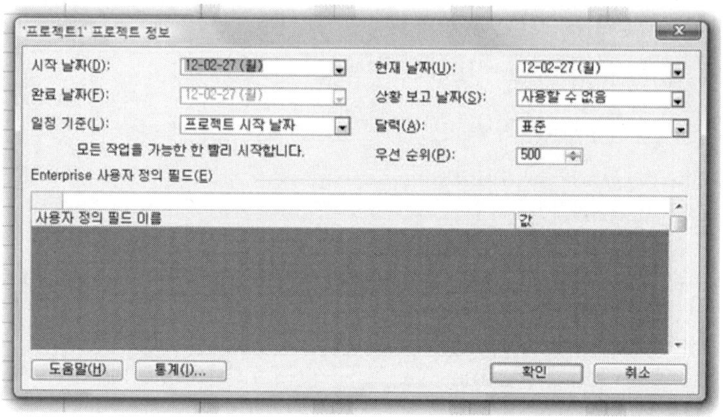

2) 달력 설정(비작업일 지정)

① 메뉴 : 도구 > 작업시간 바꾸기

② 달력 콤보 박스 선택

③ 하단 작업주, 기본값 선택

④ 자세히 버튼 클릭

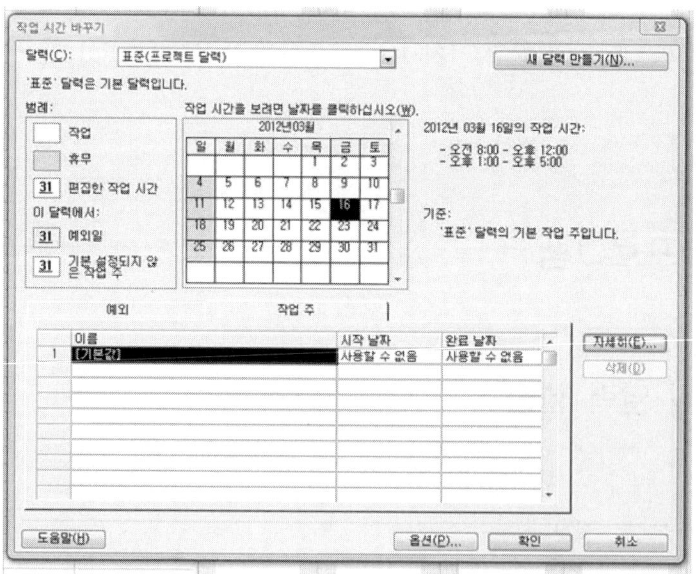

2.2 계획공정표 작성

1) Activity 및 Duration 입력

① Task Name 입력

② Indent, Outdent 사용

③ Duration : 순수작업일 입력

2) Relationship 연결

① 마우스, 드래그 연결

② 기본 FS Type, 수정작업

③ Lag Time 설정

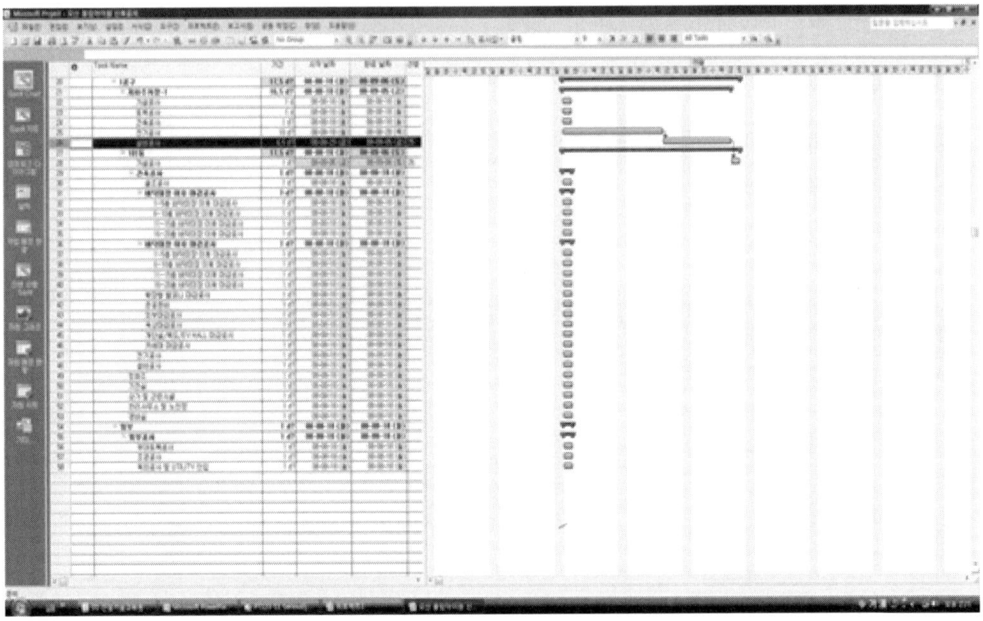

3) 초기 계획공정표 완성 및 저장

① 초기 계획 공정표 완성 및 확정 (Rev. 0)

② Baseline Schedule

③ Actual Schedule

④ As-Built Schedule

⑤ 메뉴 : 도구 > 작업진행 관리 > 초기계획 설정

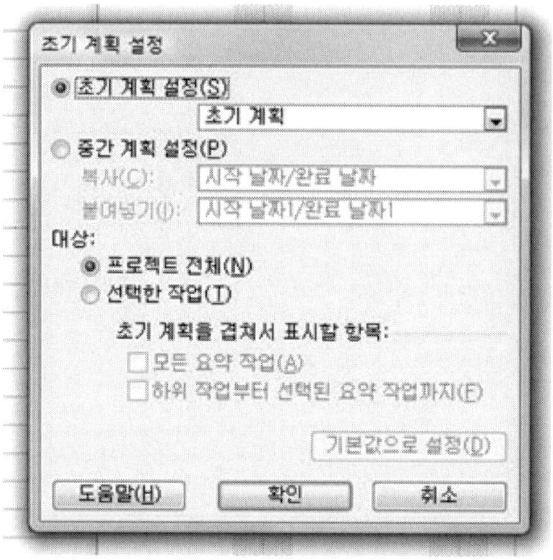

4) 계획공정과 진행공정을 비교 표현

① 메뉴 : 서식 > Gantt 차트 마법사

② Date Date 날짜선 컬러 변경

③ 진도관리용 아이콘 보이기, 메뉴

④ 보기 > 도구모음 > 작업진행관리

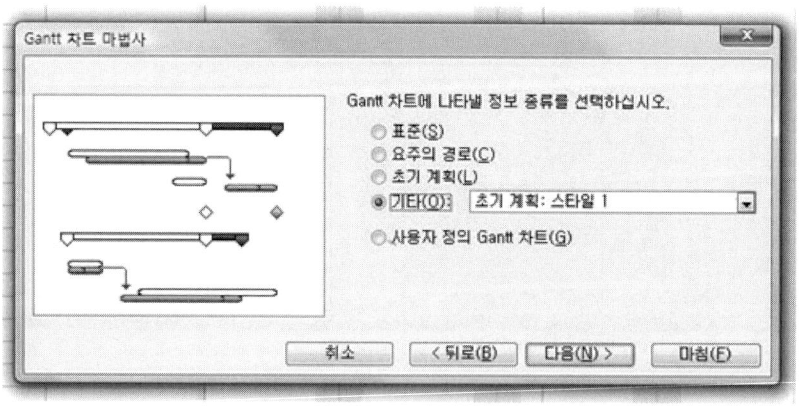

2.3 진도관리 업무

1) 공정표 Updating

① Date Date 변경 : 프로젝트 > 프로젝트 정보 > 현재 날짜 변경

② Date Date까지 실시공정 입력, 잔여일정 조정

③ 실시한 특정 Activity 선택하고  을 선택하면

④ Date Date까지 실시공정으로 변함

⑤ 실시공정의 변경은 시작날짜와 완료날짜 변경

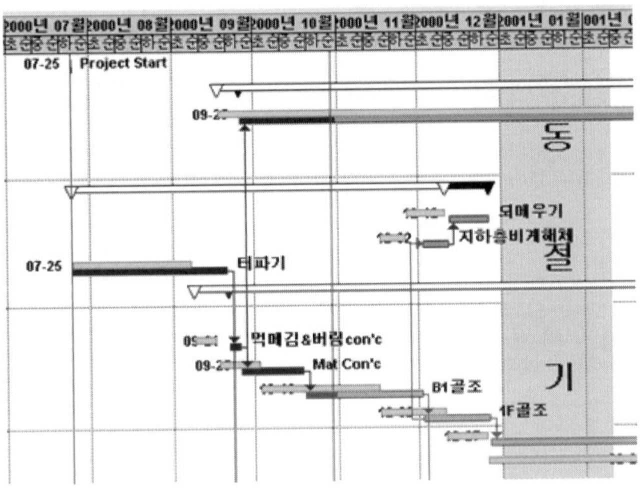

2) 진도율 보기

① 해당 Activity 더블 클릭, 작업정보에서 완료율 확인

② 메뉴 : 보기 > 테이블 > 작업진행관리

3) 공사비 입력

① 공사비는 각 Activity별로 계획 공사비를 입력하고 실투입공사비, 잔여공사비 등을 계산함

② 메뉴 : 보기 > 테이블 > 비용

③ 전체비용 = 고정비용 + 자원비용(단, 자원관리는 안하는 것으로 가정함)

④ 고정비용을 입력하면 전체비용이 산출됨

⑤ 고정비용 계산 시기는 "완료율에 비례"를 선택

⑥ 또는 메뉴 : 도구 > 옵션 > 계산 > 고정비용 계산 시기에서 초기 값으로 설정

⑦ 초기비용(Baseline Cost), 실제비용(Actual Cost), 남은비용(Remaining Cost)

⑧ 차이 : 전체비용과 초기비용의 차이(Cost Variance)

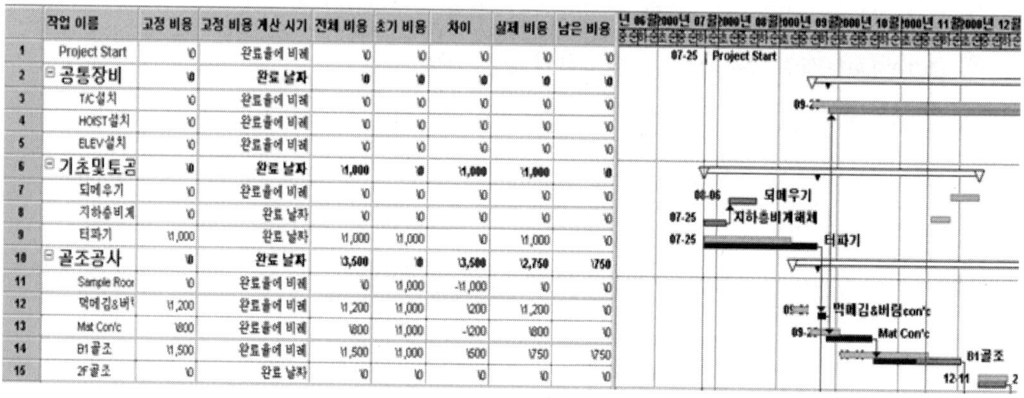

	작업 이름	고정 비용	고정 비용 계산 시기	전체 비용	초기 비용	차이	실제 비용	남은 비용
1	Project Start	\0	완료율에 비례	\0	\0	\0	\0	\0
2	⊟ 공통장비	\0	완료 날짜	\0	\0	\0	\0	\0
3	T/C설치	\0	완료율에 비례	\0	\0	\0	\0	\0
4	HOIST설치	\0	완료율에 비례	\0	\0	\0	\0	\0
5	ELEV설치	\0	완료율에 비례	\0	\0	\0	\0	\0
6	⊟ 기초및토공	\0	완료 날짜	\1,000	\0	\1,000	\1,000	\0
7	되메우기	\0	완료율에 비례	\0	\0	\0	\0	\0
8	지하층비계	\0	완료 날짜	\0	\0	\0	\0	\0
9	터파기	\1,000	완료 날짜	\1,000	\1,000	\0	\1,000	\0
10	⊟ 골조공사	\0	완료 날짜	\3,500	\0	\3,500	\2,750	\750
11	Sample Roor	\0	완료율에 비례	\0	\1,000	-\1,000	\0	\0
12	먹매김&버t	\1,200	완료율에 비례	\1,200	\1,000	\200	\1,200	\0
13	Mat Con'c	\800	완료율에 비례	\800	\1,000	-\200	\800	\0
14	B1골조	\1,500	완료율에 비례	\1,500	\1,000	\500	\750	\750
15	2F골조	\0	완료 날짜	\0	\0	\0	\0	\0

4) 공사비 보고서 출력

① 메뉴 : 보고서 > 보고서 > 비용

② 현금흐름 > 편집 > 크로스탭에서 주를 달로 필요 시 변경

③ 완료된 Activity는 Actual Cost를 표시함

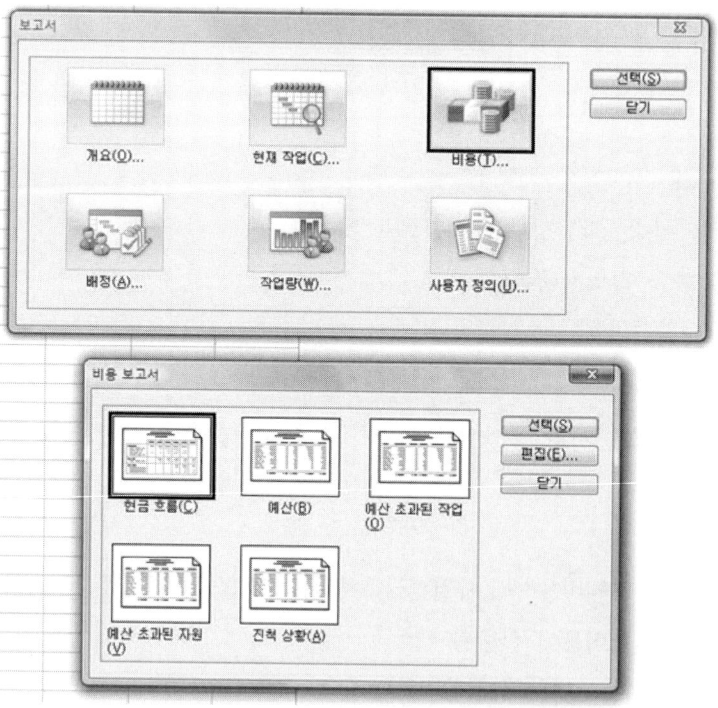

2.4 화면구성과 레이아웃

1) 다양한 화면보기

① 메뉴 : 보기 > 테이블

② 사용자가 원하는 양식의 화면을 선택할 수 있음

③ 선택에 따라 화면에 보이는 정보가 변경됨

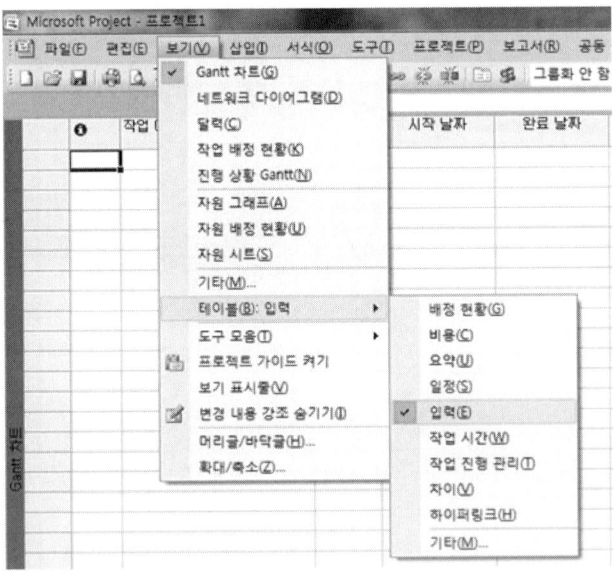

2) 날짜 표시줄(Time Scale) 조정

① 메뉴 : 서식 > 날짜 표시줄

② 프로젝트 기간에 따라 일, 월, 주, 년 등 표시간격 변경

③ 날짜 표시줄은 1~3줄로 표시 가능

④ 실제적인 시각표시는 가능

⑤ 착수시점부터의 경과시간 표시도 가능

⑥ 실습 : 3줄로 년, 월, 경과시간을 표시

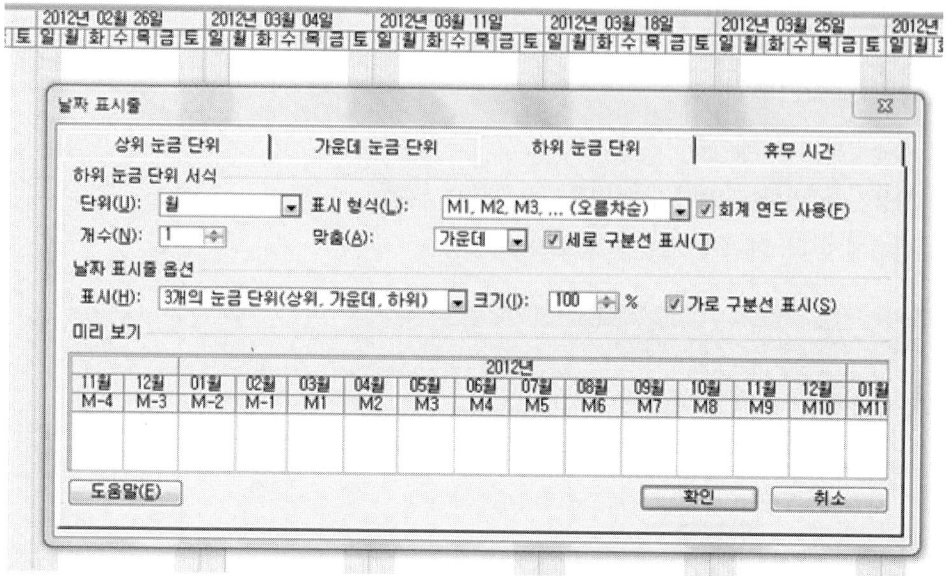

3) 막대 스타일(Bar Style) 조정

① 메뉴 : 서식 > 막대 스타일

② 사용자가 원하는 모양 · 무늬 · 색깔 · 막대 양끝의 모양 등 막대 스타일을 편집할 수 있음

③ 막대 이름이 범례에 표시됨

④ 착수일 · 종료일 · 투입자원 · 완료율 등 막대 주변에 표시하는 필드 값은 텍스트 탭에서 설정

⑤ 실습 : 요주의 작업(CP Activity)를 나타내는 막대 추가

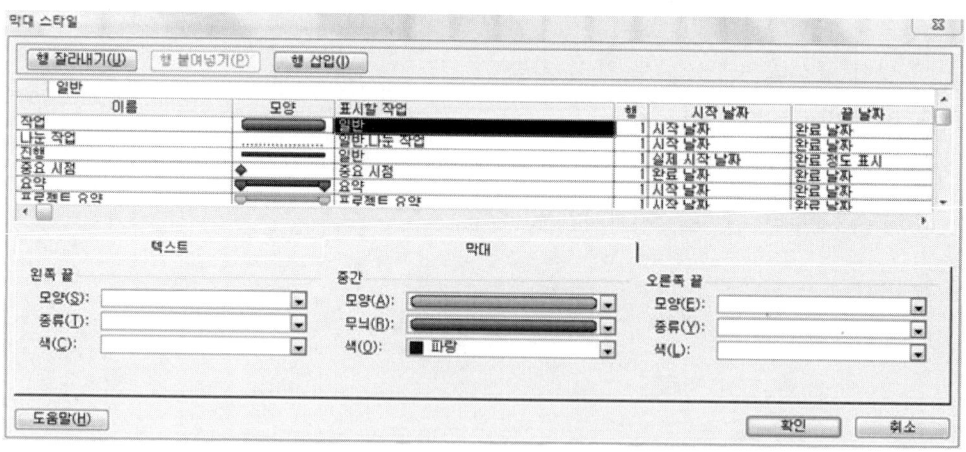

4) 레이아웃 설정

① 메뉴 : 서식 > 레이아웃

② 의존관계 연결표시, 날짜형식, 막대높이, 겹쳐서 표시, 그리기 개체 표시 등의 여부를 결정

③ Gantt 막대를 항상 요약작업에 겹쳐서 표시에 체크한 후 요약작업 확장 시 겹쳐서 표시 안 함에 체크하면 WBS 수준의 요약작업을 펼치면 요약작업의 막대 스타일이 유지되고 요약작업을 접으면 일반작업의 막대 스타일로 표시됨.

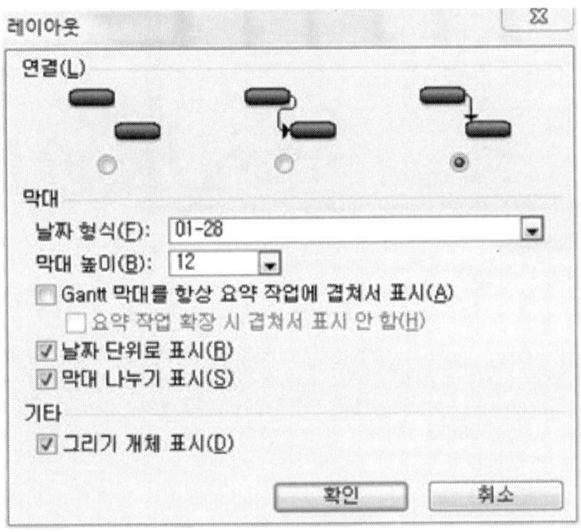

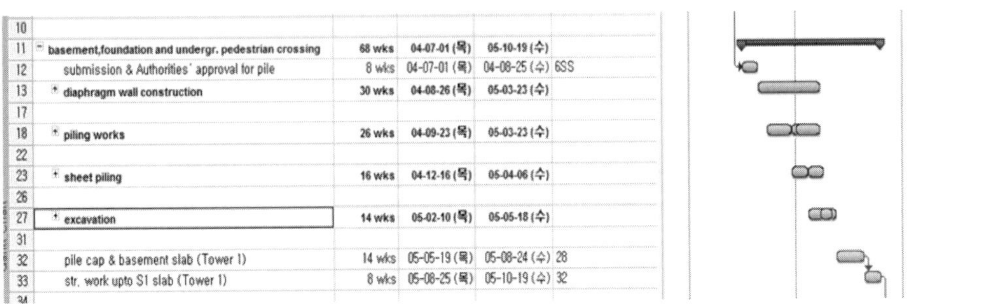

2.5 작업정보 보기 및 편집

① 메뉴 : 프로젝트 > 작업정보

② 칼럼에서 해당 작업을 더블 클릭해도 됨

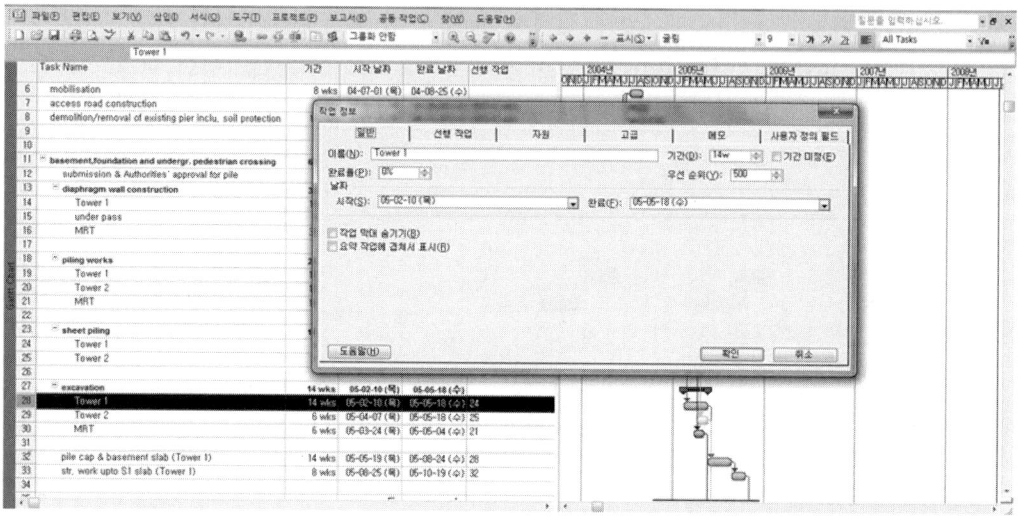

2.6 페이지 설정 및 출력

① 메뉴 : 파일 > 페이지 설정

② 엑셀과 거의 같은 방식으로 출력양식 설정

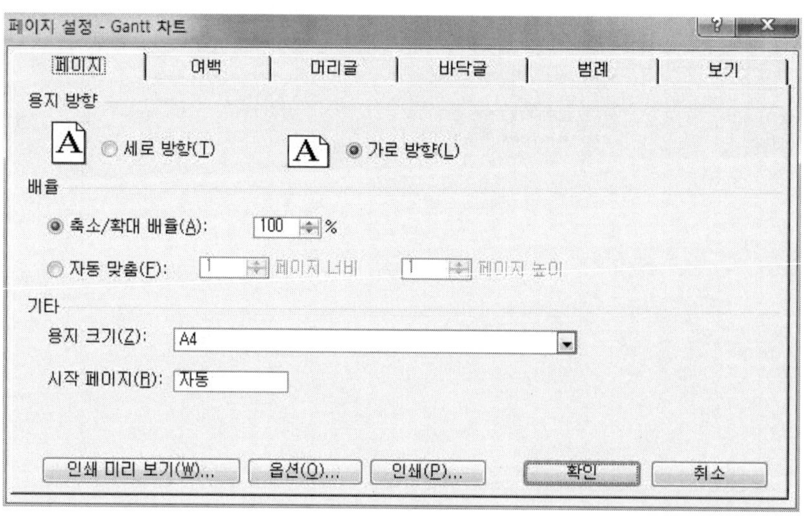

2.7 공정표 작성 실습

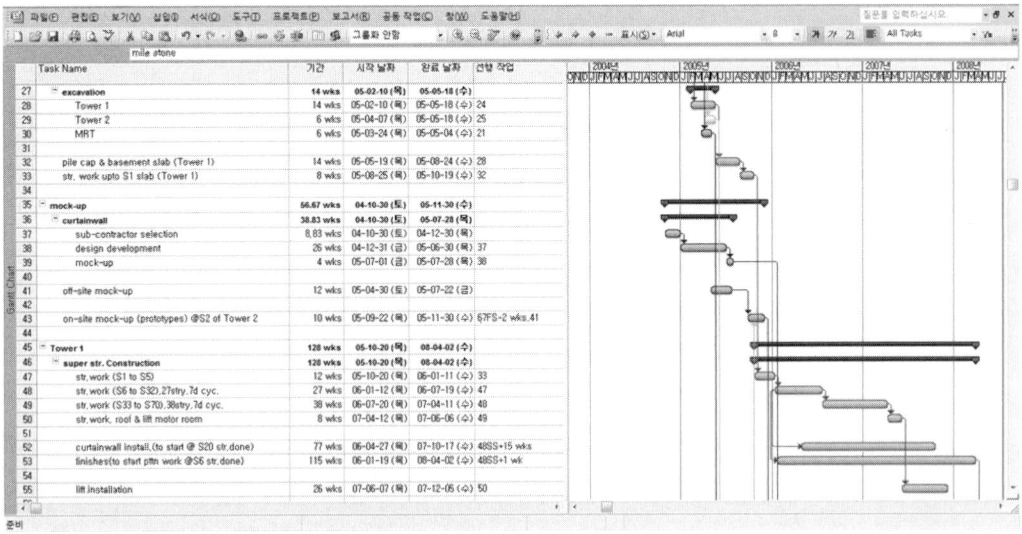
mile stone
Task Name
기간
시작 날짜
완료 날짜
선행 작업
27 excavation 14 wks 05-02-10 (목) 05-05-18 (수)
28 Tower 1 14 wks 05-02-10 (목) 05-05-18 (수) 24
29 Tower 2 6 wks 05-04-07 (목) 05-05-18 (수) 25
30 MRT 6 wks 05-03-24 (목) 05-05-04 (수) 21
31
32 pile cap & basement slab (Tower 1) 14 wks 05-05-19 (목) 05-08-24 (수) 28
33 str. work upto S1 slab (Tower 1) 8 wks 05-08-25 (목) 05-10-19 (수) 32
34
35 mock-up 56.67 wks 04-10-30 (토) 05-11-30 (수)
36 curtainwall 38.83 wks 04-10-30 (토) 05-07-28 (목)
37 sub-contractor selection 8.83 wks 04-10-30 (토) 04-12-30 (목)
38 design development 26 wks 04-12-31 (금) 05-06-30 (목) 37
39 mock-up 4 wks 05-07-01 (금) 05-07-28 (목) 38
40
41 off-site mock-up 12 wks 05-04-30 (토) 05-07-22 (금)
42
43 on-site mock-up (prototypes) @S2 of Tower 2 10 wks 05-09-22 (목) 05-11-30 (수) 67FS-2 wks,41
44
45 Tower 1 128 wks 05-10-20 (목) 08-04-02 (수)
46 super str. Construction 128 wks 05-10-20 (목) 08-04-02 (수)
47 str.work (S1 to S5) 12 wks 05-10-20 (목) 06-01-11 (수) 33
48 str.work (S6 to S32),27stry.7d cyc. 27 wks 06-01-12 (목) 06-07-19 (수) 47
49 str.work (S33 to S70),38stry.7d cyc. 38 wks 06-07-20 (목) 07-04-11 (수) 48
50 str.work, roof & lift motor room 8 wks 07-04-12 (목) 07-06-06 (수) 49
51
52 curtainwall install.(to start @ S20 str.done) 77 wks 06-04-27 (목) 07-10-17 (수) 48SS+15 wks
53 finishes(to start pttn work @S6 str.done) 115 wks 06-01-19 (목) 08-04-02 (수) 48SS+1 wk
54
55 lift installation 26 wks 07-06-07 (목) 07-12-05 (수) 50
Gantt Chart
준비

건축공정관리 _ 建築工程管理

APPENDIX

부 록

건축공정관리 용어 정리

용 어	영 어	내 용	기호
프로젝트	project	네트워크에서 표현하고자 하는 대상공사	
네크워크	network	작업의 순서관계를 화살표와 동그라미로 표현하는 망상도	
화살형 네트워크	arrow diagram method	화살선으로 작업을 나타내는 네트워크로 일명 I-J식이라 함.	ADM
박스형 네트워크	precedence diagram method	각 작업을 노드(node)로 표기하고 화살표는 단순히 작업의 선후관계만을 표시하는 것으로 AON방식이라 함.	PDM
공정계획	planning of progress	프로젝트의 공정을 계획하는 것으로서 순서계획과 일정계획을 포함하는 계획	
순서계획	planning	목표달성에 필요한 작업, 작업순서, 소요시간 및 자원 등을 정하는 계획	
일정계획	scheduling	지정공기, 소유자원 등의 제약 하에 계획달성에 필요한 작업의 일정을 정하는 계획	
공정관리	progress control	프로젝트의 공정을 관리하는 것으로 계획과 실제를 비교검토하고 필요한 조치를 취하는 것(진도관리)	

용 어	영 어	내 용	기호
작업, 활동	activity, job	전체 계획사업을 구성하는 하나하나의 개별 단위작업을 표시하며 시간과 자원을 필요로 함.	
선행작업	predecessor	전방에 있는 작업을 후방에 있는 작업에 대해 선행작업, 전공정이라 함.	
후행작업	successor	전방의 작업으로부터 후방의 작업을 볼 경우, 후속작업 또는 후공정이라 함.	
더미	dummy	화살형 네트워크에서 바르게 표현하지 못하는 작업의 상호관계를 나타내기 위해 사용하는 점선 화살선	
결합점	node, event	화살형 네트워크에서 작업과 작업을 결합하는 점 및 프로젝트의 개시점	
소요시간	duration	작업을 수행하는데 필요한 시간	D
시간견적	time estimates	작업의 소요시간을 계산, 견적하는 것	
일정계산	time analysis	네트워크상에서 소요시간을 기본으로 작업시각, 결합점 시각, 공기, 플로트 등을 계산하는 것	
작업시간		작업의 개시 또는 종료시각	
최조개시시각	earliest staring time	작업을 시작하는 가장 빠른 시각	EST
최조완료시각	earliest starting time	작업을 종료하는 가장 빠른 시각	EFT
최지개시시각	latest starting time	프로젝트의 공기에 영향이 없는 범위 내에서 작업을 가장 늦게 시작하여도 좋은 시각	LST
최지완료시각	latest finishing time	프로젝트의 공기에 영향이 없는 범위에서 작업을 자장 늦게 종료하여도 좋은 시각	LFT
결합점 시각	node time	화살형 네트워크에서 시간 계산된 결합점의 시각	
공기	duration	프로젝트를 수행하기 위해 필요한 시각	
지정공기		미리 지정되어져 있는 공기	
계산공기		네트워크의 시간계산에 의해 구하여진 공기	T
공기조정		계산공기를 지정공기에 맞추는 것	
패스	path	네트워크 중에서 둘 이상 작업의 이어진 경로	
작업분류체계	work breakdown structure	건설공사를 관리할 수 있는 작업단위를 트리형태로 구성한 것	WBS

용 어	영 어	내 용	기호
관리기준 공정표	baseline schedule	공사착수 전후 시점에 만들어지는 공정표로 전체 프로젝트의 기간, 각 작업의 선후관계를 포함하는 기준 공정표	
마일스톤 공정표	milestone schedule	발주자와 시공자 사이에 전체적인 공정관리를 모니터링하기 위해 주 공정선상에서 공기에 결정적으로 영향을 미치는 가장 중요한 작업들로 구성한 공정표	
3점 시간견적	three time estimates	신규작업이나 비반복적 계획에는 상당한 불확실성이 내포됨으로 t_o, t_m, t_p 3점 시간견적을 행하고 그 분포를 추정하여 적정시간과 분산을 구함.	
낙관치	optimistic time	작업이 보통상태보다 잘 진행될 경우 그 작업을 완성시키는데 필요한 최소시간	to
정상시간	most likely time	작업을 완료하는데 필요한 시간 중의 최다빈도를 갖는 시간	tm
비관치	pessimistic time	천재지변이나 화재 등 예측하지 못한 사고는 별개로 하고 작업이 제대로 되지 않았을 경우 소요되는 시간	tp
기대치	expected time	3점 시간 추정을 평균하여 하나의 추정 소요시간을 산출하는데 이를 기대시간치라 하며, 이때 평균은 가중평균치를 취함.	te
1점 시간견적	one time estimates	반복사업이 경험이 있는 사업의 경우 1점 시간견적을 행하여 공기를 추정. 이때 t_e는 3점 시간견적의 t_m이 됨.	
최조결합점 시각	earliest node time	개시결합점으로부터 대상이 되는 결합점에 이르는 경로 중 시간적으로 제일 긴 경로를 거쳐 가장 빨리 도달하는 결합점의 시각	ET
최지결합점 시각	latest node time	임의의 결합점으로부터 종료결합점에 이르는 경로 중 시간적으로 제일 긴 경로를 거쳐 프로젝트의 종료시각에 알맞은 여유가 전혀 없는 결합점 시각	LT
최장패스	longest path	임의 2결합점 간의 경로 중 소요시간이 가장 긴 경로	LP
주공정선	critical path	공사의 소요기간을 결정할 수 있는 경로로 최초작업으로부터 최종작업에 이르는 공정중 시간적으로 가장 긴 공정들을 연결한 경로	CP
결합점 여유, 슬랙	slack	공사 최종단계에 있어서의 완료예정일을 변경하지 않는 범위 내에서 각 결합점에 허용할 수 있는 시간적 여유(정여유, 영여유, 부여유)	S

용 어	영 어	내 용	기호
작업여유	float	공사의 전체공기에 영향을 주지 않는 한도 내에서 각 작업에 허용되는 시간적인 여유	F
총여유	total float	모든 선행작업이 최조개시시각으로 착수되고 또한 모든 후속작업들이 최지개시시각으로 착수될 때 이용 가능한 작업여유시간	TF
자유여유	free float	모든 작업이 최조개시시각으로 작업될 때 해당 작업이 이용 가능한 여유시간으로 후속작업에 영향을 주지 않음.	FF
간섭여유	interfering float, dependent float	총여유시간과 자유여유시간과의 차이를 말하며 자유여유시간을 넘어 간섭여유시간을 사용하게 되면 그만큼 후속작업의 여유시간이 감소됨.	IF, DF
독립여유	independent float	후속작업이 최조개시시각에서 개시되고 선행작업이 최지완료시각에서 완료되었을 때의 여유시간	INDF
자원배당	resource allocation	프로젝트를 수행하는데 필요한 인력, 자금, 기계설비, 자재 등의 제반자원을 효과적으로 할당하는 계획	
직접비	direct cost	공사에 직접 소요되는 비용으로 재료비, 노무비, 기계경비등을 포함하며 공기의 단축과 반비례하여 증가함.	
간접비	indirect cost	공사의 개별작업에 직접적인 관계를 가진 것이 아니고 전 프로젝트 수행에 관련되어 발생하는 비용. 현장관리 인건비, 현장사무실 임차료, 설비공급비, 사무비, 사무장비의 임차료, 관리비, 시설감가상각비 등의 현장경비와 일반관리비가 포함되며, 공기가 지연되면 이와 비례하여 증가 함.	
총공사비	total cost	직접비와 간접비의 총합이며, 이 비용은 시간 – 비용(공기–공비)도표에 표시하는 것이 편리하며 어떤 시점의 총 공사비는 그 시점에서의 두개곡선의 합계로 됨.	TC
정상공기	normal duration	보통상태로 어떤 공사를 진행할 경우의 소요공기를 의미하며, CPM의 시간견적은 이 시간견적에 의해 수리	
정상비용	normal cost	정상공기로 작업을 진행할 경우의 비용으로 직접자재비,장비비 및 직접인건비 등 직접비가 포함됨.	
급속(특급) 공기	crash duration	소요공기를 단축 가능한 한계까지 단축한 공기	
급속(특급) 비용	crash cost	급속공기로 작업을 진행할 때 소요되는 직접비	
비용구배	cost slope	시간단위를 일수로 하여 1일당 그 작업을 단축하는데 소요되는 비용(직접비)의 증가액	CS

용 어	영 어	내 용	기호
공기단축	minimum cost expediting	최소비용, 최적공기단축을 의미하며, ① 주공정의 발견 ② 주공정상에서 비용구배가 최소인 작업 발견 ③ 비용구배가 최소인 작업 또는 작업의 조를 단축 ④ 일정계획의 재수립	MCX
공정공사비 통합관리	Earned Value Management	사업비용 및 일정의 계획대비 실적을 통합된 기준으로 관리함으로써, 이에 따라 작업계획과 대비하여 실제의 작업 상황을 지속적으로 측정하여 최종 사업비용 및 예산 증액 등을 미리 예측하고 공정 전체를 효율적으로 관리하는 시스템	EVM
실행예산	Budgeted Cost of Work Scheduled	특정 기간 동안 수행하기로 계획된 일의 양이나 이 일의 양에 할당된 예산임. 실행예산 = 실행물량×실행단가	BCWS, PV
실행기성	Budgeted Cost of Work Performed	실행기성은 어느 기간 동안에 실제 수행되거나 완료된 일의 양이나 이 일의 양에 할당된 예산으로 실제 측정된 공사의 진도를 의미. 실행기성 = 실투입 물량×실행단가	BCWP, EV
실투입 비용	Actual Cost of Work Performed	특정 기간 동안 수행된 활동에 소요된 직 · 간접 비용을 의미. 실투입비용 = 실투입 물량 · 실투입 단가	ACWP, AC
총실행 예산	Budget at Completion	프로젝트의 시작단계에서 승인된 전체 물량에 대한 예산의 총합계.	BAC
변경실행 예산	Estimated at Completion	프로젝트를 시작하여 현재까지 작업을 수행한 실적에 근거하여 현재 시점에서 추정한 프로젝트 완료시까지 예상되는 투입 비용. 변경실행예산 = (실투입비용/실행기성)×총실행예산 = 실행예산/원가수행지수	EAC
실행예산 차이	Variance At Completion	변경실행 예산 EAC와 당초 설정된 총실행 예산 BAC와의 차이.	VAC
원가 차이	Cost Variance	실행기성(BCWP)을 근거로 실투입 비용(ACWP)이 원가범위 내에 있는지 원가범위를 초과했는지를 구분하는 척도. 원가 차이 = 실행기성 − 실투입 비용	CV
공기 차이	Schedule Variance	건설공사가 공정계획보다 앞서 있는지를 구분하는 척도로 계획대비 공정의 진척도를 측정하기 위한 지수. 공기 차이 = 실행기성 − 실행예산	SV

용 어	영 어	내 용	기호
원가수행지수	Cost Performance Index	수행된 작업의 비용 측면에서의 효율성을 측정하기 위한 지수로, 실행기성(BCWP)을 기준으로 공사완료된 부분이 이미 산정된 예산을 초과했는지 여부를 나타내는 공사수행의 척도. 원가수행지수 = 실행기성/실투입 비용	CPI
공기수행지수	Schedule Performance Index	실행기성을 기준으로 공정이 계획보다 앞서 있는지, 아니면 뒤쳐져 있는지를 판단하는 척도. 공기수행지수 = 실행기성/실행예산	SPI

WBS사례 – 주상복합아파트

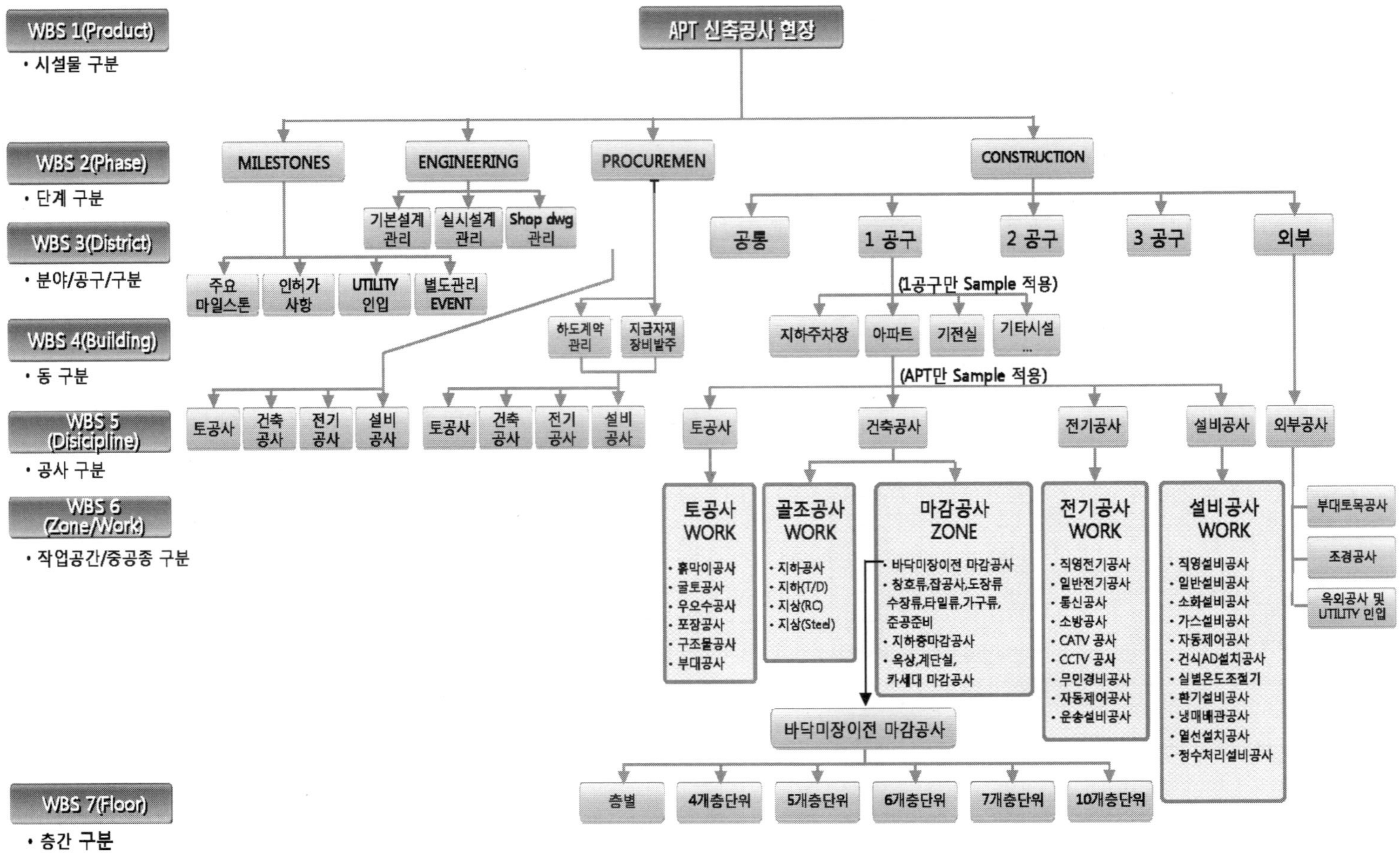

바 차트 공정표

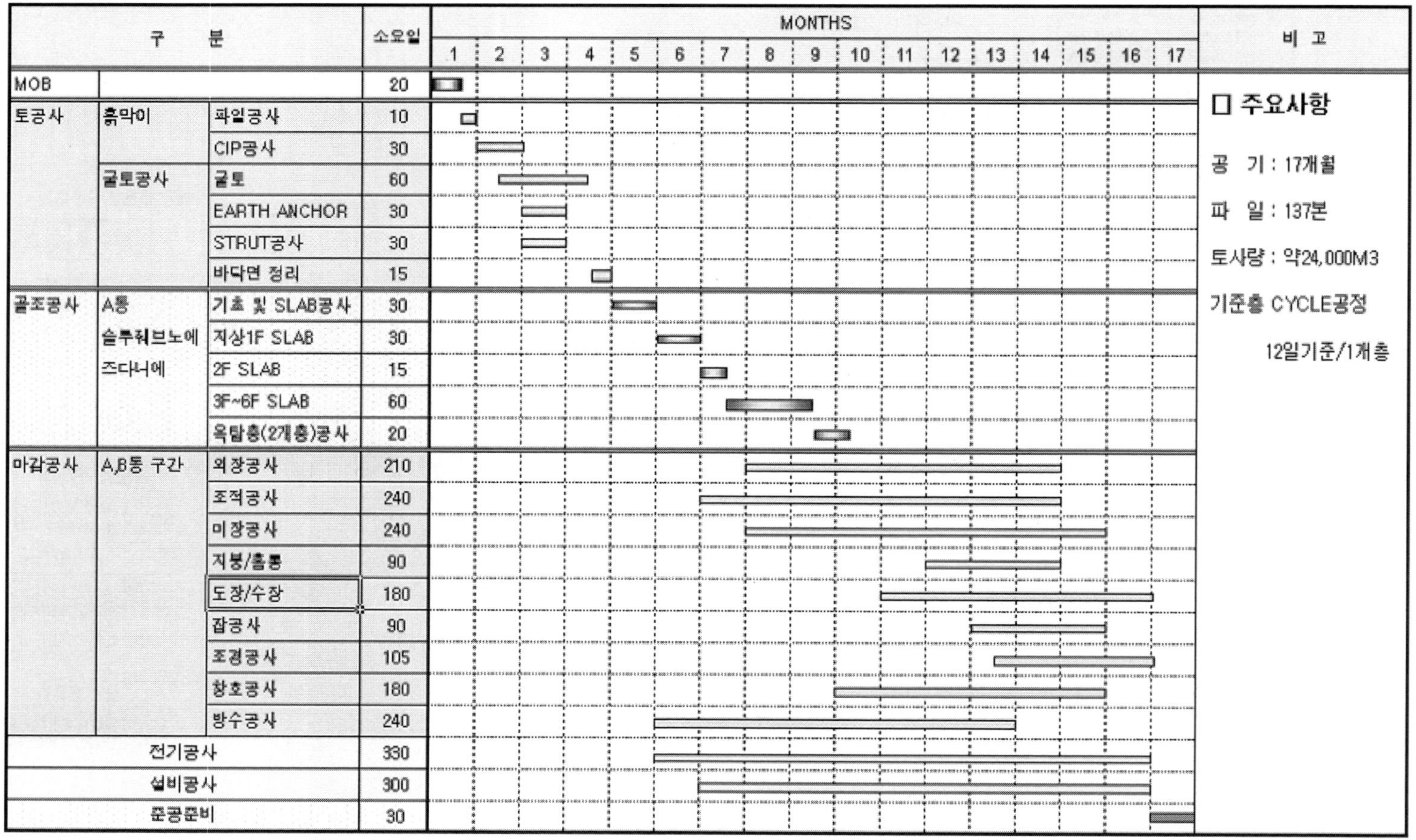
구 분
소요일
MONTHS
1 2 3 4 5 6 7 8 9 10 11 12 13 14 15 16 17
비 고
MOB 20
토공사
흙막이
파일공사 10
CIP공사 30
굴토공사
굴토 60
EARTH ANCHOR 30
STRUT공사 30
바닥면 정리 15
골조공사
A동
슬루워브노에
즈디너에
기초 및 SLAB공사 30
지상1F SLAB 30
2F SLAB 15
3F~6F SLAB 60
옥탑층(2개층)공사 20
마감공사
A,B동 구간
외장공사 210
조적공사 240
미장공사 240
지붕/홈통 90
도장/수장 180
잡공사 90
조경공사 105
창호공사 180
방수공사 240
전기공사 330
설비공사 300
준공준비 30
□ 주요사항
공 기 : 17개월
파 일 : 137본
토사량 : 약24,000M3
기준층 CYCLE공정
12일기준/1개층

Time Scaled 바 차트 공정표

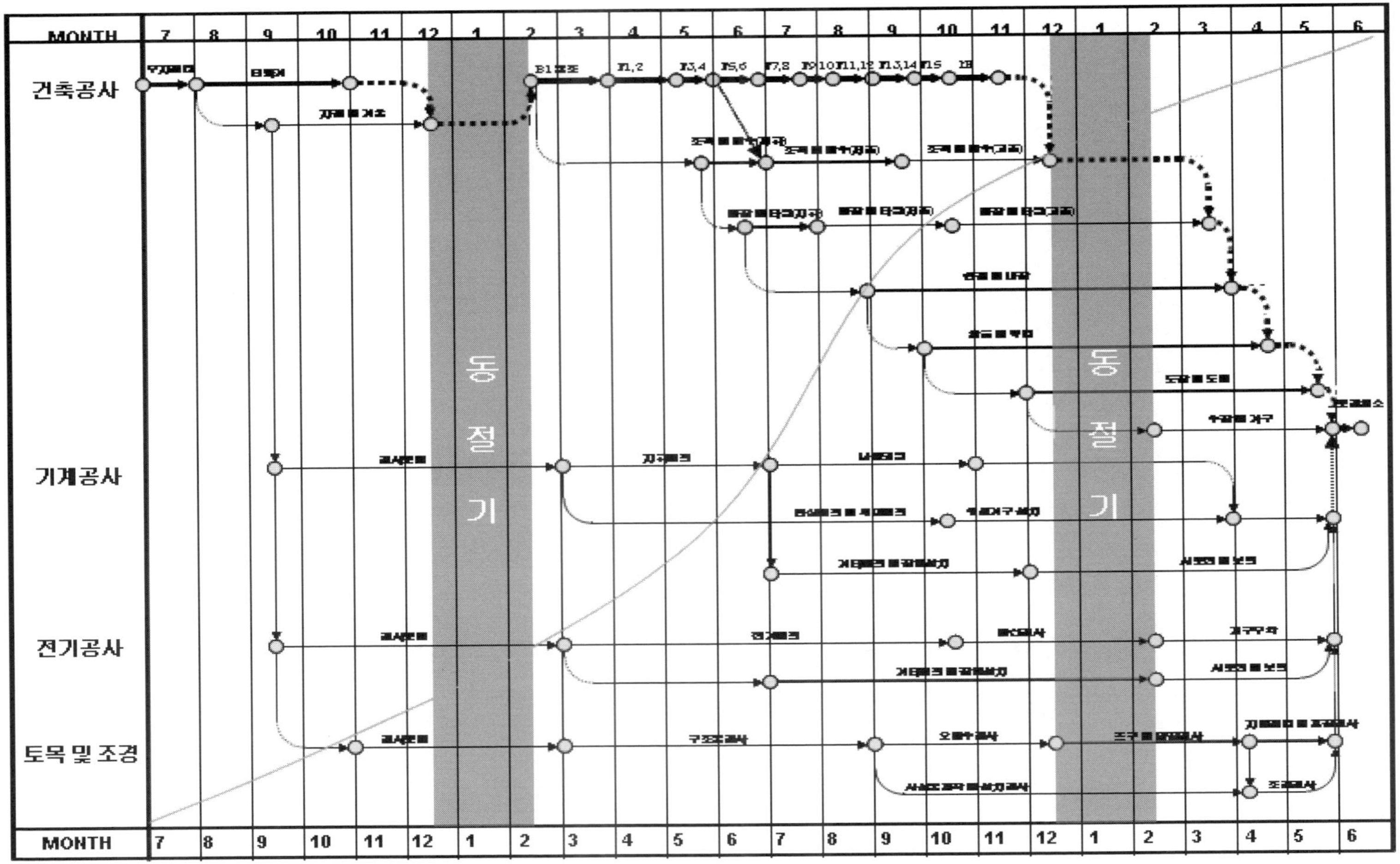

LOB 공정표

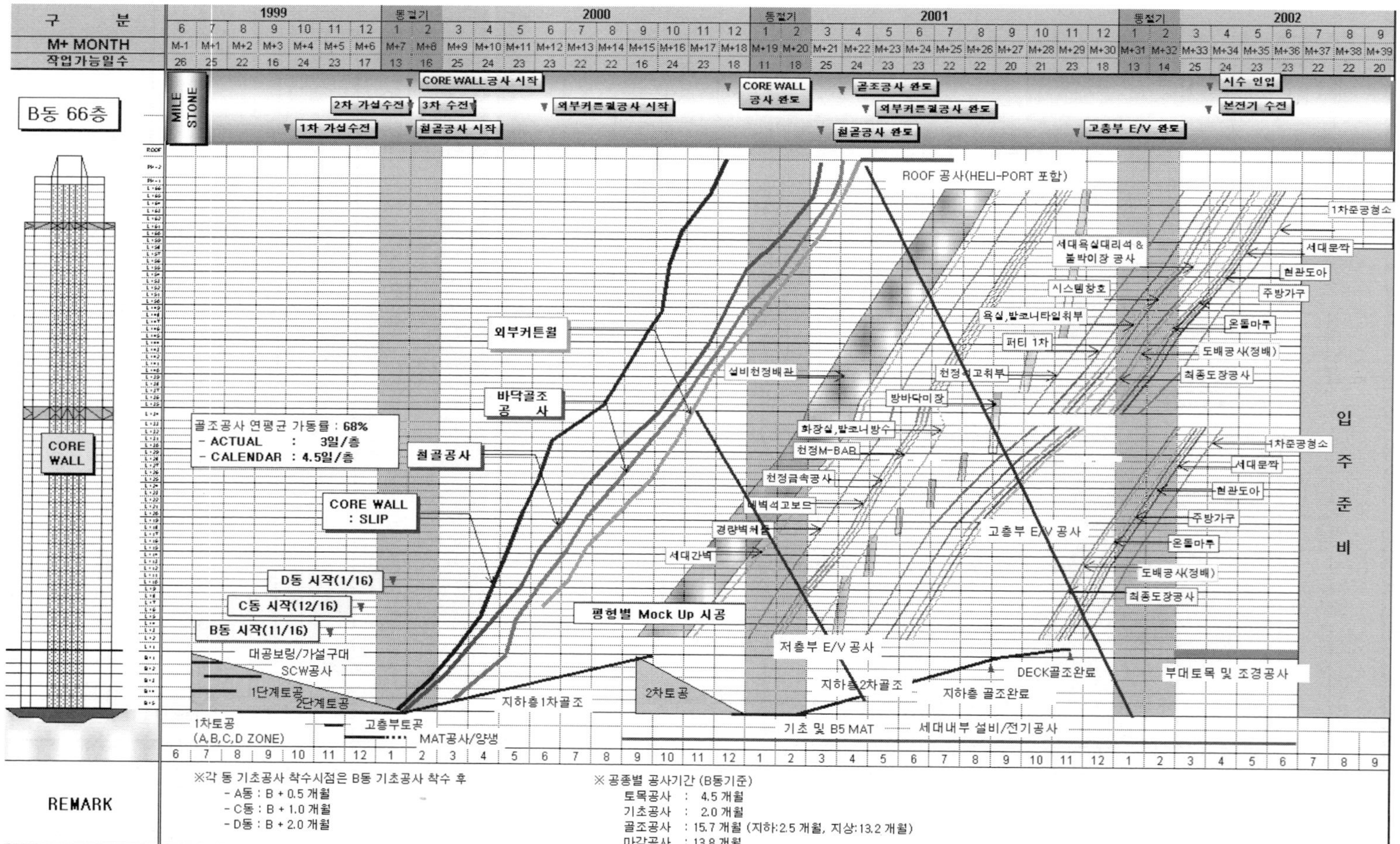
구분
M+ MONTH
작업가능일수
1999
2000
2001
2002
동절기
B동 66층
MILE STONE
1차 가설수전
2차 가설수전
3차 수전
CORE WALL공사 시작
철골공사 시작
외부커튼월공사 시작
CORE WALL 공사 완료
골조공사 완료
외부커튼월공사 완료
철골공사 완료
고층부 E/V 완료
시수 인입
본전기 수전
CORE WALL
ROOF 공사(HELI-PORT 포함)
외부커튼월
바닥골조 공사
철골공사
CORE WALL : SLIP
골조공사 연평균 가동률 : 68%
- ACTUAL : 3일/층
- CALENDAR : 4.5일/층
D동 시작(1/16)
C동 시작(12/16)
B동 시작(11/16)
대공보링/가설구대
SCW공사
1단계토공
2단계토공
1차토공 (A,B,C,D ZONE)
고층부토공
MAT공사/양생
지하층1차골조
2차토공
지하층2차골조
지하층 골조완료
DECK골조완료
기초 및 B5 MAT
세대내부 설비/전기공사
평형별 Mock Up 시공
저층부 E/V 공사
고층부 E/V 공사
설비천정배관
화장실,발코니방수
천정M-BAR
천정금속공사
세벽석고보드
경량벽체
세대간벽
방바닥미장
천정석고취부
퍼티 1차
욕실,발코니타일취부
시스템창호
세대욕실대리석 & 붙박이장 공사
1차준공청소
세대문짝
현관도아
주방가구
온돌마루
도배공사(정배)
최종도장공사
부대토목 및 조경공사
입주준비
REMARK
※각 동 기초공사 착수시점은 B동 기초공사 착수 후
- A동 : B + 0.5 개월
- C동 : B + 1.0 개월
- D동 : B + 2.0 개월
※ 공종별 공사기간 (B동기준)
토목공사 : 4.5 개월
기초공사 : 2.0 개월
골조공사 : 15.7 개월 (지하:2.5 개월, 지상:13.2 개월)
마감공사 : 13.8 개월

관리기준 공정표(S-Curve)

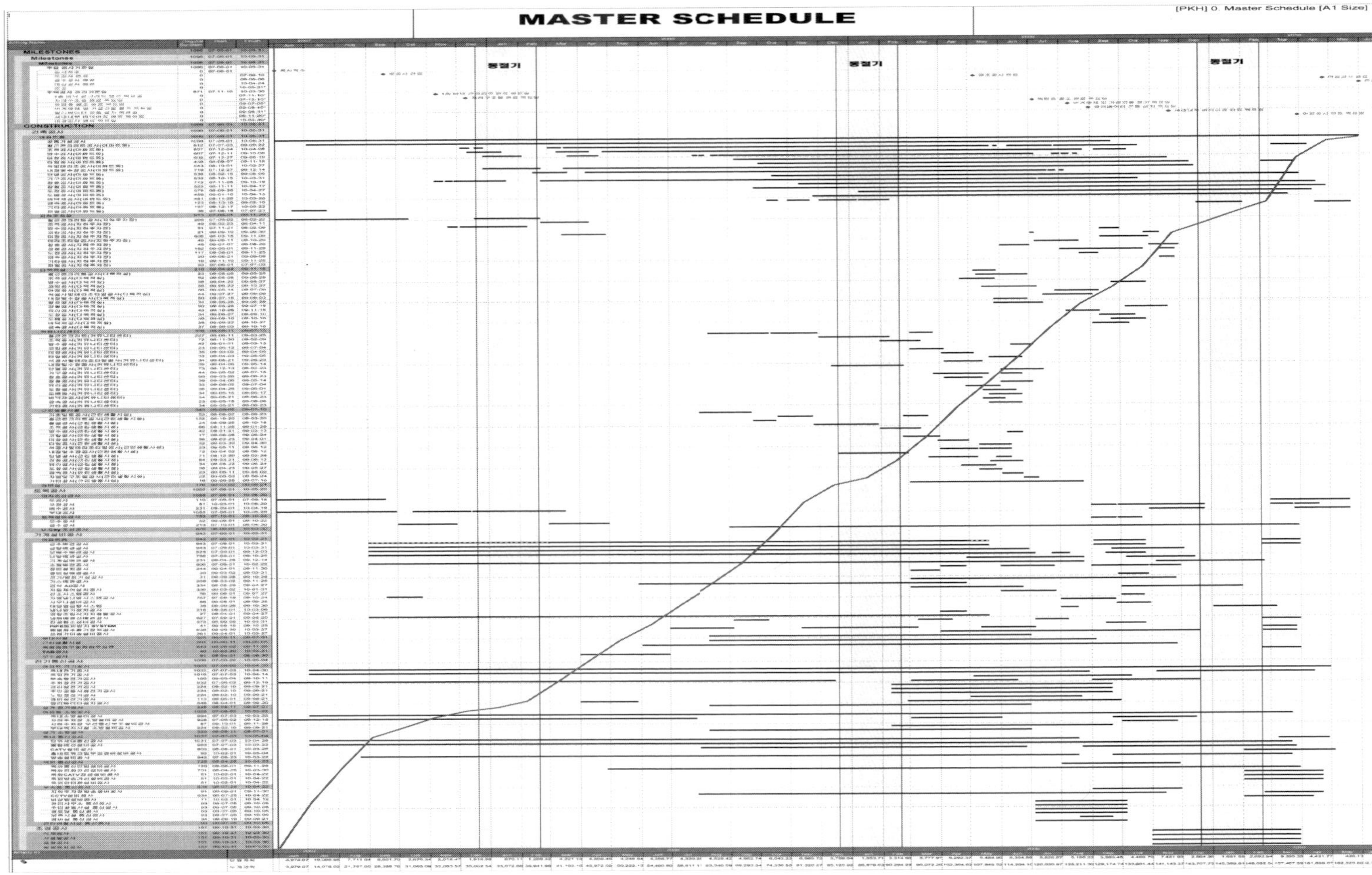

마감 택트 공정표

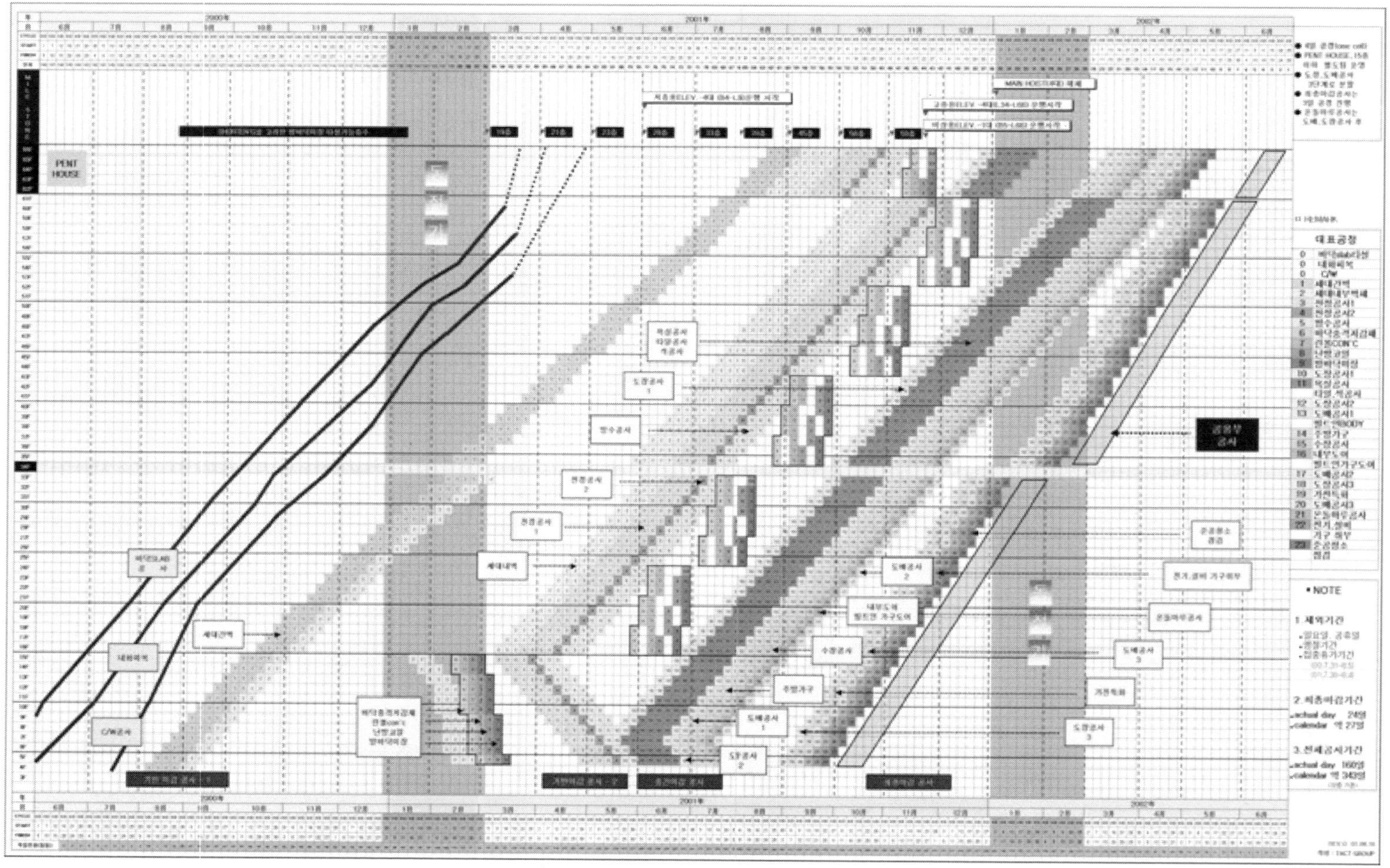
2000년
2001년
2002년
PENT HOUSE
MAIN HOIST(F/B) 해체
공용부 공사
전기,설비 기구취부
공용부 공사
도배공사 1
도배공사 2
도배공사 3
도장공사 1
도장공사 3
수장공사
주방가구
세대간벽
세대내벽
대외벽체
C/W공사
방수공사
전정공사 1
전정공사 2
대표공정
C/W
• NOTE
2. 최종마감기간
actual day 24일
calendar 약 27일
3. 전체공사기간
actual day 160일
calendar 약 343일

월간공정표 – 3개월 공정표

Activity Name	BL1 Duration	BL1 Start	BL1 Finish	Original Duration	Start	Finish
PENTAPORT 1BL	123	09/05/08	09/09/07	149	09/05/08 A	09/10/10
MILESTONES	0	09/09/07	09/09/07	0	09/09/29	09/09/29
주요 마일스톤	0	09/09/07	09/09/07	0	09/09/29	09/09/29
1BL 저층부 골조 완료	0		09/09/07	0		09/09/29
CONSTRUCTION	123	09/05/08	09/09/07	149	09/05/08 A	09/10/10
1공구(1BL)	123	09/05/08	09/09/07	149	09/05/08 A	09/10/10
1BL 저층부	123	09/05/08	09/09/07	138	09/05/08 A	09/09/29
1BL 저층부 건축공사	123	09/05/08	09/09/07	138	09/05/08 A	09/09/29
지상골조공사-RC	123	09/05/08	09/09/07	138	09/05/08 A	09/09/29
2층 골조	15	09/06/20	09/07/04	15	09/06/20 A	09/07/22 A
1BL 저층부 2층 102-4 ZONE 골조(661 M2 / 237 M3)	12	09/06/20	09/07/04	12	09/06/20 A	09/07/22 A
3층 골조	89	09/05/08	09/08/04	91	09/05/08 A	09/08/15
1BL 저층부 3층 101-4 ZONE 골조(1055 M2 / 420 M3)	10	09/05/08	09/05/20	10	09/05/08 A	09/07/06 A
1BL 저층부 3층 101-5 ZONE 골조(439 M2 / 174 M3)	10	09/05/15	09/05/26	10	09/05/15 A	09/07/06 A
1BL 저층부 3층 102-3 ZONE 골조(1081 M2 / 430 M3)	15	09/05/30	09/06/18	15	09/06/13 A	09/07/08 A
1BL 저층부 3층 101-6 ZONE 골조(624 M2 / 248 M3)	12	09/06/24	09/07/09	12	09/07/20 A	09/08/06
1BL 저층부 3층 102-4 ZONE 골조(544 M2 / 216 M3)	12	09/07/18	09/08/04	12	09/07/24 A	09/08/15
4층 골조	101	09/05/27	09/09/04	111	09/06/16 A	09/09/14
1BL 저층부 4층 101-3 ZONE 골조(810 M2 / 324 M3)	10	09/05/27	09/06/09	10	09/06/16 A	09/07/15 A
1BL 저층부 4층 102-1 ZONE 골조(1390 M2 / 556 M3)	15	09/06/10	09/06/30	15	09/06/20 A	09/07/21 A
1BL 저층부 4층 102-2 ZONE 골조(1443 M2 / 577 M3)	20	09/06/10	09/07/06	20	09/06/27 A	09/07/28 A
1BL 저층부 4층 101-4 ZONE 골조(688 M2 / 275 M3)	10	09/06/04	09/06/16	10	09/07/07 A	09/07/25 A
1BL 저층부 4층 101-5 ZONE 골조(443 M2 / 177 M3)	10	09/06/10	09/06/23	10	09/07/07 A	09/08/03
1BL 저층부 4층 102-3 ZONE 골조(1092 M2 / 437 M3)	15	09/06/27	09/07/16	15	09/07/09 A	09/08/03
1BL 저층부 4층 101-6 ZONE 골조(630 M2 / 252 M3)	12	09/07/23	09/08/08	12	09/08/18	09/09/05
1BL 저층부 4층 102-4 ZONE 골조(550 M2 / 220 M3)	12	09/08/17	09/09/04	12	09/08/27	09/09/14
5층 골조	79	09/06/10	09/08/27	109	09/06/24 A	09/09/26
1BL 저층부 5층 101-1 ZONE 골조(873 M2 / 437 M3)	10	09/06/10	09/06/23	10	09/06/24 A	09/07/24 A
1BL 저층부 5층 101-2 ZONE 골조(1239 M2 / 620 M3)	15	09/06/10	09/06/30	15	09/06/29 A	09/08/04
1BL 저층부 5층 101-3 ZONE 골조(788 M2 / 395 M3)	10	09/06/24	09/07/06	10	09/07/16 A	09/08/07
1BL 저층부 5층 102-1 ZONE 골조(1347 M2 / 674 M3)	15	09/07/07	09/07/30	15	09/07/22 A	09/08/14
1BL 저층부 5층 101-4 ZONE 골조(685 M2 / 343 M3)	10	09/07/01	09/07/13	10	09/07/26 A	09/08/11
1BL 저층부 5층 102-2 ZONE 골조(1398 M2 / 700 M3)	20	09/07/07	09/08/06	20	09/07/29 A	09/08/27
1BL 저층부 5층 101-5 ZONE 골조(422 M2 / 211 M3)	10	09/07/07	09/07/21	10	09/08/04	09/08/17
1BL 저층부 5층 102-3 ZONE 골조(1059 M2 / 530 M3)	15	09/07/27	09/08/15	15	09/08/04	09/08/25
1BL 저층부 5층 101-6 ZONE 골조(611 M2 / 306 M3)	12	09/08/10	09/08/27	12	09/09/07	09/09/26
6층 골조	63	09/07/07	09/09/07	55	09/08/06	09/09/29
1BL 저층부 6층 101-2 ZONE [CORE] 골조(4686 M2 / 1565 M3)	23	09/07/07	09/08/07	23	09/08/06	09/09/05
1BL 저층부 6층 102-1 ZONE [CORE] 골조(4686 M2 / 1565 M3)	23	09/08/07	09/09/07	23	09/08/27	09/09/29
1BL 저층부 6층 BRIDGE ZONE 골조(2760 M2 / 922 M3)	12	09/08/08	09/08/23	12	09/09/07	09/09/24
101동 고층부	28	09/08/08	09/09/04	34	09/09/07	09/10/10
101동 고층부 건축공사	28	09/08/08	09/09/04	34	09/09/07	09/10/10
지상골조공사 - RC	28	09/08/08	09/09/04	34	09/09/07	09/10/10
1BL 101동 7층 골조(2851 M2 / 696 M3/AL-FORM SETTING)	20	09/08/08	09/09/04	20	09/09/07	09/10/10

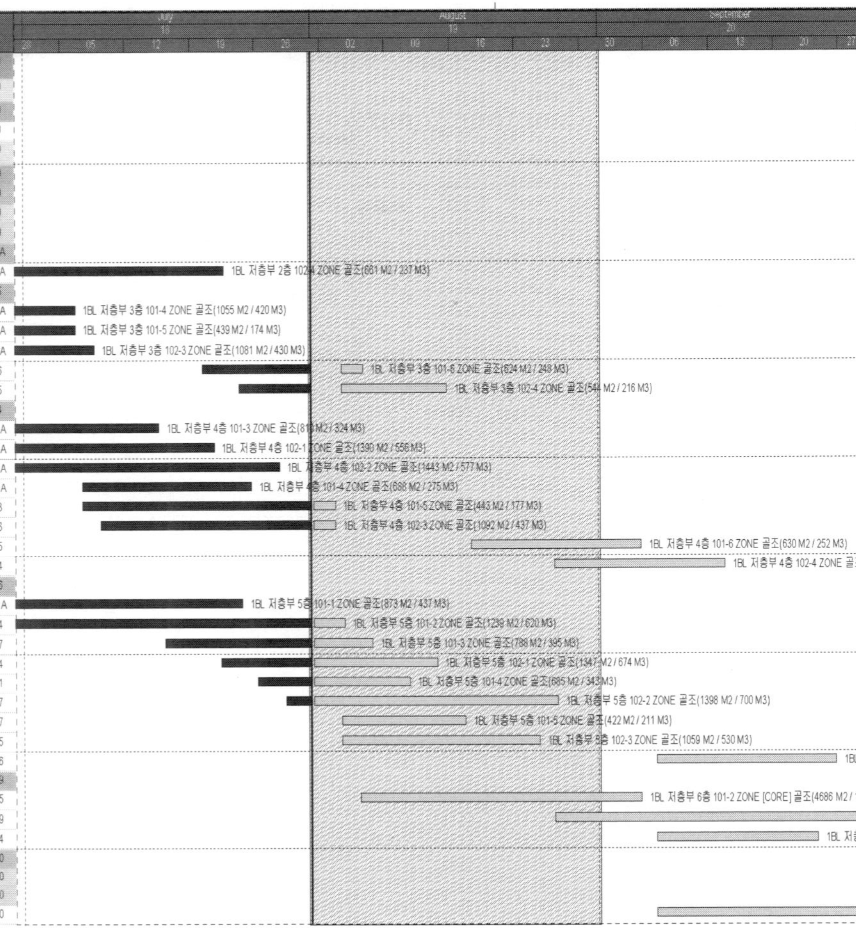

주간공정표 - 3주 공정표

3WEEKS SCHEDULE

결재	담당	과장	차장	소장

공 사 명 : OOO 신축공사 현장 1BL(101동)

2009년 08월 17일 ~ 2009년 08월 23일 (08월3주차)

공종	ZONE	세부 공종	8월 월 10	화 11	수 12	목 13	금 14	토 15	일 16	월 17	화 18	수 19	목 20	금 21	토 22	일 23	월 24	화 25	수 26	목 27	금 28	토 29	일 30	비 고
골조공사	101-1	철근																						
		형틀																						
		DECK																						
		CON'C																						
		전주계획																						
	101-2 (CORE포함)	철근		6층바닥 철근배근									전기 /설비				6층기둥배근							
		형틀													먹메김					6층기둥 거푸집 및 7층바닥 거푸집				
		DECK																						우천으로 지연 발생
		CON'C								6층바닥 비주거부 con'c타설				6층바닥con'c타설										
		전주계획																						
	101-3	철근					6층바닥 철근배근						전기 /설비											
		형틀																						
		DECK	6층바닥 데크																					
		CON'C												6층바닥con'c타설										
		전주계획																						
	101-4	철근					6층바닥 철근배근						전기 /설비											
		형틀																						
		DECK	6층바닥 데크																					우천으로 지연 발생
		CON'C								6층바닥 비주거부 con'c타설				6층바닥con'c타설										
		전주계획																						
	101-5	철근													6층바닥 철근배근									
		형틀		5층기둥 거푸집 및 6층바닥 거푸집																				
		DECK											6층바닥 데크											
		CON'C																				6층바닥con'c타설		
		전주계획																						
	101-6	철근						5F 내민슬라브 배근										4층벽체 철근배근						
		거푸집작업			4F 재래식 벽체/ 5F 슬라브								3F 슬라브 거푸집 설치작업								4층 슬래브 거푸집			
		갱폼작업			내부 갱폼인양										갱폼인양									
		CON'C												4F 벽체타설			슬라브							
		전주계획																						

특 기 사 항

- 공사 총괄 : OOO 차장
- 101동 담당 : OOO 과장, OOO 대리, OOO 기사, OOO 반장
- 설비 담당 : OOO 부장, OOO 기사
- 전기 담당 : OOO 부장, OOO 기사
- 안전 담당 : OOO 차장, OOO 과장, OOO 기사

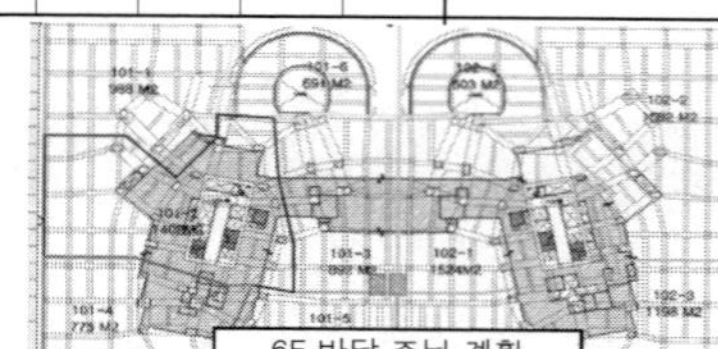

계획대비 실적 – 상세

Activity Name	BL1 Duration	BL1 Start	BL1 Finish	Original Duration	Remaining Duration	Start	Finish	Actual Duration	Actual Start	Actual Finish	Duration % Complete	Variance
PENTAPORT 3BL	821	08/08/01	10/10/30	845	481	08/08/01 A	10/11/24	365	08/08/01		43.14%	-25
주동부 지상고층부 골조	808	08/08/14	10/10/30	833	481	08/08/14 A	10/11/24	352	08/08/14		42.26%	-25
core 선행	805	08/08/14	10/10/27	831	479	08/08/14 A	10/11/22	351	08/08/14		42.38%	-26
3BL 주동부 기초	20	08/08/14	08/09/02	20	0	08/08/14 A	08/09/02 A	20	08/08/14	08/09/02	100%	0
3BL 주동부 core골조(B5)	41	08/09/03	08/10/13	41	0	08/09/03 A	08/10/13 A	41	08/09/03	08/10/13	100%	0
3BL 주동부 core골조(B4)	19	08/10/14	08/11/01	19	0	08/10/14 A	08/11/01 A	19	08/10/14	08/11/01	100%	0
3BL 주동부 core골조(B3)	14	08/11/02	08/11/15	14	0	08/11/02 A	08/11/15 A	14	08/11/02	08/11/15	100%	0
3BL 주동부 core골조(B2)	21	08/11/16	08/12/06	21	0	08/11/16 A	08/12/06 A	21	08/11/16	08/12/06	100%	0
3BL 주동부 core골조(B1)	13	08/12/08	08/12/26	13	0	08/12/08 A	08/12/26 A	13	08/12/08	08/12/26	100%	0
3BL 9층 골조(core 선행)	10	09/06/11	09/06/24	10	0	09/06/11 A	09/07/08 A	20	09/06/11	09/07/08	100%	-10
3BL 10층 골조(core 선행)	10	09/06/25	09/07/07	10	0	09/07/09 A	09/07/22 A	9	09/07/09	09/07/22	100%	-9
3BL 11층 골조(core 선행)	7	09/07/09	09/07/18	7	0	09/07/23 A	09/07/30 A	5	09/07/23	09/07/30	100%	-7
3BL 12층 골조(core 선행)	7	09/07/20	09/07/30	7	7	09/08/01	09/08/10	0			0%	-8
3BL 13층 골조(core 선행)	4	09/08/03	09/08/07	4	4	09/09/03	09/09/07	0			0%	-20
3BL 14층 골조(core 선행)	4	09/08/20	09/08/25	4	4	09/09/22	09/09/28	0			0%	-20
3BL 15층 골조(core 선행)	4	09/09/05	09/09/10	4	4	09/10/13	09/10/16	0			0%	-20
3BL 16층 골조(core 선행)	4	09/09/22	09/09/28	4	4	09/10/24	09/10/27	0			0%	-20
3BL 17층 골조(core 선행)	4	09/10/09	09/10/13	4	4	09/10/31	09/11/04	0			0%	-20
3BL 18층 골조(core 선행)	4	09/10/17	09/10/21	4	4	09/11/09	09/11/12	0			0%	-20
3BL 19층 골조(core 선행)	4	09/10/22	09/10/25	4	4	09/11/13	09/11/17	0			0%	-20
3BL 20층 골조(core 선행)	4	09/10/26	09/10/29	4	4	09/11/18	09/11/23	0			0%	-20
3BL 21층 골조(core 선행)	4	09/10/30	09/11/03	4	4	09/11/24	09/11/27	0			0%	-20
3BL 22층 골조(core 선행)	4	09/11/04	09/11/07	4	4	09/11/28	09/12/02	0			0%	-20
3BL 23층 골조(core 선행)	4	09/11/09	09/11/12	4	4	09/12/03	09/12/07	0			0%	-20
3BL 24층 골조(core 선행)	4	09/11/13	09/11/17	4	4	09/12/09	09/12/14	0			0%	-20
3BL 25층 골조(core 선행)	4	09/11/18	09/11/23	4	4	09/12/16	09/12/21	0			0%	-20
3BL 26층 골조(core 선행)	4	09/11/24	09/11/27	4	4	09/12/23	09/12/26	0			0%	-20
3BL 27층 골조(core 선행)	4	09/11/28	09/12/02	4	4	09/12/28	10/01/06	0			0%	-20
3BL 28층 골조(core 선행)	4	09/12/03	09/12/07	4	4	10/01/09	10/01/13	0			0%	-20
3BL 29층 골조(core 선행)	4	09/12/09	09/12/14	4	4	10/01/14	10/01/23	0			0%	-20
3BL 30층 골조(core 선행)	4	09/12/16	09/12/21	4	4	10/01/25	10/02/01	0			0%	-20
3BL 31층 골조(core 선행)	10	09/12/23	10/01/11	10	10	10/02/02	10/02/22	0			0%	-20
3BL 32층 골조(core 선행)	10	10/01/12	10/02/01	10	10	10/02/23	10/03/06	0			0%	-20
3BL 33층 골조(core 선행)	7	10/02/02	10/02/10	7	7	10/03/08	10/03/15	0			0%	-20
3BL 34층 골조(core 선행)	4	10/02/18	10/02/23	4	4	10/03/16	10/03/20	0			0%	-20
3BL 35층 골조(core 선행)	4	10/02/24	10/02/27	4	4	10/03/22	10/03/25	0			0%	-20
3BL 36층 골조(core 선행)	4	10/03/01	10/03/05	4	4	10/03/27	10/03/31	0			0%	-20
3BL 37층 골조(core 선행)	4	10/03/06	10/03/10	4	4	10/04/01	10/04/05	0			0%	-20
3BL 38층 골조(core 선행)	4	10/03/11	10/03/15	4	4	10/04/06	10/04/09	0			0%	-20
3BL 39층 골조(core 선행)	4	10/03/16	10/03/20	4	4	10/04/10	10/04/14	0			0%	-20
3BL 40층 골조(core 선행)	4	10/03/22	10/03/25	4	4	10/04/15	10/04/20	0			0%	-20
3BL 41층 골조(core 선행)	4	10/03/27	10/03/31	4	4	10/04/21	10/04/26	0			0%	-20
3BL 42층 골조(core 선행)	4	10/04/01	10/04/05	4	4	10/04/27	10/05/03	0			0%	-20
3BL 43층 골조(core 선행)	4	10/04/06	10/04/09	4	4	10/05/04	10/05/08	0			0%	-20
3BL 44층 골조(core 선행)	4	10/04/10	10/04/14	4	4	10/05/10	10/05/13	0			0%	-20
3BL 45층 골조(core 선행)	4	10/04/15	10/04/20	4	4	10/05/14	10/05/18	0			0%	-20
3BL 46층 골조(core 선행)	4	10/04/21	10/04/26	4	4	10/05/19	10/05/24	0			0%	-20
3BL 47층 골조(core 선행)	4	10/04/27	10/05/03	4	4	10/05/25	10/05/28	0			0%	-20
3BL 48층 골조(core 선행)	4	10/05/04	10/05/08	4	4	10/05/29	10/06/02	0			0%	-20
3BL 49층 골조(core 선행)	4	10/05/10	10/05/13	4	4	10/06/03	10/06/08	0			0%	-20
3BL 50층 골조(core 선행)	4	10/05/14	10/05/18	4	4	10/06/09	10/06/14	0			0%	-20
3BL 51층 골조(core 선행)	4	10/05/19	10/05/24	4	4	10/06/15	10/06/19	0			0%	-20
3BL 52층 골조(core 선행)	4	10/05/25	10/05/28	4	4	10/06/21	10/06/24	0			0%	-20
3BL 53층 골조(core 선행)	4	10/05/29	10/06/02	4	4	10/06/26	10/06/30	0			0%	-20
3BL 54층 골조(core 선행)	4	10/06/03	10/06/08	4	4	10/07/02	10/07/06	0			0%	-20
3BL 55층 골조(core 선행)	7	10/06/09	10/06/17	7	7	10/07/07	10/07/17	0			0%	-20
3BL PIT층 골조(core 선행)	10	10/06/19	10/07/02	10	10	10/07/19	10/07/31	0			0%	-20
3BL 56층 골조(core 선행)	7	10/07/03	10/07/12	7	7	10/08/02	10/08/11	0			0%	-20
3BL 57층 골조(core 선행)	4	10/07/13	10/07/19	4	4	10/08/13	10/08/17	0			0%	-20
3BL 58층 골조(core 선행)	4	10/07/20	10/07/24	4	4	10/08/18	10/08/24	0			0%	-20
3BL 59층 골조(core 선행)	4	10/07/26	10/07/30	4	4	10/08/25	10/08/30	0			0%	-20
3BL 60층 골조(core 선행)	4	10/07/31	10/08/04	4	4	10/08/31	10/09/03	0			0%	-20
3BL 61층 골조(core 선행)	4	10/08/06	10/08/11	4	4	10/09/04	10/09/08	0			0%	-20
3BL 62층 골조(core 선행)	4	10/08/13	10/08/17	4	4	10/09/09	10/09/14	0			0%	-20
3BL 63층 골조(core 선행)	4	10/08/18	10/08/24	4	4	10/09/15	10/09/18	0			0%	-20
3BL 64층 골조(core 선행)	4	10/08/25	10/08/30	4	4	10/09/27	10/10/01	0			0%	-20
3BL PIT층 골조(core 선행)	7	10/08/31	10/09/07	7	7	10/10/02	10/10/11	0			0%	-20

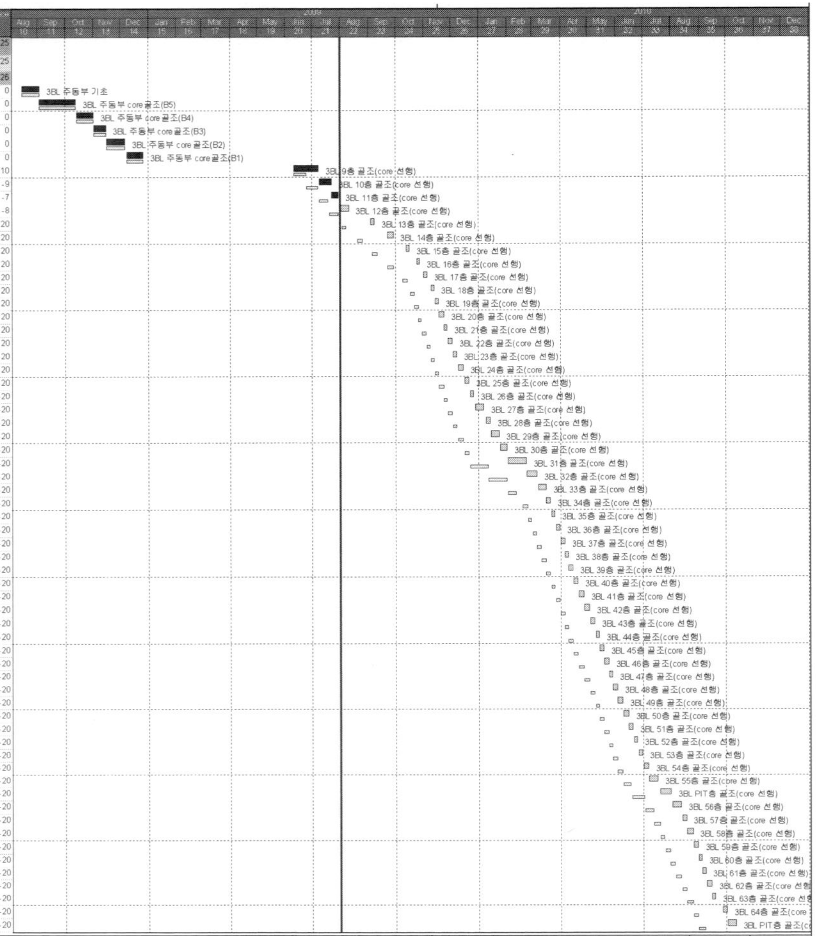

계획대비 실적 – 요약

작업구분	당초 목표 착수일	당초 목표 종료일	현재 예정 착수일	현재 예정 종료일	공기 경과율	단축/지연
PENTAPORT 3BL	08/08/01	10/10/30	08/08/01 A	10/11/24	43.14%	-25
주동부 지상고층부 골조	08/08/14	10/10/30	08/08/14 A	10/11/24	42.26%	-25
core 선행	08/08/14	10/10/27	08/08/14 A	10/11/22	42.36%	-26
주동부-1	08/12/07	10/10/26	08/12/07 A	10/11/22	33.1%	-27
주동부-2	08/12/09	10/10/30	08/12/09 A	10/11/24	34.64%	-25
주동부-3	08/12/11	10/10/23	08/12/11 A	10/11/19	32.86%	-27
주동부 지하&포디움 골조	08/10/14	10/03/10	08/10/14 A	10/03/29	54.7%	-19
B 존	08/10/14	10/01/23	08/10/14 A	10/02/24	58.32%	-32
F&G 존	08/11/29	10/03/10	08/11/29 A	10/03/29	50.41%	-19
비주동부 지하&포디움 골조	08/08/01	10/09/27	08/08/01 A	10/10/05	45.85%	-8
A 존	08/08/06	09/11/11	08/08/06 A	09/11/23	75.79%	-12
C 존	08/10/14	10/03/03	08/10/14 A	10/03/11	68.09%	-8
D 존	08/09/15	10/03/13	08/09/15 A	10/03/23	57.66%	-10
E 존	08/08/01	10/09/27	08/08/01 A	10/10/05	45.85%	-8
지하연결통로	10/05/09	10/07/07	10/05/18	10/07/16	0%	-9

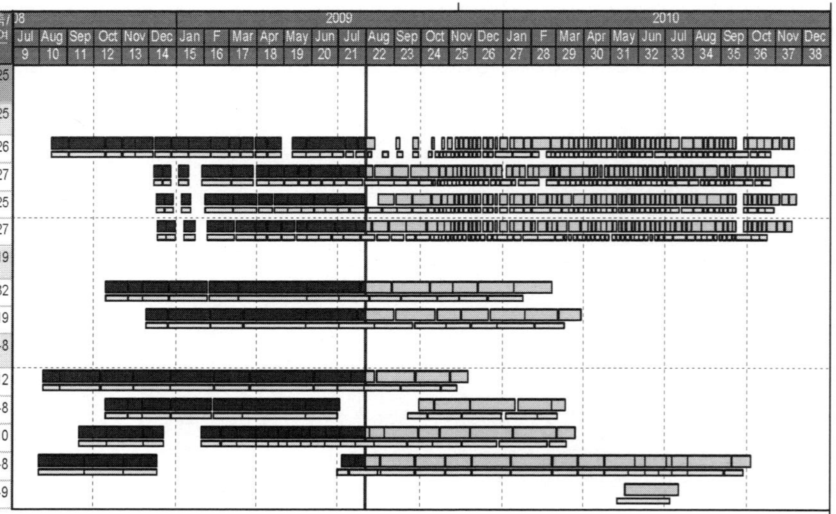

월간 공정분석 보고서 사례(1/3)

1. 월간진도현황

기 간 : 2008. 5. 1 ~ 2008. 5. 31
현장명 : OOOO 신축공사

2008/05/31

구분	공사명	보할 (%)	전월누계(~2008년 4월)			당월(2008년 5월)			당월누계(~2008년 5월)			비고
			계획(%)	실적(%)	달성율	계획(%)	실적(%)	달성율	계획(%)	실적(%)	달성율	
A. 총차 계약기준												
S	토목공사	5.67%	4.858%	4.559%	*93.86%*	0.023%	0.382%	*1642%*	4.881%	4.941%	*101.23%*	
B	건축공사	53.82%	52.616%	52.303%	*99.41%*	0.941%	0.544%	*57.75%*	53.557%	52.846%	*98.67%*	
L	조경공사	6.23%	6.208%	2.806%	*45.20%*	0.012%	1.737%	*14187%*	6.220%	4.543%	*73.03%*	
M	기계설비공사	14.16%	11.253%	14.028%	*124.67%*	1.738%	0.091%	*5.22%*	12.990%	14.119%	*108.69%*	
T	전기통신공사	20.11%	17.066%	18.758%	*109.92%*	1.063%	0.615%	*57.88%*	18.129%	19.373%	*106.86%*	
	소계	100.00%	92.000%	92.454%	100.49%	3.778%	3.368%	89.16%	95.778%	95.823%	100.05%	

월간 공정분석 보고서 사례(2/3)

2. 공정율 총괄

a. 총차계약기준 공정율(보합)

	보할 (%)	구분		2008년 1월	2월	3월	4월	5월	6월	7월	8월	9월	10월
S. 토목공사	5.67%	당월	계획	0.241%			0.000%	0.023%	0.265%	0.507%	0.013%		
			실적	0.320%	0.295%	0.143%	0.269%	0.382%					
		누계	계획	4.858%	4.858%	4.858%	4.858%	4.881%	5.146%	5.653%	5.666%	5.666%	5.666%
			실적	3.852%	4.147%	4.290%	4.559%	4.941%					
B. 건축공사	53.82%	당월	계획	1.258%	1.302%	2.073%	1.829%	0.941%	0.160%	0.076%	0.031%	0.000%	0.000%
			실적	1.504%	0.726%	0.322%	0.469%	0.544%					
		누계	계획	47.412%	48.714%	50.786%	52.616%	53.557%	53.717%	53.793%	53.824%	53.824%	53.824%
			실적	50.786%	51.512%	51.834%	52.303%	52.846%					
L. 조경공사	6.23%	당월	계획	1.101%				0.012%	0.012%				
			실적			0.414%	1.855%	1.737%					
		누계	계획	6.208%	6.208%	6.208%	6.208%	6.220%	6.232%	6.232%	6.232%	6.232%	6.232%
			실적	0.537%	0.537%	0.951%	2.806%	4.543%					
M. 기계설비공사	14.16%	당월	계획	0.137%	0.155%	0.220%	1.447%	1.738%	1.153%	0.021%			
			실적	0.937%	0.403%	0.216%	0.242%	0.091%					
		누계	계획	9.430%	9.585%	9.805%	11.253%	12.990%	14.143%	14.164%	14.164%	14.164%	14.164%
			실적	13.167%	13.570%	13.786%	14.028%	14.119%					
T. 전기통신공사	20.11%	당월	계획	1.472%	0.506%	0.805%	1.167%	1.063%	1.570%	0.414%			
			실적	2.178%	1.066%	1.326%	1.148%	0.615%					
		누계	계획	14.587%	15.093%	15.898%	17.066%	18.129%	19.699%	20.113%	20.113%	20.113%	20.113%
			실적	15.218%	16.283%	17.610%	18.758%	19.373%					
합계	**100%**	당월	계획	4.209%	1.963%	3.098%	4.445%	3.778%	3.160%	1.018%	0.044%	0.000%	0.000%
			실적	4.938%	2.489%	2.421%	3.983%	3.368%					
		누계	계획	82.494%	84.457%	87.555%	92.000%	95.778%	98.937%	99.956%	100.000%	100.000%	100.000%
			실적	83.560%	86.050%	88.471%	92.454%	95.823%					
계획 대비 실적		당월		1.17	1.27	0.78	0.90	0.89					
		누계		1.01	1.02	1.01	1.00	1.00					

월간 공정분석 보고서 사례(3/3)

4. 공종별 진도율

a. 조경공사

	보할 (%)	구분		2008년 1월	2월	3월	4월	5월	6월	7월	8월	9월	10월
식재공사	26.98%	당월	계획										
			실적				13.078%	5.973%					
		누계	계획	26.983%	26.983%	26.983%	26.983%	26.983%	26.983%				
			실적	1.635%	1.635%	1.635%	14.712%	20.685%					
구조물공사	7.97%	당월	계획	0.885%									
			실적			0.617%	4.295%	1.901%					
		누계	계획	7.969%	7.969%	7.969%	7.969%	7.969%	7.969%				
			실적			0.617%	4.912%	6.813%					
시설물공사	19.42%	당월	계획										
			실적			1.525%	4.474%	3.829%					
		누계	계획	19.421%	19.421%	19.421%	19.421%	19.421%	19.421%				
			실적			1.525%	5.999%	9.827%					
포장공사	34.97%	당월	계획	15.543%									
			실적			3.497%	6.994%	15.388%					
		누계	계획	34.972%	34.972%	34.972%	34.972%	34.972%	34.972%				
			실적			3.497%	10.492%	25.879%					
수경/관수 설비	8.90%	당월	계획	1.231%									
			실적			0.998%	0.926%						
		누계	계획	8.905%	8.905%	8.905%	8.905%	8.905%	8.905%				
			실적	6.981%	6.981%	7.979%	8.905%	8.905%					
옥상/실내정원	1.75%	당월	계획					0.196%	0.196%				
			실적					0.780%					
		누계	계획	1.357%	1.357%	1.357%	1.357%	1.554%	1.750%				
			실적					0.780%					
합계	**100%**	당월	계획	17.660%				0.196%	0.196%				
			실적			6.637%	29.767%	27.871%					
		누계	계획	99.607%	99.607%	99.607%	99.607%	99.804%	100.000%				
			실적	8.616%	8.616%	15.253%	45.020%	72.890%					
계획 대비 실적		당월						141.87					
		누계		0.09	0.09	0.15	0.45	0.73					

월간공정보고서-○○아파트 신축공사 사례

○○ 아파트 신축공사

담당	1공구장	2공구장	소 장

월간공정보고서

1 공정요약

1. 공정보고서 개요

월간 공정 분석 보고서		
A	보고서 명칭	2009년 2월 월간공정보고서
B	보고서 번호	09-02-001
C	관리기준공정표 작성일	2009년 02월 12일 (Rev. 2.0)
D	공사착수일 (계약상)	2007년 04월 02일
E	공사완료일 (계약상)	2010년 09월 30일
F	총 공사일수 (E - D)	1,277 일
G	현재기준일	2009년 02월 28일
H	경과일수 (G - D)	698 일
I	잔여일수 (E - G)	579 일
J	목표완료일 (관리상)	2010년 09월 30일
K	완료예정일 (P6 시뮬레이션)	2010년 10월 22일
L	여유일수 현황 (E - K)	-22 일

2. 현황 및 총괄분석 의견

1) 현재 경과일수는 698일 로 전체공기의 54.66% (698일/1,277일)이며, 잔여공기는 579일 이다.
2) 현황대로 공사를 진행할 경우 완료예정일은 10년 10월 22일로 계획한 공사 완료일 대비 22일 정도 지연될 것으로 예상된다.
3) 09년 10월 22일을 완료기준으로 보았을 경우 53.77% 의 진도율 (총괄 계획대비실적 공정표 참조) 로 볼 수 있다.
4) 1공구의 골조공사가 협력업체의 부도상황으로 2월 말 중단되었다.
5) 본 세대마감 공사가 본격적으로 착수되어 창호공사, 경량벽 설치공사 등이 진행 중이나 계획보다 늦어지고 있는 상황이다.

2 진도현황분석

1. 골조공사 진도현황

1) HIGHRISE 구간 현황

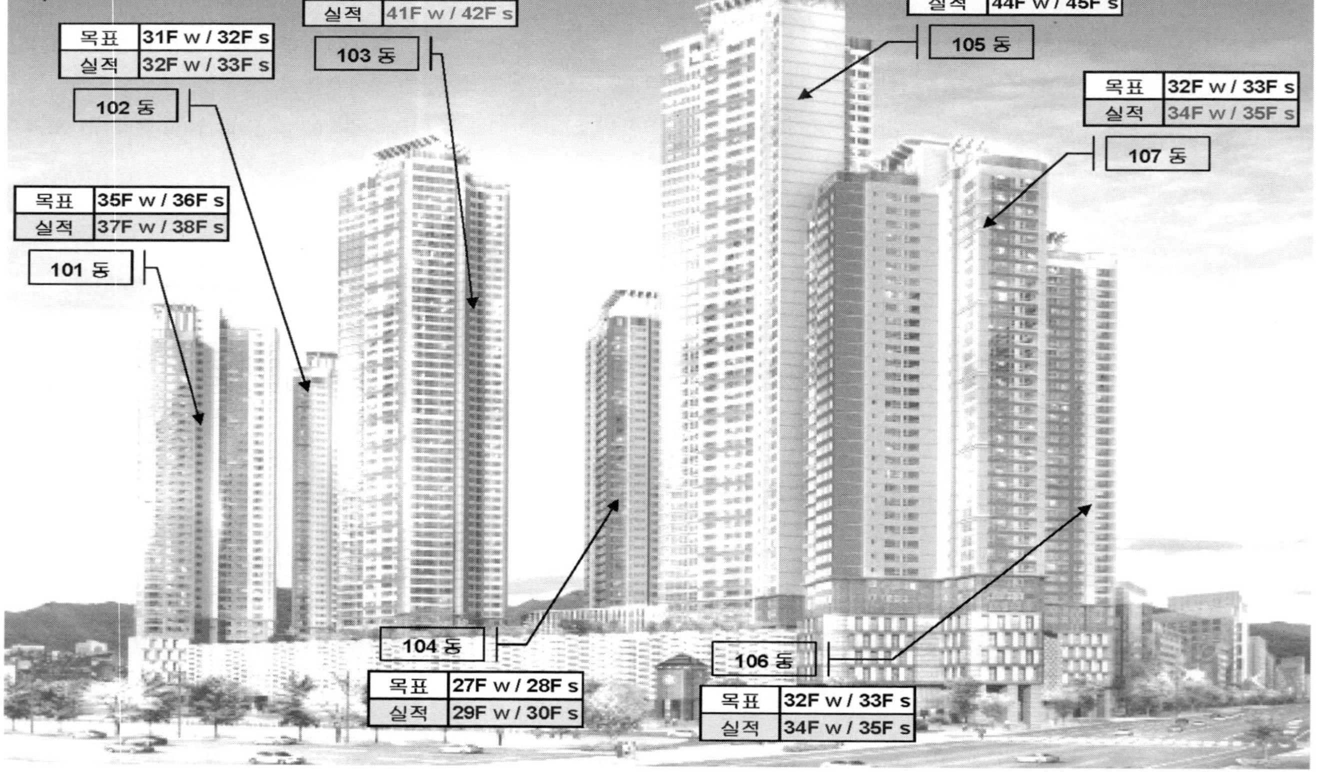

2 진도현황분석

2) HIGHRISE 1공구 골조공사 완료일 기준 지연분석

구 분	101 동	102 동	103 동	Remarks
관리기준공정표 v.2	09/05/23	09/06/25	09/07/16	옥탑종료일 Calendar Day
(예상) 실적	09/05/16	09/06/18	09/07/23	
Difference	7일 단축	7일 단축	7일 지연	

3) HIGHRISE 2공구 골조공사 완료일 기준 지연분석

구 분	104 동	105 동	106 동	107 동	Remarks
관리기준공정표 v.2	09/07/07	09/07/03	09/05/25	09/04/24	옥탑종료일 Calendar Day
(예상) 실적	09/06/22	09/06/27	09/05/11	09/04/16	
Difference	15일 단축	6일 단축	14일 단축	8일 단축	

4) HIGHRISE구간 공정현황

- 1공구 골조협력업체의 부도로 말미암아 2월 20일 이후 공사가 중단되었다. CP에 해당하는 103동 골조 종료일이 당초 목표(관리기준공정표 v.2) 보다 7일 정도 늦어질 것으로 분석되었다.
- 2공구 대부분의 골조공기가 당초 목표(관리기준공정표 v.2) 보다 빠르게 진행되고 있다.

5) HIGHRISE구간 지연 원인 및 대책

- 원인 : 1공구 협력업체 부도로 인한 골조공사 잠정적 중단
- 대책 : 조속한 업체선정 및 공사 재개

* 각 동별 골조공사 일정의 상세비교는 첨부한 공정표 참고

2 진도현황분석

2. 외장공사 진도현황

1) HIGHRISE 외부창호 현황

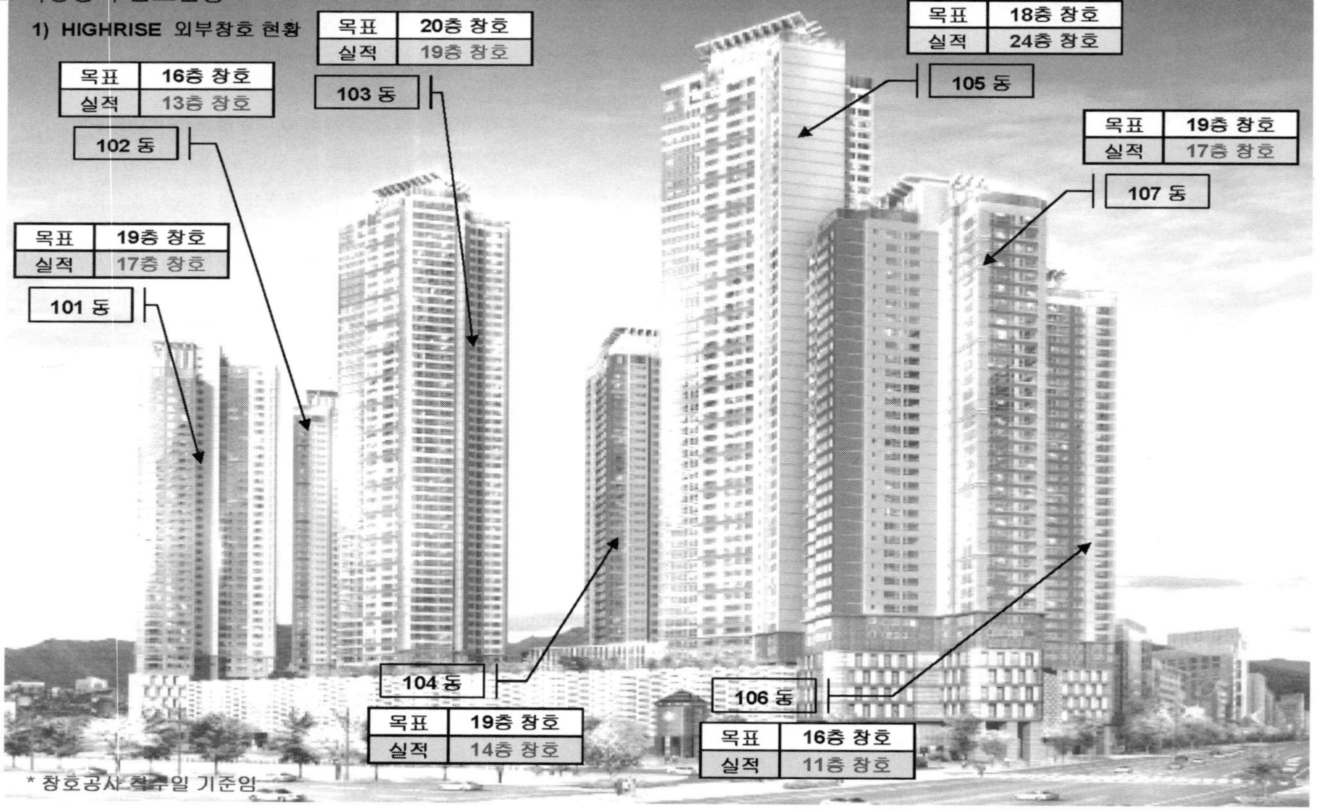

* 창호공사 착수일 기준임

2 진도현황분석

3) **HIGHRISE 1공구 창호공사 완료일 기준 지연분석**

구 분	101 동	102 동	103 동	Remarks
관리기준공정표	09/06/25	09/07/11	09/08/02	Calendar Day
(예상) 실적	09/07/03	09/07/21	09/08/24	
Difference	8일 지연	10일 지연	22일 지연	

4) **HIGHRISE 2공구 창호공사 완료일 기준 지연분석**

구 분	104 동	105 동	106 동	107 동	Remarks
관리기준공정표	09/07/22	09/08/02	09/06/25	09/05/26	Calendar Day
(예상) 실적	09/07/16	09/07/29	09/07/16	09/06/03	
Difference	6일 단축	4일 단축	21일 지연	8일 지연	

5) **HIGHRISE구간 공정현황**

- 1공구의 세대 외부창호공사가 골조공사 중단에 영향을 받아 지연되고 있는 것으로 판단된다.
- 2공구 106동 및 107동의 지연상황은 3월 중 만회할 수 있을 것으로 판단된다.

6) **HIGHRISE구간 지연 원인 및 대책**

- 원인 : 1공구 협력업체 부도로 인한 골조공사 잠정적 중단의 영향
- 대책 : 골조공사 재개 후 외부창호공사 진행

* 각 동별 외장공사 일정의 상세비교는 첨부한 공정표 참고

2 진도현황분석

3. 세대마감공사 진도현황

1) HIGHRISE Mock Up세대 마감 금월 현황 (완료기준)

Code	작업명	101동	103동	105동	107동
T02	먹매김	완료	완료	완료	완료
T03	외부창호설치	완료	완료	완료	완료
T04	방수턱/외부방습	완료	완료	완료	완료
T05	단열작업	완료	완료	완료	완료
T06	설비배관	완료	완료	완료	완료
T07	경량벽 설치공사	완료	완료	완료	완료
T08	수공간 방수	완료	완료	완료	완료
T09	천정 전기배관	완료	완료	완료	완료
T10	바닥 미장	완료	완료	완료	완료
T11	장식천정 설치	진행중	진행중		
T12	천정공사	진행중	진행중	진행중	
T13	문틀 설치				
T14	몰딩 및 케이싱				
T15	벽체, 현관바닥 석공사				
T16	천정도배, 아트월 설치				
T17	가구 Body설치				
T18	벽, 천정바탕처리				
T19	도장 1차				
T20	현관문짝				
T21	가구도어 설치				
T22	도장 2차, 목문짝				
T23	도배				
T24	타일공사				
T25	바닥 석공사				
T26	마루판 설치				
T27	하드웨어/가전특화				
T28	준공청소 1차				
T29	코킹 공사				
T30	준공청소 2차				

2) HIGHRISE Mock Up세대 마감 차월 계획 (완료기준)

Code	작업명	101동	103동	105동	107동
T02	먹매김	완료	완료	완료	완료
T03	외부창호설치	완료	완료	완료	완료
T04	방수턱/외부방습	완료	완료	완료	완료
T05	단열작업	완료	완료	완료	완료
T06	설비배관	완료	완료	완료	완료
T07	경량벽 설치공사	완료	완료	완료	완료
T08	수공간 방수	완료	완료	완료	완료
T09	천정 전기배관	완료	완료	완료	완료
T10	바닥 미장	완료	완료	완료	완료
T11	장식천정 설치	완료예정	완료예정	완료예정	완료예정
T12	천정공사	완료예정	완료예정	완료예정	완료예정
T13	문틀 설치	완료예정	완료예정	완료예정	완료예정
T14	몰딩 및 케이싱	완료예정	완료예정	완료예정	완료예정
T15	벽체, 현관바닥 석공사	완료예정	완료예정	완료예정	완료예정
T16	천정도배, 아트월 설치	완료예정	완료예정	완료예정	완료예정
T17	가구 Body설치	완료예정	완료예정	완료예정	완료예정
T18	벽, 천정바탕처리	완료예정	완료예정	완료예정	진행예정
T19	도장 1차	진행예정	완료예정	완료예정	
T20	현관문짝		완료예정	완료예정	
T21	가구도어 설치		진행예정	진행예정	
T22	도장 2차, 목문짝				
T23	도배				
T24	타일공사				
T25	바닥 석공사				
T26	마루판 설치				
T27	하드웨어/가전특화				
T28	준공청소 1차				
T29	코킹 공사				
T30	준공청소 2차				

3 CP공종/지연공종 상세분석

1. 103 동

1) 공정표

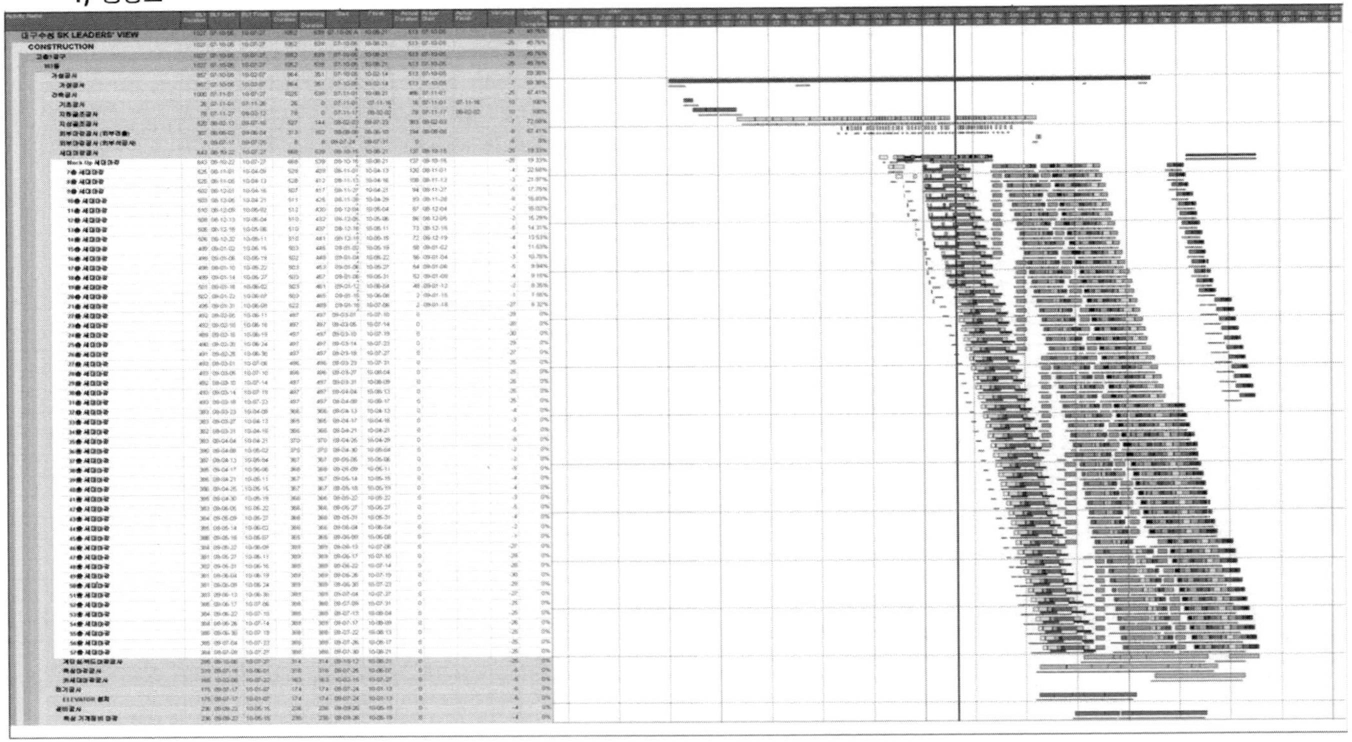

* 고해상도 공정표는 첨부한 공정표 참고

3 CP공종/지연공종 상세분석

2) 골조공사 진도현황 분석표

Activity Name	BL1 OD	BL1 Start	BL1 Finish	OD	RD	Start	Finish	Actual Duration	Actual Start	Actual Finish	Variance	Duration % Complete
103동	1027	2007/10/05	2010/07/27	1052	539	07-10-05 A	2010/08/21	513	2007/10/05		-25	48.76%
가설공사	857	2007/10/05	2010/02/07	864	351	07-10-05 A	2010/02/14	513	2007/10/05		-7	59.38%
건축공사	1000	2007/11/01	2010/07/27	1025	539	07-11-01 A	2010/08/21	486	2007/11/01		-25	47.41%
기초공사	26	2007/11/01	2007/11/26	26	0	07-11-01 A	07-11-16 A	16	2007/11/01	2007/11/16	10	100.00%
지하골조공사	78	2007/11/27	2008/02/12	78	0	07-11-17 A	08-02-02 A	78	2007/11/17	2008/02/02	10	100.00%
지상골조공사	520	2008/02/13	2009/07/16	527	144	08-02-03 A	2009/07/23	383	2008/02/03		-7	72.68%
38F col. & wall / 39F slab 골조, 103동	4	2009/01/29	2009/02/03	4	0	09-01-23 A	09-02-02 A	4	2009/01/23	2009/02/02	-1	100.00%
39F col. & wall / 40F slab 골조, 103동	4	2009/02/05	2009/02/09	4	0	09-02-03 A	09-02-09 A	5	2009/02/03	2009/02/09	0	100.00%
40F col. & wall / 41F slab 골조, 103동	4	2009/02/10	2009/02/16	4	0	09-02-10 A	09-02-14 A	3	2009/02/10	2009/02/14	-1	100.00%
41F col. & wall / 42F slab 골조, 103동	4	2009/02/17	2009/02/21	4	0	09-02-15 A	09-02-19 A	3	2009/02/15	2009/02/19	-2	100.00%
42F col. & wall / 43F slab 골조, 103동	4	2009/02/23	2009/02/28	4	4	2009/03/02	2009/03/05	0			4	0.00%
43F col. & wall / 44F slab 골조, 103동	4	2009/03/02	2009/03/05	4	4	2009/03/06	2009/03/10	0			4	0.00%
44F col. & wall / 45F slab 골조, 103동	4	2009/03/06	2009/03/10	4	4	2009/03/11	2009/03/14	0			4	0.00%
45F col. & wall / 46F slab 골조, 103동	4	2009/03/11	2009/03/14	4	4	2009/03/16	2009/03/19	0			4	0.00%
46F col. & wall / 47F slab 골조, 103동	4	2009/03/16	2009/03/19	4	4	2009/03/20	2009/03/24	0			4	0.00%
47F col. & wall / 48F slab 골조, 103동	4	2009/03/20	2009/03/24	4	4	2009/03/25	2009/03/28	0			4	0.00%
48F col. & wall / 49F slab 골조, 103동	4	2009/03/25	2009/03/28	4	4	2009/03/30	2009/04/02	0			4	0.00%
P.H 2F wall 2차 / H.P slab 골조, 103동	12	2009/06/27	2009/07/16	12	12	2009/07/04	2009/07/23	0			4	0.00%

3) 지연원인 및 만회대책

- 지연상황 : 현재 목표대비 4 working day (7 calendar day) 지연되어 공사 진행 중
- 만회대책 : 협력업체 수배 및 골조공사 재개

참고문헌

- 강석환 역, 건축공정관리의 실무, 기문당
- 건설공사 공정관리기법, 대한건설협회
- 건축공정관리 실무, 삼성건설
- 김승식, 건축네트워크 공정관리, 예문사
- 김경래 외, 건축공정관리학, 기문당
- 박홍태 외, 건설공정관리학, 기문당
- 심명섭 외, 건축공사관리론, 기문당
- 이배호 역, CPM기법을 응용한 건설공사관리의 실제, 경문사
- 이배호 편저, 건설공사관리학, 구미서관
- 이복남, 건설공사 진도 및 기성고 산정방법 개선, 한국건설산업연구원
- 일본건설학회 편저, 강석환 역, 네트워크에 의한 공정계획관리, 기문당
- 일본능률협회, PERT (새로운 PROJECT 정리법), 세진사
- 장기인, 건축시공학, 보성각
- 한천구, 네트워크 공정관리, 기문당
- 한국건설산업연구원 편저, 건설관리 및 경영, 보성각
- CPM 공정관리교육교재 (PER 89-E020), 대림산업
- F. William Horseley (배강희, 양극영 역), CPM NETWORK SCHEDULE
- Donald S. Barrie 외, Professional Construction Management, McGRAW-HILL

- H. Randolph Thomas, Jr., An Analysis of the Methods for Measuring Construction Productivity, CII Document #13
- James J. O'Brien, CPM IN CONSTRUCTION MANAGEMENT, 3rd EDITION
- Joseph J. Moder & Cecil R. Phillips, PROJECT MANAGEMENT WITH CPM AND PERT
- PMI, PMBOK(Project Management Body of Knowledge)
- Quentin W. Fleming, Earned Value Project Management

저자소개

권오철 연세대 건축공학과 (학사, 석사, 박사)
삼성건설 근무
건축시공기술사, PMP
현) 대림대학교 건축공학과 교수

김규호 연세대 건축공학과 졸업
대림산업 및 삼성건설 근무
프리마베라동호회 회장(www.freechal.com/scheduler)
건축사, 건축시공기술사
현) (주) 두올PLUS 대표이사

홍정석 한양대 건축공학과(석사, 박사)
KCC건설 근무
공학박사, 건축시공기술사
현) 동서울대학교 건축과 교수

박병근 전북대 건축공학과 졸업
공학박사
건축시공기술사, 건설안전기술사
전) 삼성물산 건설부문 전무

건축공정관리

2009년 9월 18일 1판 발행
2012년 8월 25일 2판 발행
2022년 3월 10일 3판 발행

저　　자　권오철 김규호 홍정석 박병근
발 행 인　강 해 작
발 행 처　기 문 당
주　　소　서울시 성동구 무학봉 28길 4-1
전　　화　02) 2295-6171(代)~5
팩　　스　02) 2296-8188
출판등록　1976. 10. 7 (1-44)
홈페이지　http://www.kimoondang.com
I S B N　978-89-6225-997-1　93540